5.3 上机实战——制作旅游宣传片

104

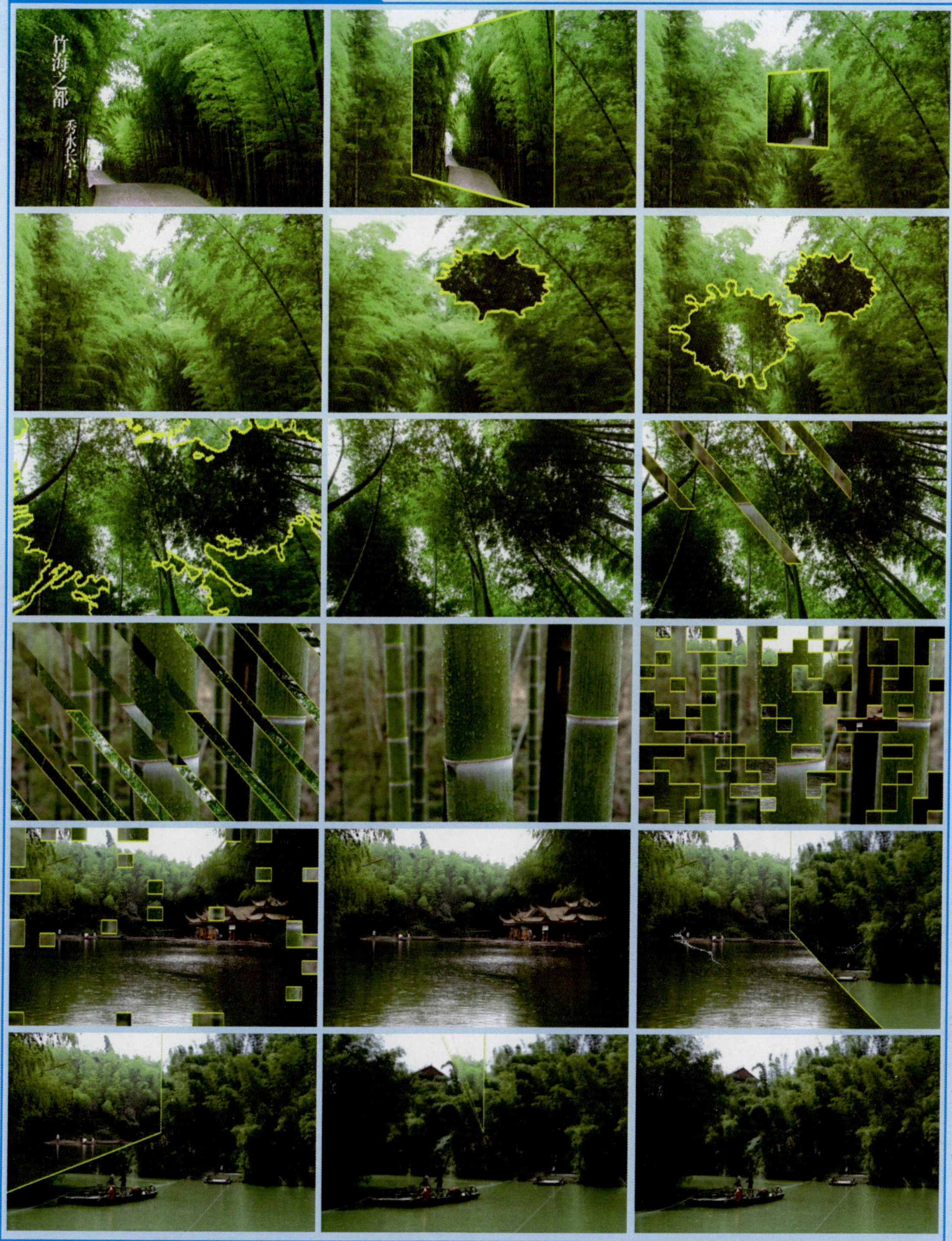

甜蜜爱恋

第 11 章 制作南非世界杯庆祝短片 260

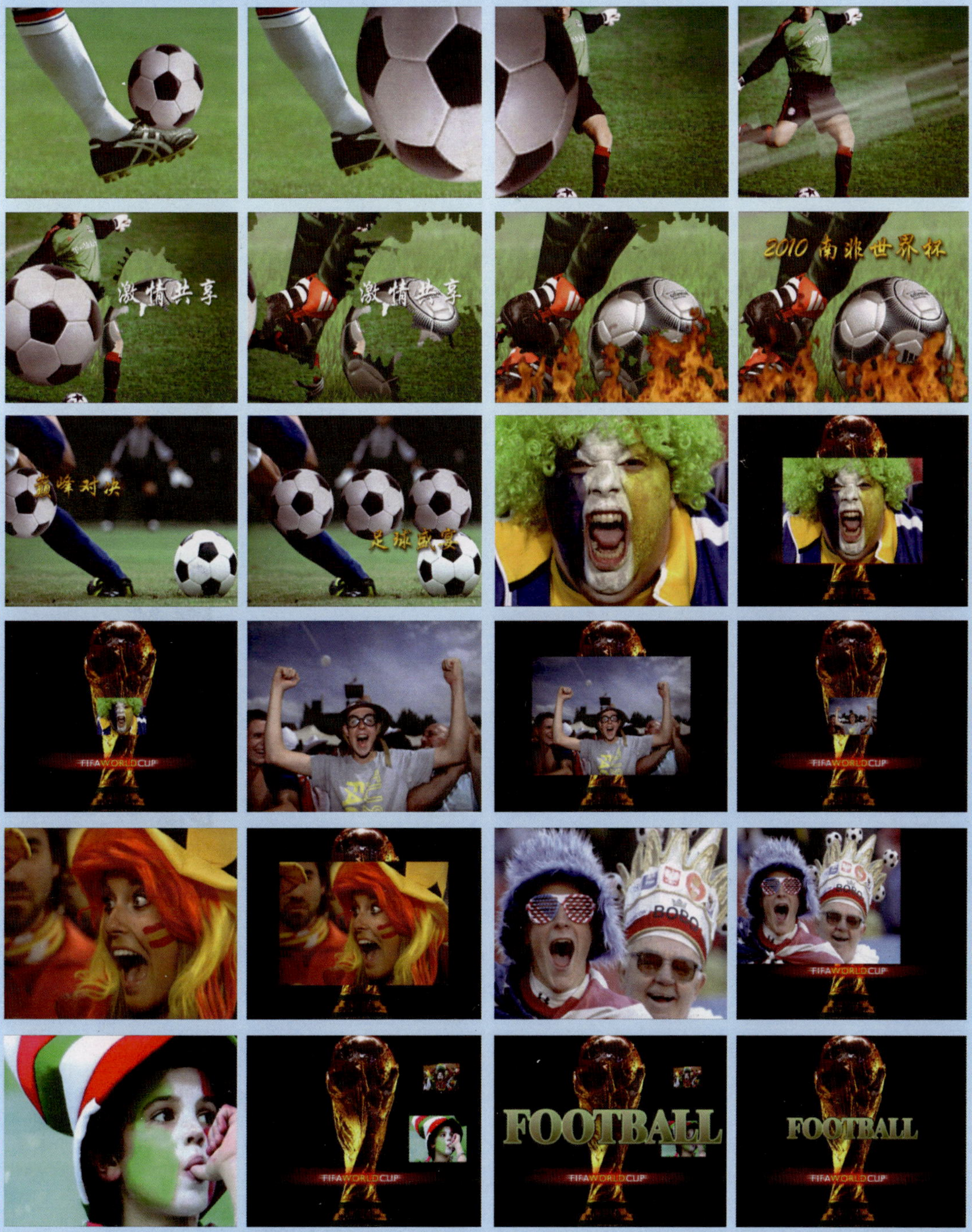

第 **12** 章　制作电影预告片头

第 **13** 章　制作时装广告片段

蓝色畅想

Premiere Pro CS4 中文版

基础入门与范例提高

（全新第二版）

前沿文化 编著

科学出版社

内 容 简 介

　　Premiere是Adobe公司推出的一款功能强大的非线性视频编辑软件，是设计界应用最为广泛的软件，它将视频的编辑推向了一个更高、更灵活的艺术水准。

　　本书从实际应用的角度出发，本着易学易用的特点，采用零起点学习软件基本操作，应用实例提升设计水平的写作结构，全面、系统地介绍了Premiere Pro CS4视频编辑的基本操作与应用技巧，主要内容包括Premiere Pro CS4的基础知识、Premiere Pro CS4的工作环境、影片编辑基础、Premiere Pro CS4入门、生动的视频转场、神奇的视频特效、美妙的音频特效、创建艺术字幕和图形、输出完整影片、制作情侣照电子相册、制作南非世界杯庆祝短片、制作电影预告片头、制作时装广告片段等。

　　本书附带多媒体教学光盘，提供书中范例和上机练习的素材文件、最终文件和视频文件，并提供电子教案PPT幻灯片文件，方便教学和自我温习。

　　本书完全满足不同层次、各种学历、各类行业读者的实际需求，适合作为视频编辑初、中级用户的自学教材及各类培训的教学用书，同时也可作为大、中专院校的视频编辑教材。对于有一定经验的视频编辑人员来说，也可以将本书作为提高制作水平的参考资料。

图书在版编目（CIP）数据

蓝色畅想：Premiere Pro CS4 中文版基础入门与范例提高/
前沿文化编著. —2版. —北京：科学出版社，2010
　ISBN 978-7-03-029738-9

　Ⅰ. ①蓝… Ⅱ. ①前… Ⅲ. ①图形软件，Premiere Pro
CS4 Ⅳ. ①TP391.41

中国版本图书馆CIP数据核字（2010）第242746号

责任编辑：魏胜　胡子平　徐晓娟／责任校对：高宝云
责任印刷：新世纪书局　　　　　／封面设计：彭琳君

科 学 出 版 社 出版

北京东黄城根北街16号
邮政编码：100717
http://www.sciencep.com

中国科学出版集团新世纪书局策划

北京京华虎彩印刷有限公司印刷

中国科学出版集团新世纪书局发行　　各地新华书店经销

*

2011年2月第 一 版　　　　开本：16开
2011年2月第一次印刷　　　　印张：20
字数：486 000

定价：56.00元（含1DVD价格）

计算机已成为人们生活和工作中的重要工具，计算机应用技能也成为我们赖以生存和生活的最基本技能。随着计算机技术的快速发展，各个行业对从业人员的计算机应用水平的要求也越来越高，特别是设计行业的从业人员。据调查，目前从事计算机设计人员的数量已占据计算机技术从业人员的40%左右。可以说，无论你在哪个行业、哪个公司工作，都离不开设计与宣传。

为此，我们组织国内**35家著名职业院校**和**电脑职业培训机构联盟**策划了"蓝色畅想"系列图书，主要以目前国内**最热门的几个设计行业**为目标，针对希望进入这些行业的从业人员，聘请国内**资深培训讲师**和**教研总监**，编写了本套选题的相关科目。

丛书介绍

本套丛书汇集了众多电脑应用**设计高手**和**教学一线老师**多年的软件使用技巧、教学经验，让初学者能够快速掌握相关的知识。丛书涵盖了目前计算机设计应用中的常见领域，目前推出的第一批图书具体科目如下：

- ◆ 《蓝色畅想 —— 3ds Max 2011中文版基础入门与范例提高》（全新第二版）
- ◆ 《蓝色畅想 —— Flash CS5基础入门与范例提高》（全新第二版）
- ◆ 《蓝色畅想 —— Photoshop CS5基础入门与范例提高》（全新第二版）
- ◆ 《蓝色畅想 —— CorelDRAW X5基础入门与范例提高》（全新第二版）
- ◆ 《蓝色畅想 —— After Effects CS4基础入门与范例提高》（全新第二版）
- ◆ 《蓝色畅想 —— Premiere Pro CS4中文版基础入门与范例提高》（全新第二版）
  ······

丛书特色

本套图书是"蓝色畅想"的第二版，也是**全新升级版**。"蓝色畅想"第一版系列图书自上市以来，受到广大计算机自学者和教师的好评，第二版图书在结合第一版图书市场调研的基础之上，对图书进行了与时俱进的改版和升级。无论是图书的体例结构，还是知识内容，都是根据**当前电脑职业教育与培训市场**的特点，并结合**读者自学需求**、**从零开始**，由浅入深地进行编写，突出**"老师易教、学生易学"**的宗旨。

● 全新的体例结构

图书在内容安排上，整体分为两个部分。第1部分为**基础入门篇**，通过本篇内容的学习，可以让读者掌握相关软件的**功能应用**，进而达到**从不懂到懂、从不熟练到熟练**的目的。第2篇为**范例提高篇**，通过本篇内容的学习，让读者学习相关软件在各个设计行业中的**实际应用**，并学习与设计行业相关的**专业技能知识**，进而达到**精通应用**的目的。

在编写每章内容时，首先让读者知道学习本章时哪些是重点知识、哪些是难点知识→其次结合相关实例，进行知识技能的讲解→然后结合本章内容，专门给读者安排了一节

"上机实战"的内容，通过实战案例讲述，让读者掌握本章知识技能的综合应用→最后，为了巩固读者的学习技能，安排了"拓展训练"内容，通过笔试题，让读者更加深入地理解和掌握相关技能知识，通过上机练习题，让读者进一步熟练操作。

同时，全书在写作中还根据实际需求穿插了丰富的栏目板块，如"行家提示"、"专家点拨"、"课堂问答"。

● 丰富的设计案例

作为设计软件，学习后主要就是用来设计各种作品，因此，案例是非常重要的。对于初学者来说，丰富的案例一方面可以加强技能知识的熟练应用，另一方面可以学习到相关的设计经验与技巧。

本套图书中的相关案例都是结合软件在各个行业中的应用来举例，并且还讲述了行业设计的相关经验与专业知识，具有很强的针对性和极高的参考价值，重点解决了读者最关心的"学"与"用"两个关键问题。

● 配套的增值服务

相关图书都附带一张精心开发的专业级DVD多媒体教学光盘，配套与图书内容讲解同步的语音教学视频文件，自学读者可以像看电影一样，轻轻松松学会各种专业技能的应用。另外，光盘中还提供了与书中讲解同步的素材文件和结果文件，无论是老师教，还是学生学，都非常方便和实用。

本套图书除了可以作为广大自学者的学习用书外，还可以作为大中专职业教育院校或者培训机构的教材用书。为了方便老师教学使用，还提供了教学增值服务资源，包括电子课件、学习计划、习题答案等，可以分别在光盘中和书中找到这些资源。

最后，祝读者朋友们早日学有所成，掌握相关的软件技术，轻松应对未来的职业挑战。

序言

前言

学习计划

光盘说明

目录

《蓝色畅想——Premiere Pro CS4中文版基础入门与范例提高》是"蓝色畅想"系列图书中的一本，由国内35家著名电脑职业培训机构和职业院校联盟策划。作者都是来自教育一线的教师，他们具有丰富的教学经验、严谨的工作作风和专业的学术水平，为保证本系列图书的品质提供了重要基础。

关于本书

根据当前中国电脑职业教育与培训市场的特点，结合读者自学需求，从初学者角度出发，以"实际应用"为线索，从零开始，通过大量丰富的实例，系统并全面地讲解了Premiere Pro CS4软件在视频编辑中的应用。

本书在内容的设置上具有极强的专业针对性，以满足职业的工作需求作为写作出发点，全力提高学习的针对性和适应性，增强学生就业以后胜任职业岗位的能力，因此，在写作时重点解决职业技能中"学"与"用"两个关键问题。

全书内容安排由浅入深，语言文字通俗易懂，实例题材丰富多样，每个操作步骤的介绍都清晰准确，既可作为大中专类职业教育院校或者相关行业的培训教材，也可供广大Premiere初学者、视频编辑爱好者作为自学用书。

内容安排

全书总共13章，内容安排分为两部分。第1部分为基础入门，包括第1~9章，主要内容有：Premiere Pro CS4的基础知识、Premiere Pro CS4的工作环境、影片编辑基础、Premiere Pro CS4入门、生动的视频转场、神奇的视频特效、美妙的音频特效、创建艺术字幕和图形、输出完整影片。第2部分为范例提高，包括第10~13章，主要通过几个综合的典型实例，介绍了利用Premiere Pro CS4制作情侣照电子相册、制作南非世界杯庆祝短片、制作电影预告片头、制作时装广告片段的方法和过程。

本书章节内容具体安排如下。

内容安排	内容安排
第1章 Premiere Pro CS4的基础知识	第8章 创建艺术字幕和图形
第2章 Premiere Pro CS4的工作环境	第9章 输出完整影片
第3章 影片编辑基础	第10章 制作情侣照电子相册
第4章 Premiere Pro CS4入门	第11章 制作南非世界杯庆祝短片
第5章 生动的视频转场	第12章 制作电影预告片头
第6章 神奇的视频特效	第13章 制作时装广告片段
第7章 美妙的音频特效	

序言　前言　学习计划　光盘说明　目录

特色介绍

全书内容安排由浅入深，语言文字通俗易懂，实例题材丰富多样，每个操作步骤的介绍都清晰准确，非常方便初学者学习。

- **图解标注，易学易懂：** 在写作方式上，采用"步骤讲述＋图解标注"的方式进行编写，操作简单明了，浅显易懂。读者按照书中的"图解步骤"一步一步地操作，就可以做出与书中同步的效果。

- **教学光盘，超值实用：** 本书还附带一张精心开发的专业级DVD多媒体教学光盘，配套与图书内容讲解同步的语音教学视频文件，读者只需跟着讲解进行同步操作就可学会，像看电影一样，轻轻松松就可熟练掌握Premiere Pro CS4软件的应用技能，学习效果立竿见影。另外，光盘中还提供了与书中讲解同步的素材文件、最终效果源文件。读者在学习时，可以打开素材文件，与书中知识讲解进行同步操作，提高学习效率，特别对无基础的初学读者更有使用价值。

- **实例丰富，操作性强：** 书中每一个知识点都以实际应用中的实例进行讲解，而不是单一地只讲知识点的操作方法。在实例的实际应用中，穿插知识点的使用方法与技巧，让读者学习起来感觉实用性强、内容不空洞。而且，很多实例都来自我们生活、工作中的案例，其参考价值较高。

- **双色印刷，学习轻松：** 图书使用双色印刷，内容轻重明了、结构清晰、版面美观，读者阅读不累。同时，全书在写作中还根据实际需求，穿插丰富的栏目板块，如"行家提示"、"专家点拨"、"课堂问答"。具体阅读和学习说明如下。

  - ◎ **行家提示：** 像老师和内行人士一样提示读者在学习或操作使用过程中的注意事项。
  - ◎ **专家点拨：** 像专家和高手一样告诉读者在操作应用中的使用经验、操作技巧或另外的快捷操作方法。
  - ◎ **课堂问答：** 主要针对初学读者进行操作应用中的疑难解答。首先站在读者角度提出问题，然后站在老师或专家角度给予解答。

最后，真诚感谢读者购买本书。您的支持是我们最大的动力，我们将不断努力，为您奉献更多、更优秀的图书。

由于计算机技术飞速发展，加上编者水平有限、时间仓促，不妥之处在所难免，敬请广大读者和同行批评指正。如果您有任何意见或建议，欢迎与本书策划编辑联系（ws.david@163.com）。

编　者

2010年12月

软件学习目标

通过本书内容的学习，主要让学生和读者达到以下技能目标：

- 掌握Premiere Pro CS4视频编辑的基础操作；
- 掌握时间线面板的应用与相关编辑工具的使用；
- 掌握文本的输入与编辑方法；
- 掌握各种视频转场的功能与应用；
- 掌握各种视频特效的应用；
- 掌握视频编辑中声音的编辑方法；
- 掌握视频中文字与图形的创建和编辑；
- 掌握视频文件的输出方法。

应用技能目标

Premiere Pro CS4是Adobe公司推出的一款优秀的非线性视频编辑软件，特别是从事多媒体制作、视频编辑、广告动画设计从业人员必知必会的软件。通过本书的学习，读者应该达到以下能力目标：

- 能熟练地导入各种视频文件进行管理编辑；
- 能熟练地创建与制作各种视频转场特效；
- 能熟练地为视频添加与编辑声音；
- 能熟练地为视频添加文字与图形特效；
- 能熟练地使用Premiere Pro CS4制作影视动画。

学习重点、难点

在学习本书内容时，其知识重点、难点分别如下。

学习重点	学习难点
项目的管理与素材的采集导入	素材的采集、导入、剪辑操作
时间线的编辑与应用	时间线在视频中的应用
视频转场的应用	声音的配制与编辑
视频特效的编辑与应用	视频中各种特效的综合应用
视频中声音的编辑	
视频中文字与图形的创建与编辑	
Premiere Pro CS4功能的综合应用	

序言　前言　学习计划　光盘说明　目录

11

学时安排建议

结合多位一线教学专家和老师的经验，以及自学成功者的一些实际体验，现就本书学习时间给出一些建议。

本书建议学习总课时为80课时。其课时具体分配如下。

课程内容	学习课时	上机课时	合计课时
第1章 Premiere Pro CS4的基础知识	1	1	2
第2章 Premiere Pro CS4的工作环境	1	1	2
第3章 影片编辑基础	2	3	5
第4章 Premiere Pro CS4入门	3	4	7
第5章 生动的视频转场	4	6	10
第6章 神奇的视频特效	6	8	14
第7章 美妙的音频特效	3	3	6
第8章 创建艺术字幕和图形	3	3	6
第9章 输出完整影片	2	2	4
第10章 制作情侣照电子相册	2	4	6
第11章 制作南非世界杯庆祝短片	2	4	6
第12章 制作电影预告片头	2	4	6
第13章 制作时装广告片段	2	4	6
合计总课时	33	47	80

多媒体光盘使用说明

注意：如果您的计算机不能正常播放视频教学文件，请先单击"视频播放插件安装"按钮❶，安装播放视频所需的解码驱动程序。

[主界面操作]

1 单击可安装视频所需的解码驱动程序
2 单击可进入本书实例多媒体视频教学界面
3 单击可打开书中实例的素材文件
4 单击可打开书中实例的最终效果源文件
5 单击可打开本书的电子教案PPT文件
6 单击可浏览光盘文件
7 单击可查看光盘使用说明

[播放界面操作]

1 单击可打开相应视频
2 单击可播放/暂停播放视频
3 拖动滑块可调整播放进度
4 单击可关闭/打开声音
5 拖动滑块可调整声音大小
6 单击可查看当前视频文件的光盘路径和文件名
7 双击播放画面可以进行全屏播放，再次双击便可退出全屏播放

[光盘文件说明]

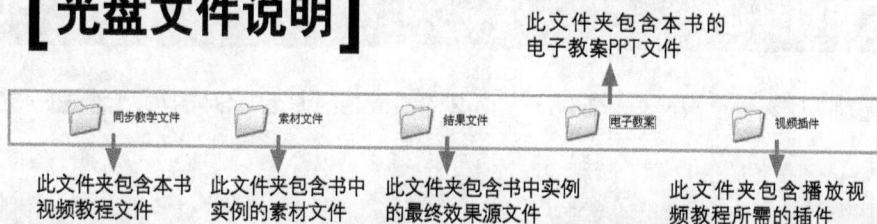

此文件夹包含本书的电子教案PPT文件

同步教学文件　素材文件　结果文件　电子教案　视频插件

此文件夹包含本书视频教程文件　此文件夹包含书中实例的素材文件　此文件夹包含书中实例的最终效果源文件　此文件夹包含播放视频教程所需的插件

序
言

前
言

学
习
计
划

光
盘
说
明

目
录

视频教程

第4章 | Premiere Pro CS4入门 69

第5章 | 生动的视频转场 90

序言

前言

学习计划

光盘说明

目录

第8章 | 创建艺术字幕和图形　　189

序言

前言

学习计划

光盘说明

目录

序言

前言

学习计划

光盘说明

目录

Premiere Pro CS4的 基础知识

● 本章导读

Premiere是由Adobe公司推出的，是一种基于非线性编辑设备的视频音频编辑软件。该软件可以在各种平台上和硬件配合使用，被广泛地应用于电视台、广告制作、电影剪辑等领域，是各种计算机平台上应用最广泛的视频编辑软件。该软件是一款相当专业的DV（Desktop Video）编辑软件，可以制作出广播级的视频作品。也可在普通的计算机上制作出专业级视频作品和动态图像压缩影视作品。

本章将主要介绍Premiere Pro CS4的功能、配置要求、启动和退出、安装和卸载，从而帮助用户快速了解Premiere Pro CS4软件。

● 重点知识

> Premiere Pro CS4的主要功能
> Premiere Pro CS4的配置要求
> Premiere Pro CS4的启动和退出

● 难点知识

> Premiere Pro CS4的新增功能
> Premiere Pro CS4的安装和卸载

● 本章重要知识点提示

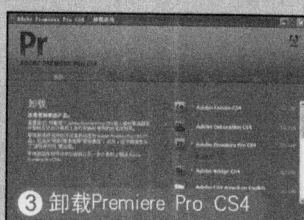

❶ 启动 Premiere Pro CS4　　❷ 安装Premiere Pro CS4　　❸ 卸载Premiere Pro CS4

1.1　Premiere Pro CS4概述

　　Premiere Pro CS4是目前最流行的非线性编辑软件，是数码视频编辑的强大工具。与之前的版本相比，Premiere Pro CS4更加专业，提供了更强大、更高效的增强功能和专业工具、更多的视频特效、尖端的色彩修正、强大的音频控制和多个嵌套的时间轴。

　　Premiere Pro CS4以新的界面和高端工具，满足了广大视频用户的不同需求。作为功能强大的多媒体视频音频编辑软件，其制作效果美不胜收，从而帮助广大视频编辑用户更加高效地工作。

1.1.1　Premiere Pro CS4的主要功能

　　作为一款功能强大的视频编辑软件，Premiere不仅可以对素材进行组接和剪辑，也可以为其添加转场和特效、各种字幕，还可以添加音频并对添加的音频素材进行编辑，从而制作出精彩的影视节目。

1　组接和编辑素材

　　Premiere Pro CS4提供了对导入的素材进行编辑的多种工具。利用这些工具可将多余的素材删除，也可将素材文件重新组接，将播放素材的速度进行降低或提高，从而编辑出最完美的视频效果。

2　为素材添加特效

　　在Premiere Pro CS4的"效果"面板中，有多个音频和视频特效，分别存放于"音频特效"和"视频特效"文件夹中，每一个特效可单独使用，又可多个特效一起使用。该软件为各个领域的视频编辑创建了良好的平台。如图1-1所示为给素材添加"噪波与特效"类中的"中间值"视频特效的前后效果。

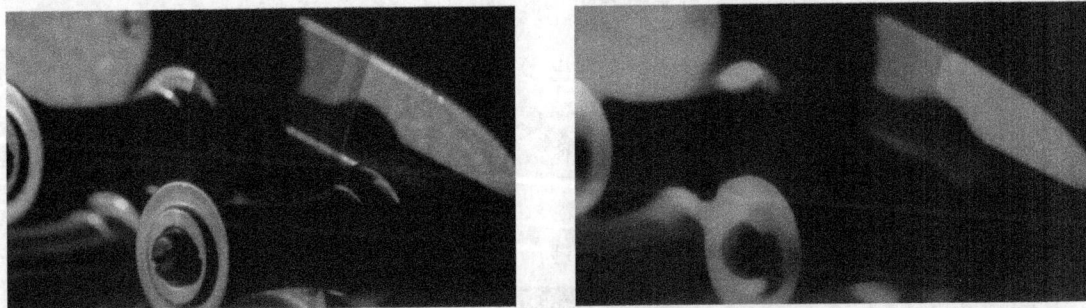

图1-1　添加"中间值"视频特效的前后效果

3　为素材添加转场

　　在Premiere Pro CS4的"效果"面板中，有多个视频转场效果，存放于"视频切换"文件夹中，两个素材只能使用一个视频转场效果。添加转场后的素材，衔接更加自然。如图1-2所示为应用视频转场组接两张图片前的效果，如图1-3所示为应用视频转场组接两张图片后的效果。

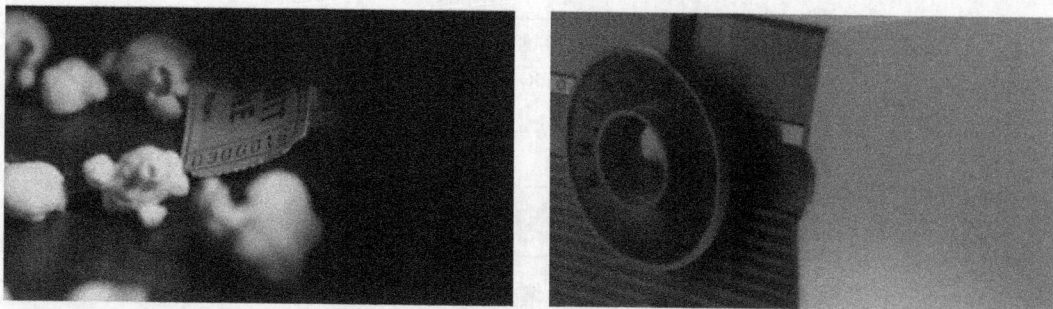

图1-2　应用视频转场组接两张图片前的效果

图1-3　应用视频转场组接两张图片后的过渡效果

4 为素材添加字幕

　　Premiere Pro CS4提供了多种创建和编辑字幕的工具，可为导入的素材添加静态字幕和动态字幕，还可以为创建的字幕添加视频特效，使素材内容更加生动形象、突出主题。如图1-4所示为使用Premiere Pro CS4为素材添加字幕的前后效果。

图1-4　为素材添加字幕的前后效果

行家提示 Premiere Pro CS4除了以上4个主要的功能之外，也可以从便携式数字摄影机或磁带录像机上获取视频素材，还可以通过麦克风直接在Premiere Pro CS4的"调音台"面板中完成录制音频。

1.1.2 Premiere Pro CS4的新增功能

Premiere Pro CS4在之前版本的基础上，增加了对更多格式的支持，具有更快捷的制作流程，更高效的编辑工具，更强大的项目、序列和剪辑管理等功能。下面将对Premiere Pro CS4的新增功能进行介绍。

1 广泛的格式支持

随着编码技术的日益发展，产生了各种新的视频格式。Premiere Pro CS4也在不断更新，使视频格式兼容增强，几乎可以处理任何格式，包括对DV、HDV、SonyXDCAM、XDCAM EX、Panasonic P2和AVCHD的原生支持。该软件支持时间线上的混合格式编辑、无带流程的原生编辑，支持大部分流行的无带摄录机，并且无需转码或二次打包。该软件还支持所有的媒体类型，支持导入和导出FLV、F4V、MPEG-2、QuickTime、Windows Media、AVI、BWF、AIFF、JPEG、PNG、PSD、TIFF等多种格式的文件。

2 快捷的制作流程

很多烦琐的视频编辑都可以在Premiere Pro CS4中简单地完成。Premiere Pro CS4可将AAF（高级制作格式，是一种用于多媒体创作及后期制作、面向企业界的开放式标准）项目交换，可进行4K电影制作，导入、编辑和导出4096像素×4096像素的图像序列。

3 高效的工具

在Premiere Pro CS4中，可随意设置工作界面；可快速搜索素材；有项目管理器；可用Adobe Bridge CS4进行文件管理；可定制键盘快捷键；可滚动时间线；可分配面板快捷键；嵌套时间线；实时编辑；创建和编辑子剪辑；波纹、滚动和滑动编辑；剪辑替换。

4 强大的项目、序列和剪辑管理功能

Premiere Pro CS4增强了对项目序列的管理功能，可为每个项目单独保存工作区；可将单个序列导入；删除单个预览文件；可更加自由地在项目中对每个序列应用不同的编辑和渲染设置。在每个项目的工作区中可以保留需要的、同时删除不需要的预览文件，以提高磁盘空间利用率。

5 精确的音频控制

Premiere Pro CS4能精确地对音频进行控制，包括源监视器中的垂直波形缩放。在源监视器中直接拖动播放波形，离线剪辑的音频通道控制，以仅音频或仅视频的方式重新采集A/V离线剪辑。

6 专业编辑控制

Premiere Pro CS4可将轨道同步锁定控制；对源内容进行控制；显示剪辑的源内容。

7　省时的编辑功能

使用Premiere Pro CS4的省时编辑增强，可快速粘贴多个剪辑到时间线，将播放头置于粘贴的剪辑的结尾处，即可在它后面粘贴剪辑；可从时间线创建子剪辑，只要从时间线往"项目"面板拖动即可创建新的子剪辑；效果控制目标的关键帧可自动吸附；时间线可垂直吸附；可对项目里的多个素材通过复制和粘贴来应用同样的转场；可使用快速缩放功能在细节和全局方式间切换查看时间线；只需按一个键，即可以查看全局，再按一下又可恢复到之前的缩放级别；只需一个命令即可知道选定剪辑的所有效果。

8　具有多个选择的更多选项

可把常用的效果组合保存为一个预设，以便此后重复使用；只需一个操作即可把效果应用到多个剪辑；可对多个剪辑的速度/长度进行调整；可对多个剪辑的默认转场进行应用；可对多个剪辑的音频增益进行设置。

9　丰富的时码显示

在时间线里拖动素材时，会在"信息"面板即时显示素材所处的时码；可对每个序列的时码显示进行设置；可显示所有可用的时码格式；可显示磁带名称。如图1-5所示为时间线位于素材00:00:00:00时，时码在"信息"面板中的显示。如图1-6所示为时间线位于素材00:00:29:13时，时码在"信息"面板中的显示。

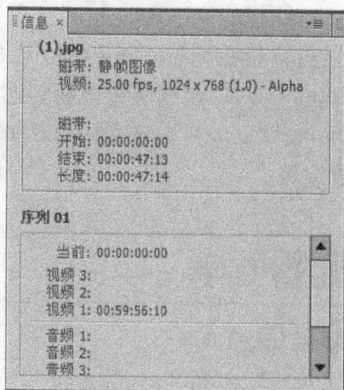

图1-5　时间线位于素材00∶00∶00∶00时　　图1-6　时间线位于素材00∶00∶29∶13时

10　高效的元数据流程

Premiere Pro CS4增加了编辑元数据的功能。可在"项目"面板查看元数据的属性，右击"项目"面板，在弹出的菜单中单击"显示元数据"命令，即可弹出"元数据显示"对话框，如图1-7所示。新增"元数据"面板，用户可通过单击打开"窗口"菜单，单击"元数据"命令，打开"元数据"面板，通过"元数据"面板查看和编辑选定素材的元数据，如图1-8所示。

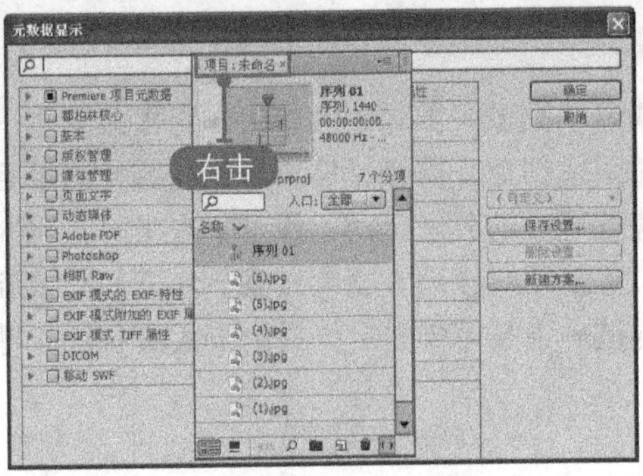

图1-7　"元数据显示"对话框

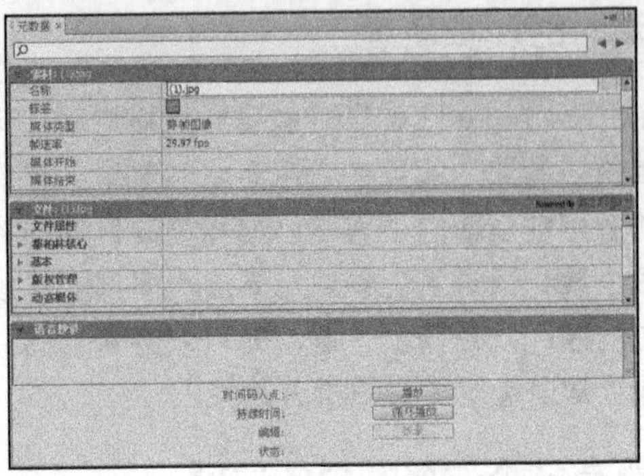

图1-8　"元数据"面板

专家点拨 用户可通过语音识别来添加元数据信息，通过内建的语音识别系统自动添加描述信息；可在素材中进行语音搜索；可对应寻找素材的语音搜索；可在"项目"面板中执行基于键盘的登录操作。

11 具有与Adobe软件的协调性

Premiere Pro CS4提供了与Adobe其他软件衔接的功能。以Photoshop为例，Premiere Pro CS4有灵活的Adobe Photoshop层选项；支持带有视频的Photoshop文件，无需渲染所导入的包含视频的Photoshop文件，可以直接将其作为视频剪辑使用；支持Photoshop的混合模式。除此之外，还可以连接Adobe Premiere Pro CS4和Encore CS4的Dynamic Link；可将组剪辑传输到Adobe After Effects CS4，只需一个命令即可将一组剪辑传输到Adobe After Effects CS4中进行处理。Adobe Premiere Pro CS4可在Adobe After Effects CS4的合成层中重新创建该剪辑的结构，然后通过Dynamic Link把合成层导入到时间线。在Dynamic Link中，在After Effects CS4中所做的更改会自动显示在Adobe Premiere Pro CS4中，无需渲染。

1.1.3 Premiere Pro CS4的配置要求

（1）Windows系统下Premiere Pro CS4的配置要求如表1-1所示。

表1-1　Windows系统下Premiere Pro CS4的配置要求

电脑硬件配置	基本配置要求
处理器	DV需要2GHz或更快的处理器；HDV需要3.4GHz处理器；HD需要双核2.8GHz处理器
操作系统	Windows XP或 Windows Vista、Windows 7
内存	2GB 内存
硬盘	10GB 可用硬盘空间用于安装；安装过程中需要额外的可用空间（无法安装在基于闪存的设备上）
显示器	1280px×900px分辨率的屏幕，OpenGL 2.0 兼容图形卡
显卡	CPU加速、Adobe Bridge等功能需要显卡支持Shader Model 3.0和OpenGL 2.0，显存不少于64MB
光驱	DVD-ROM驱动器（创建DVD需要DVD-R刻录机），创建蓝光光盘需要蓝光刻录机
软件	使用QuickTime功能需要QuickTime 7.4.5软件

（续表）

电脑硬件配置	基本配置要求
网络	在线服务需要宽带 Internet 连接
其他	DV和HDV编辑需要专用的7200转硬盘驱动器。HD需要条带磁盘阵列存储（RAID 0），首选SCSI磁盘子系统；SD/HD 工作流程需要经Adobe认证的卡来捕获并导出到磁带；需要用OHCI兼容型IEEE 1394端口进行DV和HDV捕获、导出到磁带并传输到DV设备；Microsoft Windows Driver Model或ASIO协议兼容声卡

（2）Mac OS系统下Premiere Pro CS4的配置要求如表1-2所示。

表1-2　Mac OS系统下Premiere Pro CS4的配置要求

电脑硬件配置	基本配置要求
处理器	多核处理器
操作系统	Mac OS X 10.4.11~10.5.4版
内存	2GB内存
硬盘	10GB可用硬盘空间用于安装；安装过程中需要额外的可用空间（无法安装在区分大小写的文件系统的卷或基于闪存的设备上）
显示器	1280px×900px分辨率的屏幕，OpenGL 2.0兼容图形卡
光驱	DVD-ROM驱动器（DVD刻录需要SuperDrive），创建蓝光光盘需要蓝光刻录机
软件	使用QuickTime功能，需要QuickTime 7.4.5软件
网络	在线服务需要宽带Internet连接
其他	DV和HDV编辑需要专用的 7200 转硬盘驱动器；HD需要条带磁盘阵列存储（RAID 0），首选SCSI磁盘子系统

1.2　Premiere Pro CS4的启动和退出

Premiere Pro CS4的启动和退出相当简单，与之前的版本相同。本节将详细介绍Premiere Pro CS4启动和退出的方法。

1.2.1　Premiere Pro CS4的启动

- 单击任务栏的"开始"按钮，指向"所有程序"选项，单击Adobe Premiere Pro CS4命令。
- 双击桌面上的Adobe Premiere Pro CS4程序的快捷方式图标。

下面以双击桌面上的Adobe Premiere Pro CS4程序的快捷方式图标为例，介绍Premiere Pro CS4的启动。具体操作步骤如下。

01 双击桌面上的Adobe Premiere Pro CS4程序快捷方式图标，如图1-9所示。

图1-9　Premiere Pro CS4的快捷方式图标

02 弹出Premiere Pro CS4的启动界面，如图1-10所示。

图1-10　Premiere Pro CS4的启动界面

03 此时，弹出"欢迎使用Adobe Premiere Pro"对话框，单击"新建项目"按钮，如图1-11所示。

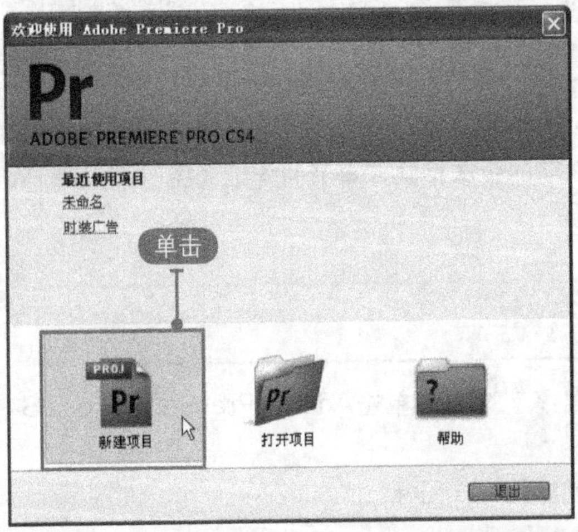

图1-11　"欢迎使用Adobe Premiere Pro"对话框

专家点拨 在"欢迎使用Adobe Premiere Pro"对话框中，单击"新建项目"按钮，可建立一个新的项目；单击"打开项目"按钮，可打开已有的项目；单击"帮助"按钮，可连接Adobe Premiere Pro CS4的帮助文档；单击"退出"按钮，可关闭Premiere Pro CS4程序；单击"最近使用项目"选项，可显示最近编辑过的项目。

04 在弹出的"新建项目"对话框中，可设置"常规"和"暂存盘"选项。单击"浏览"按钮，可选择新建项目在计算机磁盘中的存储位置，然后输入合适的项目名称，最后单击"确定"按钮，即可创建一个新的项目，如图1-12所示。

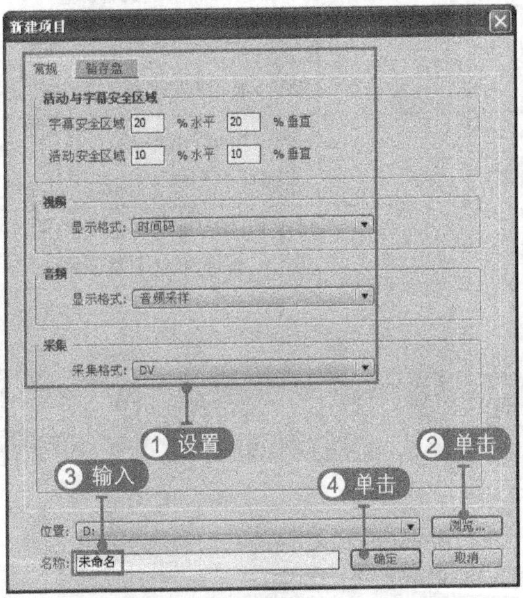

图1-12　"新建项目"对话框

05 在弹出的"新建序列"对话框中，可分别单击"序列预置"、"常规"、"轨道"选项卡，从而对相应的选项进行设置，然后输入合适的序列名称，最后单击"确定"按钮，如图1-13所示。

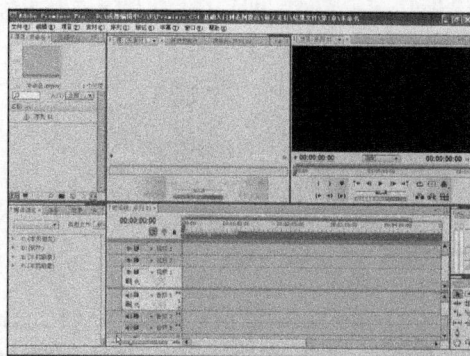

① 设置

③ 单击

② 输入

图1-13　"新建序列"对话框

图1-14　Premiere Pro CS4的工作界面

06 启动Adobe Premiere Pro CS4，显示Premiere Pro CS4的工作界面，如图1-14所示。

课堂问答

问：在Premiere Pro CS4中，序列表示什么意思？

答：在Premiere Pro CS4中，置于"时间线"面板中的组合后的影片内容称为"序列"。

1.2.2　Premiere Pro CS4的退出

退出Premiere Pro CS4程序，也有几种常用的操作方法。下面对退出的方法进行介绍。

- 打开"文件"菜单，单击"退出"命令。
- 单击Premiere Pro CS4程序右上角的"关闭"按钮⊠。
- 按【Ctrl+Q】快捷键快速退出Premiere Pro CS4程序。

1.3 上机实战——安装与卸载Premiere Pro CS4程序

由于Premiere Pro CS4是Premiere改进后的版本，所以有必要对安装进行简要的介绍，以利于用户的操作。

实例导读

安装Premiere Pro CS4之前，用户需要检查计算机配置是否达到要求。达到要求后就可以安装软件了，安装完成即可正常使用。

第1章　第2章　第3章　第4章　第5章

本操作主要用到以下知识点：

- Premiere Pro CS4的安装
- Premiere Pro CS4的卸载

制作步骤

1.3.1　安装Premiere Pro CS4

本实例的具体操作步骤如下。

01 将Premiere Pro CS4的安装光盘放入光盘驱动器，稍等片刻，光盘中的目录会自动被打开。如需手动打开，首先在"我的电脑"中找到光驱盘符（如G：），在磁盘中找到安装文件Setup.exe，然后双击安装文件Setup.exe，即可弹出"Adobe Premiere Pro CS4安装程序"窗口，如图1-15所示为安装界面。

图1-15　安装程序窗口

02 在弹出的"Adobe Premiere Pro CS4安装-欢迎"对话框中，输入程序序列号，单击"下一步"按钮，如图1-16所示。

图1-16　"Adobe Premiere Pro CS4安装-欢迎"对话框

03 在弹出的"Adobe Premiere Pro CS4安装-许可协议"对话框中，单击"显示语言"下拉按钮，在打开的下拉列表中选择程序语言，单击"接受"按钮，如图1-17所示。

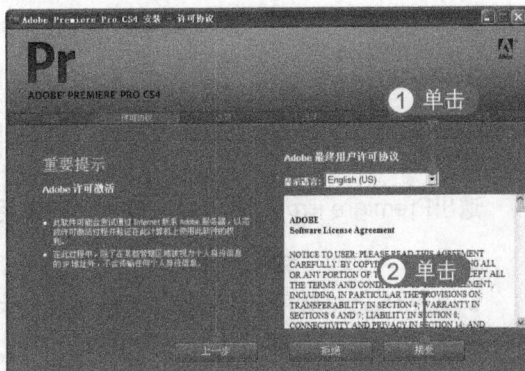

图1-17　"Adobe Premiere Pro CS4安装-许可协议"对话框

行家提示 当用户选择"显示语言"时，可根据需要选择不同的语言，在这里选择English(US)选项，用户也可选择"简体中文"选项。

04 在弹出的"Adobe Premiere Pro CS4安装-选项"对话框中，单击"更改"按钮，可更改软件在磁盘中的安装位置，单击"安装"按钮，如图1-18所示。

图1-18　"Adobe Premiere Pro CS4安装-选项"对话框

05 此时弹出"Adobe Premiere Pro CS4安装-进度"对话框，用户只需耐心等待即可，如图1-19所示。

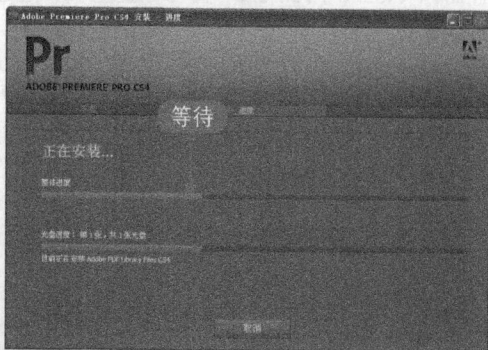

图1-19　"Adobe Premiere Pro CS4安装-进度"对话框

06 在弹出的"Adobe Premiere Pro CS4安装-完成"对话框中，单击"退出"按钮即可完成Premiere Pro CS4的安装，如图1-20所示。

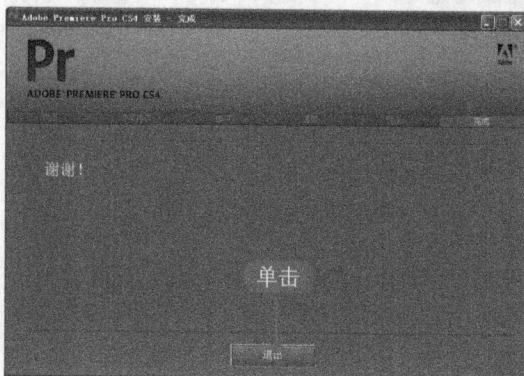

图1-20　"Adobe Premiere Pro CS4安装-完成"对话框

1.3.2　卸载Premiere Pro CS4

当需要重新安装或不需要使用Premiere Pro CS4时，就可以通过单击"控制面板"中的"添加或删除程序"选项对Premiere Pro CS4进行删除。具体操作步骤如下。

01 单击"开始"按钮，指向"所有程序"选项，单击"控制面板"选项，如图1-21所示。

图1-21　单击"控制面板"选项

专家点拨 用户除了通过单击"开始"菜单打开"控制面板"窗口以外，还可以通过双击桌面上的"我的电脑"图标，然后单击"控制面板"选项，打开"控制面板"窗口。

02 在弹出的"控制面板"窗口中，双击"添加或删除程序"选项，如图1-22所示。

图1-22 "控制面板"窗口

03 在弹出的"添加或删除程序"窗口中，选中Adobe Premiere Pro CS4程序，单击程序右侧的"更改/删除"按钮，如图1-23所示。

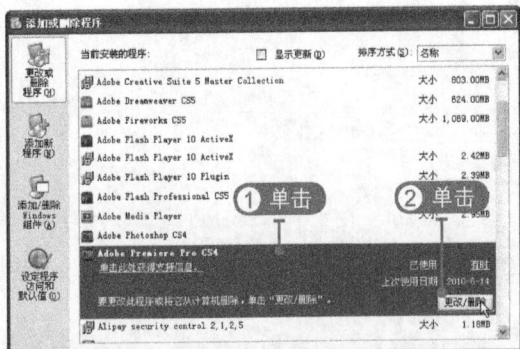

图1-23 "添加或删除程序"窗口

04 在弹出的"Adobe Premiere Pro CS4 卸载选项"对话框中，勾选左侧的"删除应用程序首选项"复选框和右侧Premiere Pro CS4共享组件复选框，单击"卸载"按钮，如图1-24所示。

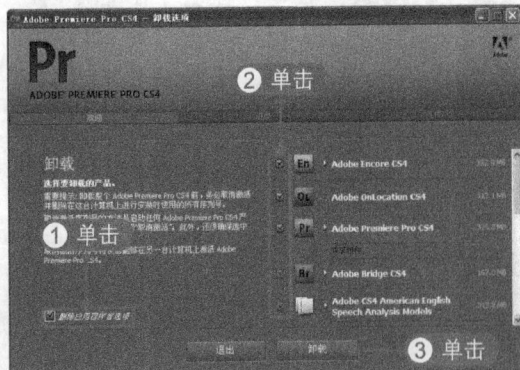

图1-24 "Adobe Premiere Pro CS4卸载选项"对话框

05 此时弹出"Adobe Premiere Pro CS4 正在卸载"窗口，只需耐心等待即可，如图1-25所示。

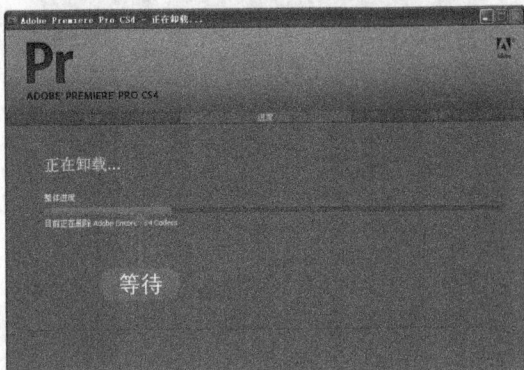

图1-25 "Adobe Premiere Pro CS4正在卸载"窗口

06 在弹出的"Adobe Premiere Pro CS4 卸载完成"对话框中，单击"退出"按钮，即可完成Premiere Pro CS4的卸载，如图1-26所示。

图1-26 "Adobe Premiere Pro CS4卸载完成"对话框

课堂问答

问：如果使用此方法卸载不彻底，导致下一次不能安装Premiere Pro CS4怎么办？

答：可以打开"开始"菜单，单击"运行"命令，输入"C:\Program Files\Common Files\Adobe"，然后将这个文件夹删除即可重新安装。

1.4 拓展训练

前面的章节讲解了视频转场的具体操作和对各类转场的认识。为对知识进行巩固和测试，设置了相应的练习题。

1.4.1 笔试测试题

1 选择题

（1）（　　　）不属于 Premiere Pro CS4 的新增功能。

    A. 广泛的格式支持　　　　B. 视频特效　　　　C. 快捷的制作流程　　　　D. 丰富的时间码显示

（2）（　　　）属于 Premiere Pro CS4 支持的格式。

    A. AVI　　　　　　　　B. JPEG　　　　　　C. PNG　　　　　　　　D. PSD

2 填空题

（1）Premiere Pro CS4 的主要功能有＿＿＿＿＿、＿＿＿＿＿、＿＿＿＿＿、＿＿＿＿＿。

（2）在 Premiere Pro CS4 的 "＿＿＿＿＿" 面板中，有多个音频和视频特效，分别存放于 "音频特效" 和 "视频特效" 文件夹中。

3 简答题

（1）Premiere Pro CS4 强大的项目、序列和剪辑管理功能有哪些？

（2）Premiere Pro CS4 的新增功能包括哪些？

1.4.2 上机练习题

Premiere Pro CS4可以通过 "元数据" 面板查看导入的Premiere Pro CS4素材文件的信息，以方便用户对不明来源素材的了解。

操作提示

本实例的具体操作步骤如下。

01　导入光盘中的任意图片素材。

02　将素材拖动到 "视频1" 轨道中，并选中该素材。

03　打开 "窗口" 菜单，单击 "元数据" 命令，显示 "元数据" 面板。

04　此时可在 "元数据" 面板中查看素材信息。

第1章

第2章

第3章

第4章

第5章

Premiere Pro CS4的工作环境

本章导读

要使用Premiere Pro CS4对影片进行编辑，认识它的界面是必不可少的。默认的工作界面可满足对各种操作的需求，自定义的工作界面可以使工作更加快捷和方便。本章将分别对Premiere Pro CS4默认的和自定义的工作界面进行讲解，使用户能快速地在Premiere Pro CS4的工作环境里灵活编辑影片，从而完成高效率和高质量的编辑工作。

重点知识

- 默认的工作界面
- 时间线窗口
- 监视器窗口

难点知识

- 自定义工作界面
- 自定义环境参数

本章重要知识点提示

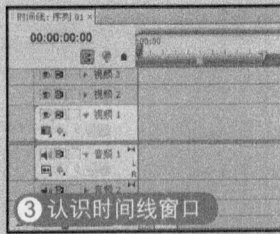

① 认识工作界面

② 认识监视器窗口

③ 认识时间线窗口

2.1 默认的工作界面

　　本节主要讲解默认情况下Premiere Pro CS4 各种菜单命令以及各个窗口的分布和使用，并且对常用的面板进行了详细的介绍。启动Premiere Pro CS4后，默认的工作界面如图2-1所示。

图2-1　Premiere Pro CS4的默认工作界面

2.1.1 "项目"面板

　　"项目"面板按照不同的功能可以分为预览区、素材区和工具按钮。该面板主要用于导入、存放和管理素材。编辑影片所用的全部素材应先存放在"项目"面板里，用户可以快速查看和调用"项目"面板中的所有素材，如图2-2所示。

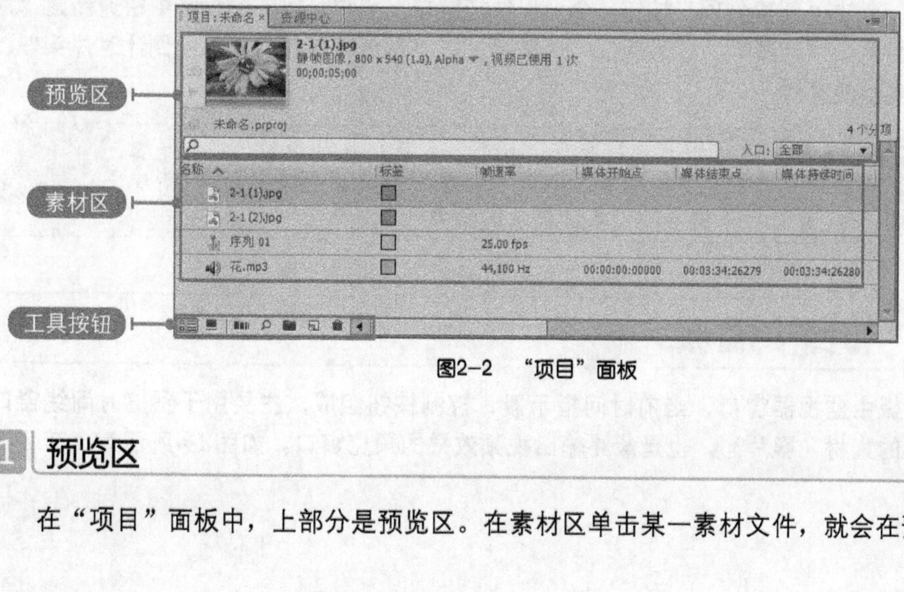

图2-2　"项目"面板

1 预览区

　　在"项目"面板中，上部分是预览区。在素材区单击某一素材文件，就会在预览区显示该素材的缩略图和相关的信息。对于影片、视频素材，选中后单击预览区左侧的"播放/停止开关"按钮，可以预览该素材的内容。当播放到该素材有代表性的画面时，单击"播放/停止开关"按钮上方的"标识帧"按钮，便可将该画面作为该素材缩略图，以便于用户识别和查找。

此外，还有"查找"和"入口"两个用于查找素材区中某一素材的工具。

2 素材区

素材区位于"项目"面板的中间部分，主要用于排列当前编辑的项目文件中的素材，可以显示素材类别图标、素材名称、格式在内的相关信息。默认的显示方式是列表方式，如果单击"项目"面板下部的工具条中的"图标"按钮 ![icon]，素材将以缩略图方式显示；如果单击工具条中的"列表视图"按钮，则素材以列表方式显示。如图2-3所示。为素材以缩略图的方式显示。

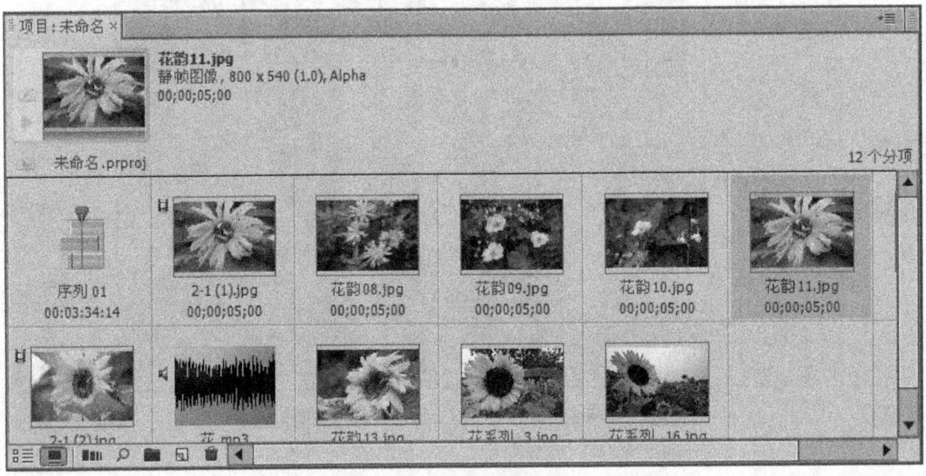

图2-3　缩略图显示效果

3 工具按钮

位于"项目"面板最下方的工具条提供了一些常用的功能按钮，如"列表视图"和"图标视图"显示方式按钮，还有"自动匹配到序列"、"查找"、"新建文件夹"、"新建分项"和"清除"等按钮。单击"新建分项"按钮，会弹出快捷菜单，用户可以在素材区中快速新建"序列"、"脱机文件"、"字幕"、"彩条"、"黑场"、"彩色蒙版"、"通用倒计时片头"、"透明视频"等类型的素材。

> **专家点拨** 在"项目"面板中也可以为素材分类、重命名或新建一些类型的素材。在"项目"面板素材区右击可弹出快捷菜单，菜单中包括"新建文件夹"、"新建分项"、"导入"和"查找"等命令，以方便用户快速使用。

2.1.2 "节目"面板

"节目"面板由监视器窗口、当前时间指示器、控制按钮组成，主要用于预览时间线窗口序列中已经编辑的素材（影片），也是最终输出视频效果的预览窗口。如图2-4所示为"节目"面板。

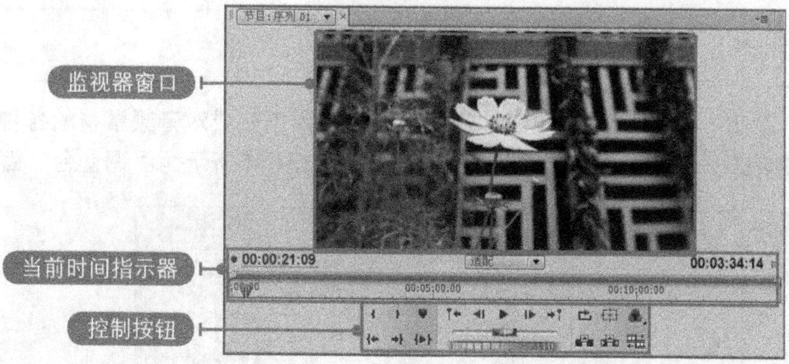

图2-4　"节目"面板

1 监视器窗口

在"节目"面板的正上方是监视器窗口，可以通过双击在"项目"面板或"时间"面板中的某个素材，也可以将"项目"面板中的某个素材直接拖至素材源监视器窗口中将它打开。

2 当前时间指示器

监视器窗口的下方分别是素材时间编辑滑块位置时间码、窗口比例选择、素材总长度时间码显示。下边是时间标尺、时间标尺缩放器及时间编辑滑块。

3 控制按钮

下部分是素材源监视器的控制器及功能按钮。其左边为"设置入点"、"设置出点"、"设置未编号标记"、"跳转到入点"、"跳到转出点"、"播放入点到出点"按钮。右边为"循环"、"安全框"、"输出"（包括下拉菜单）、"插入"、"覆盖"按钮。中间为"跳转到前一标记"、"步退"、"播放-或停止切换"、"步进"、"跳转到下一标记"按钮，还有"飞梭"（快速搜索）和"微调"工具。

2.1.3　"素材源"面板

此面板用于观察素材的原始效果，可以与"节目"面板同时观察，从而比较素材的前后差距。如图2-5所示为"素材源"面板。

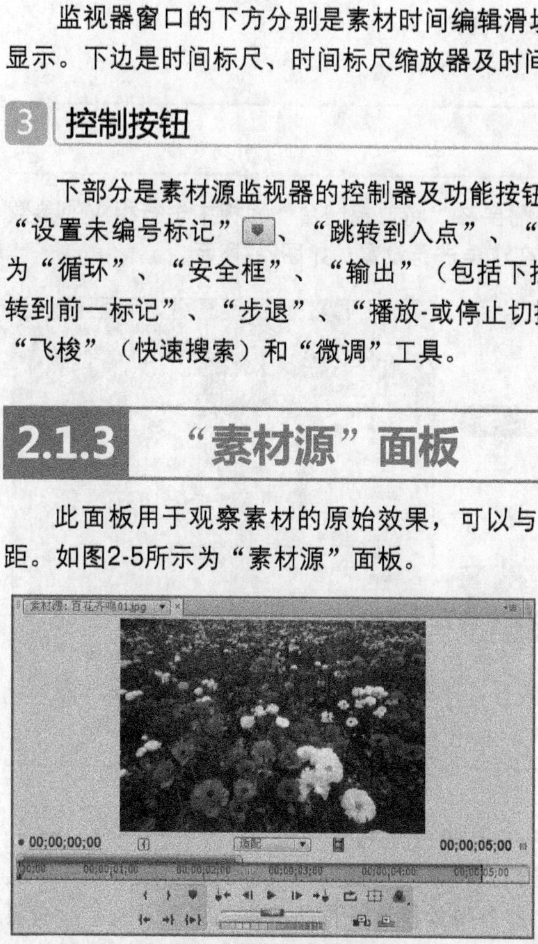

图2-5　"素材源"面板

行家提示　该面板除了查看源素材之外，还可以从一个带有视频和音频的素材中单独提出其中的视频或音频素材。

2.1.4 "调音台"面板

"调音台"面板由声道调节-音量调节和控制按钮组成，主要用于完成对音频素材的各种加工和处理工作，如混合音频轨道、调整各声道音量平衡或录音等。如图2-6所示为"调音台"面板。

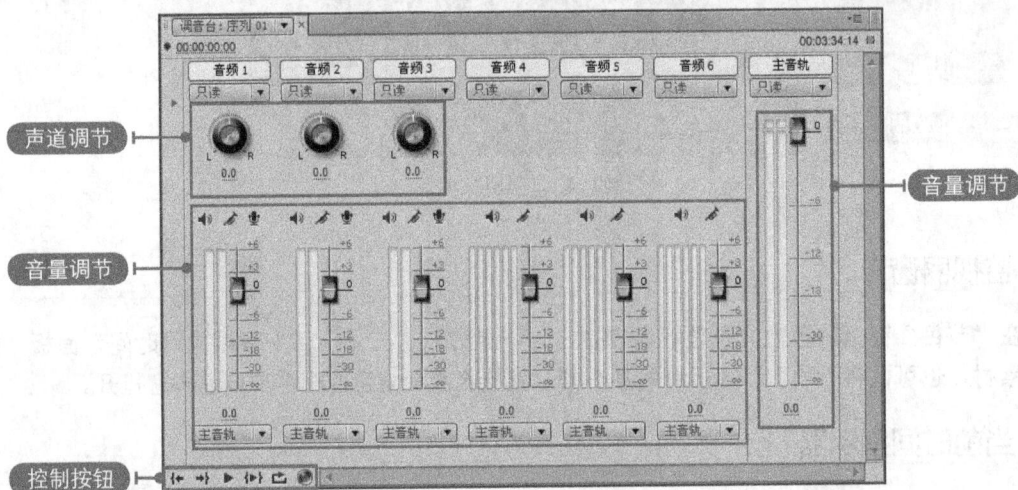

图2-6 "调音台"面板

2.1.5 "特效控制台"面板

当为某一素材添加了音频、视频特效之后，还需要在"特效控制台"面板中进行相应的参数设置和添加关键帧。制作运动或透明度效果也需要在这里进行设置，如图2-7所示。

行家提示 该面板中的时间线滑块与"时间线"面板中的时间线滑块同步移动。

图2-7 "特效控制台"面板

2.1.6 "效果"面板

"效果"面板中存放了Premiere Pro CS4自带的各种音频、视频特效和视频切换效果，以及预置的效果。用户可以方便地为"时间线"面板中的各种素材片段添加特效。在该面板中，按照效果类别分为5个文件夹，并且每一大类又细分为很多小类。如果用户安装了第三方特效插件，也会出现在该面板相应类别的文件夹下，如图2-8所示。

课·堂·问·答

问：在"效果"面板中，存放着很多音频、视频特效，每一次用都要慢慢去找，很麻烦，有没有更快捷的方法？

答：有，用户可以通过单击"效果"面板菜单中的"新建自定义文件夹"命令，将经常使用的特效拖动并存放于新建的文件夹内，以方便日后使用。

2.1.7　"信息"面板

"信息"面板用于显示在"项目"面板中所选素材的相关信息，包括素材名称、类型、大小、开始及结束点等信息，如图2-9所示。

图2-8　"效果"面板

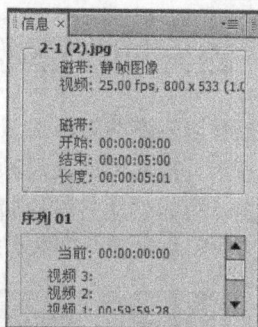

图2-9　"信息"面板

2.1.8　"媒体浏览"面板

"媒体浏览"面板可以查找或浏览用户计算机中各磁盘的文件，并可以单独查看某种类型的文件，如图2-10所示。

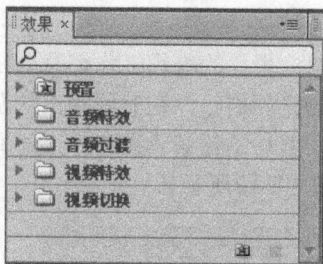

图2-10　"媒体浏览"面板

2.1.9　"历史"面板

"历史"面板用于记录在Premiere Pro CS4中编辑素材的操作过程，可以通过删除此面板中的操作命令返回到指定的步骤。如图2-11所示为"历史"面板。

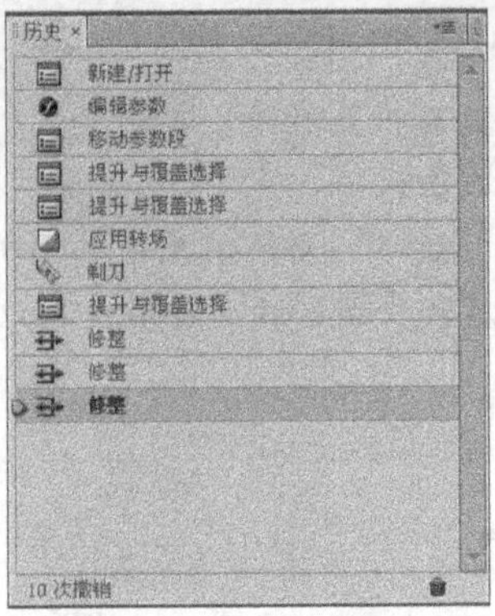

图2-11　"历史"面板

2.1.10　"时间线"面板

　　"时间线"面板是以轨道的方式对素材进行编辑，用户的编辑工作都需要在"时间线"面板中完成。素材片段按照播放时间的先后顺序及合成的先后层顺序在时间线上从左至右、由上及下排列在各自的轨道上，可以使用各种编辑工具对这些素材进行编辑操作。"时间线"面板分为上下两个区域，上方为时间显示区，下方为轨道区，如图2-12所示。

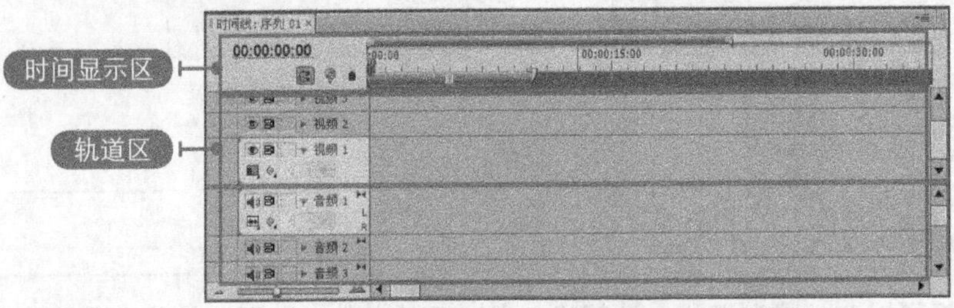

图2-12　"时间线"面板

1 时间显示区

　　时间显示区是"时间线"面板工作的基准，承担着指示时间的任务。它包括时间标尺、当前时间指示器、编辑线、时间码、时间线按钮、标尺缩放条、工作区栏。具体功能和作用在本书第4.1.1节有详细讲解。

2 轨道区

　　轨道是用来放置和编辑视频、音频素材的地方。用户可以对现有的轨道进行添加和删除操作，还可以将它们任意地锁定、隐藏、扩展和收缩。

　　在轨道区的左侧是轨道控制面板，单击里面的按钮可以对轨道进行相关的控制设置。轨道控制面板中的按钮包括"切换轨道输出"按钮、"切换同步锁定"按钮、"设置显示样式"按钮、"显示关键帧"按钮，还有"转到前一关键帧"按钮和"转到后一关键帧"按钮。轨道区右侧的上半部分是3条视频轨，下半部分是3条音频轨。在轨道上可以放置视频、音频素材片段。在轨道的空白处右击，在弹出的菜单中可以选择"重命名"、"添加轨道"、"删除轨道"命令，来对轨道进行编辑。具体功能和作用将在本书第4.1.2节有详细讲解。

2.1.11 "工具"面板

　　"工具"面板中的工具是编辑视频与音频的重要工具，可以完成许多特殊编辑操作。除了默认的"选择工具"外，还有"轨道选择工具"、"波纹编辑工具"、"滚动编辑工具"、"速率伸缩工具"、"剃刀工具"、"错落工具"、"滑动工具"、"钢笔工具"、"手形把握工具"和"缩放工具"。如图2-13所示为"工具"面板。

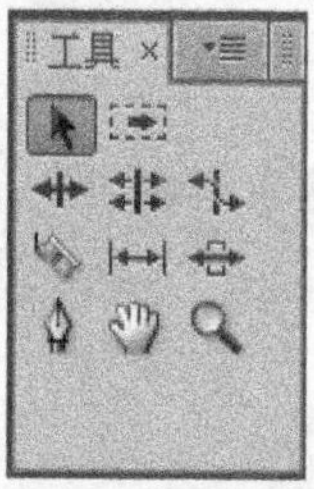

> **行家提示** 利用"工具"面板中提供的"剃刀工具"，可以快速将素材切割成几个片段，是非常适用的工具，只需在素材中单击即可对素材进行切割。

图2-13　"工具"面板

2.1.12 菜单栏

　　Premiere Pro CS4的操作都可以通过执行菜单栏命令来实现。Premiere Pro CS4的菜单主要有9个，它们分别是"文件"、"编辑"、"项目"、"素材"、"序列"、"标记"、"字幕"、"窗口"和"帮助"。Premiere Pro CS4所有操作命令都包含在这些菜单和其子菜单中。

1 "文件"菜单

　　"文件"菜单中的命令主要用于各种格式的文件的新建、打开、保存、输出和程序的退出操作。还提供了视频、音频采集和批处理等实用工具。

　　打开"文件"菜单后，其主要菜单及命令有"新建"、"打开项目"、"打开最近项目"、"关闭"、"保存"、"另存为"、"采集"、"Adobe动态链接"、"导入"、"导出"、"退出"等。

2 "编辑"菜单

　　主要对要处理的对象进行选择、剪切、复制、粘贴、删除等基本操作，还包括对系统参数进行设置的命令。其主要菜单及命令有"撤销"、"重做"、"剪切"、"复制"、"粘贴"、"清除"、"选择所有"、"查找"、"编辑源素材"、"参数"等。

3 "项目"菜单

　　主要用于管理项目以及"项目"面板中的素材，并可以对项目文件参数进行设置。其主要菜单及命令有："项目设置"、"链接媒体"、"造成脱机"、"自动匹配到序列"、"导入批处理列表"、"导出批处理列表"、"项目管理"、"导出项目为AAF"等。

4 "素材"菜单

　　主要对导入到"时间线"面板中的素材进行编辑和处理。其主要菜单及命令有"重命名"、"采集设置"、"插入"、"覆盖"、"素材替换"、"链接视音频"、"编组"、"取消编组"、"视频选项"、"音频选项"、"速度/持续时间"、"移除效果"等。

5 "序列"菜单

主要包括对"时间线"面板操作的各种管理命令。其主要菜单及命令有"序列设置"、"渲染工作区内的效果"、"渲染音频"、"删除渲染文件"、"应用剃刀于当前时间标示点"、"提升"、"提取"、"标准化主音轨"、"放大"、"缩小"、"吸附"、"添加轨道"、"删除轨道"等。

6 "标记"菜单

主要对素材进行标记的设定、清除和定位等。其主要菜单及命令有"设置素材标记"、"跳转素材标记"、"清除素材标记"、"设置序列标记"、"跳转序列标记"、"清除序列标记"、"编辑序列标记"、"设置Flash提示标记"等。

7 "字幕"菜单

主要用于创建字幕文件或对字幕文件进行编辑处理。其主要菜单及命令有"新建字幕"、"字体"、"大小"、"输入对齐"、"模板"、"滚动/游动选项"、"标志"、"转换"、"选择"、"排列"、"位置"、"排列对象"、"分布对象"、"查看"等。

8 "窗口"菜单

主要用于管理各个控制窗口和功能面板在工作界面中的显示情况。其主要菜单及命令有"工作区"、"特效控制台"、"历史"、"信息"、"字幕动作"、"字幕属性"、"字幕设计"、"工具"、"效果"、"时间线"、"调音台"、"采集"、"项目"等。

9 "帮助"菜单

"帮助"菜单可以打开软件的帮助文件，以便用户找到需要帮助的信息。其主要菜单及命令有"Adobe Premiere Pro帮助"、"键盘"、"在线支持"、"注册"、"取消激活"、"更新"、"关于Adobe Premiere Pro"等。

2.2 自定义Premiere Pro CS4

在 Premiere Pro CS4中，用户可通过对参数的设置来自定义操作界面、视频采集以及缓存设置等，以方便操作。

2.2.1 自定义工作界面

在Premiere Pro CS4中，用户可对工作界面进行自定义设置，可随时关闭不常用的控制面板，也可随意组合控制面板。本节将进行详细讲解。

1 关闭控制面板

将Premiere Pro CS4启动后，虽然默认的工作界面中没有显示全部的面板，但是显示的面板也比较多，此时一些不常用的面板就可以关掉，使界面更加简洁。如图2-14所示，以"信息"面板为例，右击"信息"面板，在弹出的菜单中选择"关闭面板"命令，即可关闭"信息"面板。关闭"信息"面板后的效果如图2-15所示。

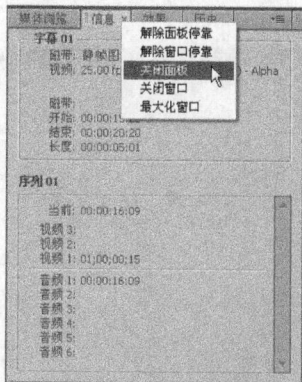

图2-14 关闭"信息"面板

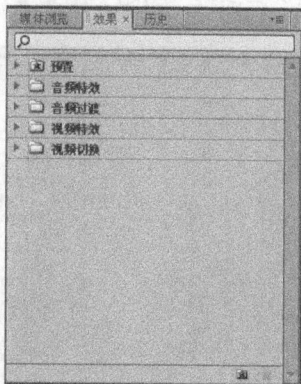

图2-15 关闭"信息"面板后的效果

专家点拨 用户还可通过单击需要关闭的面板右上方的"关闭"按钮，直接关闭面板。

2 组合面板

当经常使用一些面板时，就可以将经常使用的面板进行组合，建立一个新的面板组，从而使操作过程变得更加快捷和方便。选择需要组合的面板，如"效果"面板，单击"效果"面板的名称，拖动到需要加入的面板组中，如图2-16所示。释放鼠标后，"效果"面板即可加入到面板组中，如图2-17所示。

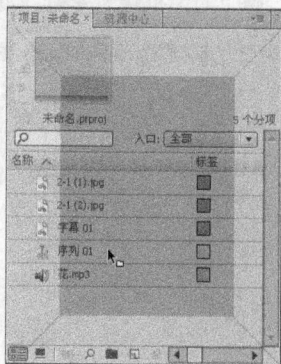

图2-16 拖动"效果"面板

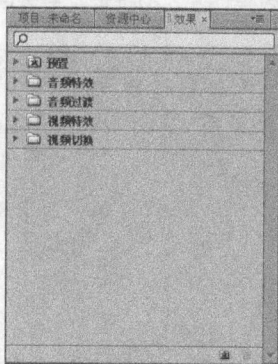

图2-17 组合面板

2.2.2 自定义环境参数

在使用Premiere Pro CS4软件编辑之前，用户需要对该软件本身的一些重要参数进行设置，以便使软件工作时处于最佳状态，也可以更加方便快速地帮助用户完成影片的编辑工作。Premiere Pro CS4的环境参数包括"常规"、"界面"、"音频"、"自动保存"等14项参数设置。

1 常规

打开"编辑"菜单，指向"参数"子菜单，单击"常规"命令，如图2-18所示。此时弹出"参数｜常规"对话框，如图2-19所示。

图2-18 选择"常规"命令

图2-19 "参数｜常规"对话框

在"常规"选项中，可通过设置"预卷"和"后卷"两个选项设置视频播放的前后预留时间，使影片的开始和结束不会显得太突然。

"视频切换默认持续时间"、"音频过渡默认持续时间"和"静帧图像默认持续时间"用来设置为素材添加特效后的默认时间。

"文件夹"选项组提供了在"项目"面板中打开文件的3种不同方式的操作方法。

2 界面

在"参数"对话框中选择"界面"选项，即可打开"参数｜界面"对话框。此选项用于调整界面的整体亮度，默认效果如图2-20所示。将滑块往较亮的方向拖动，整个对话框颜色变亮，如图2-21所示。

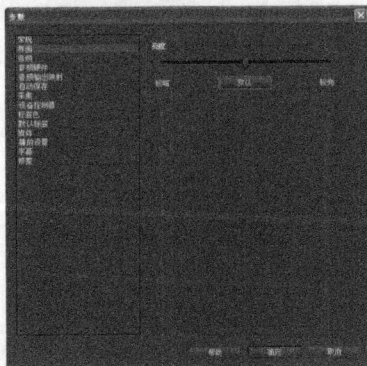

图2-20 默认效果

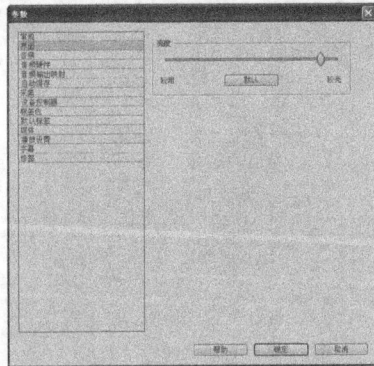

图2-21 变亮效果

行家提示 这里的颜色变亮不仅是参数对话框的界面颜色变亮，而是整个Premiere Pro CS4的全部显示面板整体变亮。

3 音频

在"参数"对话框中选择"音频"选项，打开"参数"对话框。在"5.1下混类型"选项中，提供了"仅有前置"、"前置+后置环绕"、"前置+重低音"和"前置+后置环绕+重低音"4种环绕立体声的类型。"自动关键帧优化"选项下的两个复选框可自动优化关键帧，此选项用于设置音频的相关参数，如图2-22所示。

4 自动保存

为了防止突然断电造成文件丢失，用户可通过设置"自动保存"选项中的参数，来设置自动保存文件的间隔时间和保存项目的最大数量，如图2-23所示。

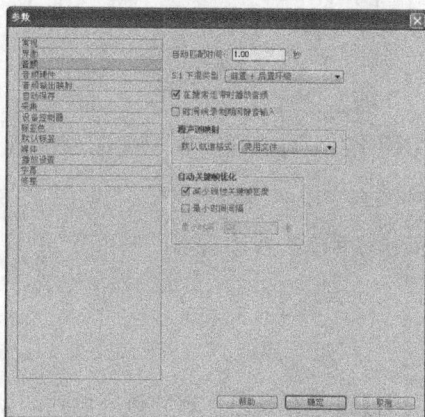

图2-22　"音频"选项参数　　　　图2-23　"自动保存"选项参数

5 采集

在采集素材的过程中很容易发生丢帧的情况，通过设置"采集"选项，在出现丢帧情况时，可以采取中断采集或弹出提示框的方式，告知用户采集的素材出现丢帧，并在采集失败时自动生成日志文件。"采集"选项主要用于设置采集的视频或音频素材的参数，如图2-24所示。

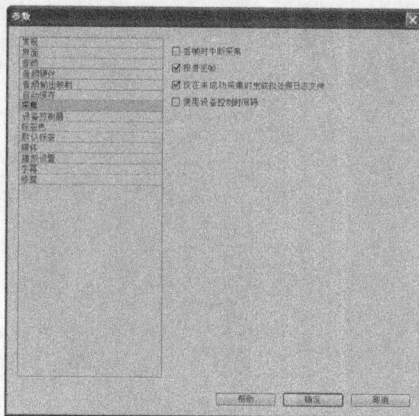

图2-24　"采集"选项参数

6 设备控制器

如果要从不同的视频设备采集素材，需要在"设备控制器"中选择对应的设备控制模块。"设备"下拉列表中有"无"、"DV/HDV设备控制"和"串行设备控制"3个选项，可供用户选择。如图2-25所示为"参数|设备控制器"对话框。单击"选项"按钮，在弹出的对话框中可设置"视频制式"、"设备品牌"、"设备类型"等选项，如图2-26所示。

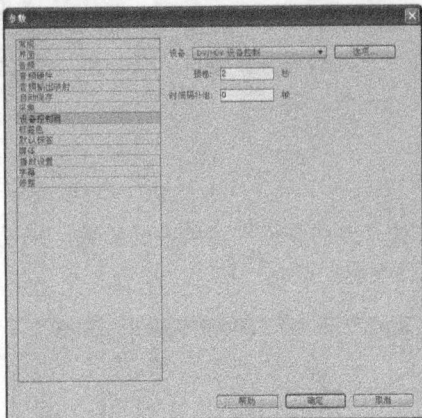

图2-25 设备控制器设置

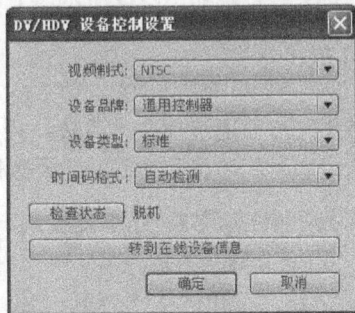

图2-26 "DV/HDV设备控制设置"对话框

行家提示 选择不同的设备，单击"选项"按钮，弹出的对话框中的选项也不同。

7 标签色和默认标签

在Premiere Pro CS4中，各种素材标签的颜色可以通过"标签色"选项进行设置，以便区分不同类型的素材文件。单击"标签色"选项中的颜色块，在弹出的"颜色拾取"对话框中可选择标签的颜色。如图2-27所示为"标签色"选项中的参数。

在"默认标签"选项中，用户可在"文件夹"、"序列"等选项右侧的下拉列表中选择对应选项的标签颜色，如图2-28所示。

图2-27 "标签色"选项参数

图2-28 "默认标签"选项参数

专家点拨 在"默认标签"选项中各选项的下拉列表中，每个颜色都是在"标签色"选项中设置的颜色。"标签色"选项设置完成后，Premiere Pro CS4界面中的标签颜色会同步进行改变。

8 字幕

"字幕"选项用于设置"样式示例"和"字体浏览"。在"样式示例"文本框中输入的文字和字母，将会在创建字幕窗口中的"字幕样式"面板内，以输入的内容为示例显示。如图2-29所示为默认的设置，在字幕窗口中的显示效果如图2-30所示。在"字体浏览"文本框中输入的文字和字母，会在创建字幕窗口中的字幕浏览的地方显示。如图2-31所示为自定义的设置，在字幕窗口中的显示效果如图2-32所示。

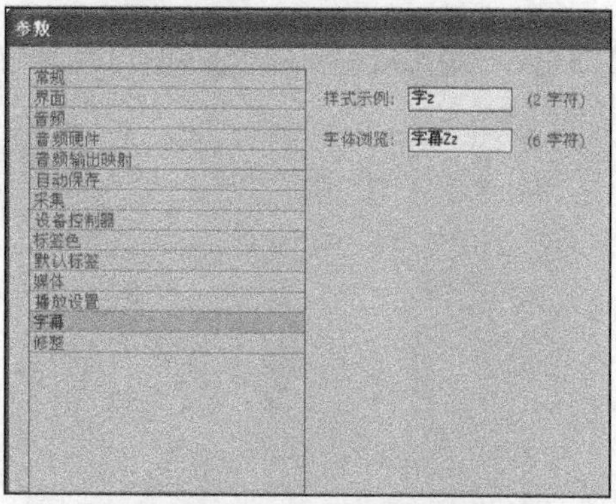

图2-29 默认"字幕"选项参数

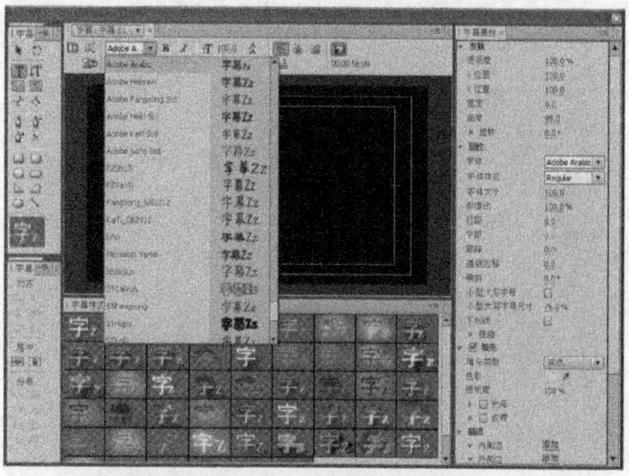

图2-30 默认"样式示例"和"字体浏览"的显示效果

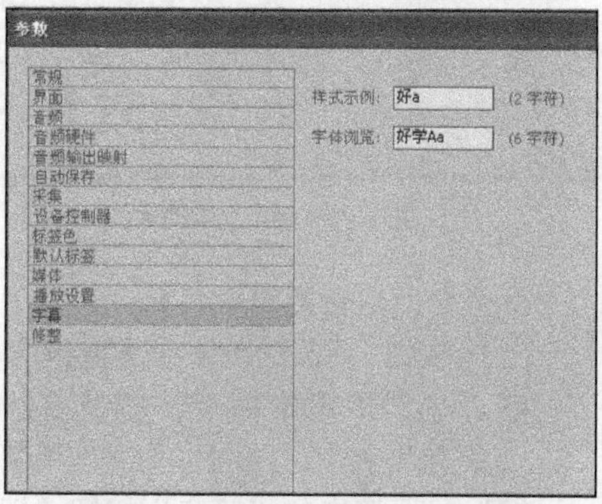

图2-31 自定义"字幕"选项参数

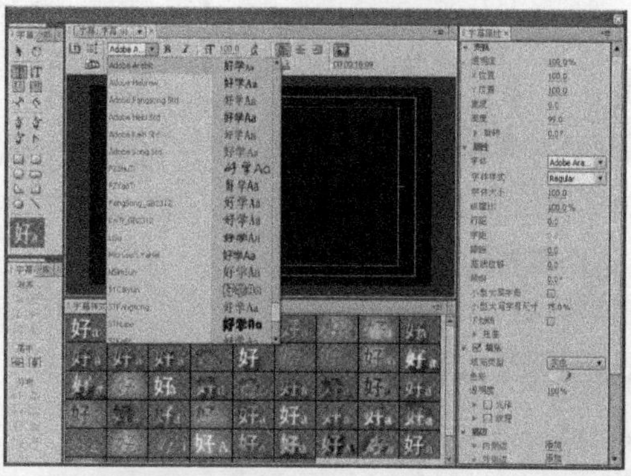

图2-32 自定义"样式示例"和"字体浏览"的显示效果

2.3 上机实战——自定义快捷键

不管什么软件，效率越高使用的用户越多。在Premiere Pro CS4中，有默认的快捷键，也可自定义快捷键。

知识链接

本操作过程主要用到以下知识点：

- "编辑"菜单中的"自定义快捷键"命令
- 查看Premiere Pro CS4默认快捷键

制作步骤

本实例的具体操作步骤如下。

01 打开"编辑"菜单，单击"自定义快捷键"命令，弹出"键盘快捷键"对话框，如图2-33所示。

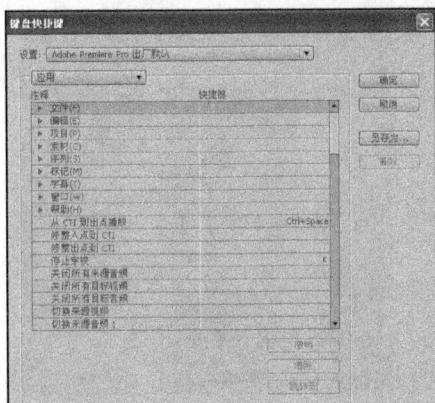

图2-33 "键盘快捷键"对话框

专家点拨 在"键盘快捷键"对话框中，默认显示为"应用"快捷键设置，单击此下拉按钮可选择"面板"和"工具"快捷键设置。

02 选择需要自定义快捷键的选项，如图2-34所示。

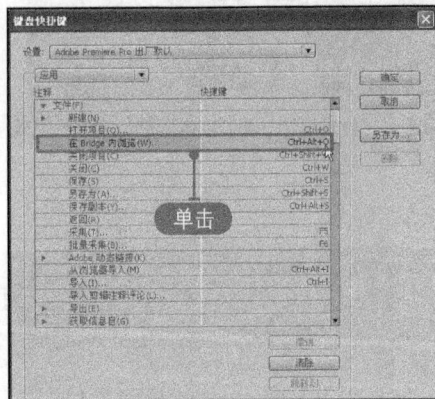

图2-34 选择选项

课堂问答

问："键盘快捷键"对话框中的"清除"按钮和"撤销"按钮有什么区别？

答：单击"键盘快捷键"对话框中的"清除"按钮，可快速清除快捷键。设置错误可单击"撤销"按钮返回上一步的操作。

03 在键盘上按需要设置的快捷键，如按【Ctrl+Alt+B】快捷键，即可设置快捷键，此时"设置"选项处自动建立并选择"自定义"选项，如图2-35所示。

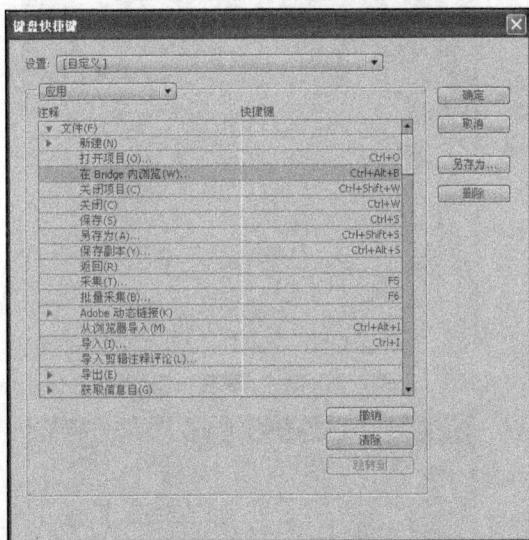

图2-35 自定义快捷键

04 自定义快捷键设置完成后，单击"另存为"按钮，弹出"命名快捷键"对话框。在文本框中输入快捷键名，单击"保存"按钮，最后单击"键盘快捷键"对话框中的"确定"按钮，即可完成设置，如图2-36所示。

图2-36 保存自定义快捷键

2.4　拓展训练

前面的章节介绍了Premiere Pro CS4的工作环境。为对知识进行巩固和考核，设置了相应的练习题。

2.4.1　笔试测试题

1　选择题

(1)（　　　）不属于 Premiere Pro CS4 工作界面的一项。

A. "项目"面板　　　　　　B. "调音台"面板

C. "图层"面板　　　　　　D. "时间线"面板

(2)（　　　）不属于 Premiere Pro CS4 中自定义环境参数设置的选项。

A. "常规"设置　　　　　　B. "采集"设置

C. "字幕"设置　　　　　　D. "视频渲染"设置

2　填空题

(1) "项目"面板主要分为＿＿＿＿＿＿、＿＿＿＿＿＿、＿＿＿＿＿＿ 3 个区。

(2) "节目"面板由＿＿＿＿＿＿、＿＿＿＿＿＿、＿＿＿＿＿＿3个部分组成。

3　判断题

(1) "信息"面板用于显示"项目"面板中的全部素材的相关信息。(　　　)

(2) 组合面板是使用菜单命令实现的。(　　　)

4　简答题

(1) 在 Premiere Pro CS4 中，怎么导入需要使用的素材文件？

(2) 在"时间线"面板中，轨道区的主要作用是什么？

2.4.2　上机练习题

使用Premiere Pro CS4可以快速对导入的视频素材进行剪辑，并可以将剪辑后的素材文件的顺序进行调整，重新组接素材。

操作提示

本实例的具体操作步骤如下。

01　导入光盘中的任意视频素材。

02　将素材拖动到"视频1"轨道中，并选中素材。

03　使用工具箱中的"剃刀工具"在素材需要断开的位置单击，将素材分割为3部分。

04　重新组接素材，将素材末尾部分与开始部分进行调换。

第1章

第2章

第3章

第4章

第5章

影片编辑基础

● 本章导读

通过前面的章节，用户已经了解了Premiere Pro CS4的工作界面，接下来就可以对影片进行编辑了。在编辑过程中，需要掌握一些新的知识，从而为制作精彩的影视节目打下基础。

本章从视频编辑的基础知识出发，分别讲解Premiere Pro CS4的项目管理、素材的采集、素材的导入和管理，使用户熟悉Premiere Pro CS4中的基本操作。

● 重点知识

▶ 视频编辑基础知识
▶ Premiere Pro CS4支持的素材格式
▶ Premiere Pro CS4的项目管理

● 难点知识

▶ 素材的采集
▶ 素材的管理

● 本章重要知识点提示

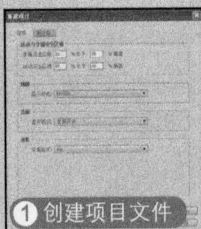

① 创建项目文件　② 项目管理设置　③ 导入素材

3.1 视频编辑基础知识

人们使用影像录制设备获取视频后，往往不会立刻进行播放。通过Premiere可以将视频重新编排顺序、剪切，从而对视频进行一定的修改，这些过程称为视频编辑。

3.1.1 镜头的合理组接

无论什么样的影视节目，都是由一系列的镜头按照一定的排列次序组接起来的。这些镜头之所以能够延续下来，使观众看到一个完整的统一体，那是因为镜头的发展和变化要服从一定的规律，这些规律将在下面进行详细的叙述。

1 镜头的组接必须符合观众的思维方式和影视表现规律

镜头的组接要符合生活、思维的逻辑，不符合逻辑观众就看不懂。影视节目要表达的主题与中心思想一定要明确，在这个基础上才能根据观众的心理要求，确定选用哪些镜头，怎么样将它们组合在一起。

2 景别的变化要采用"循序渐进"的方法

一般来说，拍摄一个场景的时候，"景"的发展不宜过分剧烈，否则就不容易连接起来。相反，如果"景"的变化不大，拍摄角度变化也不大，拍出的镜头也不容易组接。所以在拍摄的时候"景"的发展变化需要采取循序渐进的方法。循序渐进地变换不同视觉距离的镜头，可以顺畅地连接，形成了各种蒙太奇句型。

（1）前进式句型：这种叙述句型是指由远景、全景向近景、特写过渡。用来表现由低沉到高昂向上的情绪或剧情的发展。

（2）后退式句型：这种叙述句型是由近到远，表示有高昂到低沉、压抑的情绪，在影片中表现为由细节扩展到全部。

（3）环行句型：是把前进式和后退式的句子结合在一起使用。由全景——中景——近景——特写，再由特写——近景——中景——远景，也可反过来运用。表现情绪由低沉到高昂，再由高昂转向低沉。这类句型一般在影视故事片中较为常用。

在镜头组接的时候，如果遇到同机位，同景别又是同一主体的画面，是不能组接的。因为这样拍摄出来的镜头景物变化小，一副副画面看起来雷同，接在一起好像同一镜头不停地重复。另一方面，如果将这种机位、景物变化不大的两个镜头接在一起，只要画面中的景物稍有变化，就会使人产生跳动或者一个长镜头断了好多次的感觉，即"拉洋片"、"走马灯"的感觉，从而破坏了画面的连续性。

如果遇到这样的情况，对于镜头量少的影视片，可以重拍，但是对于时间持续长的影视片来说，采用重拍的方法就浪费时间和财力了。此时最好的方法是采用过渡镜头。如从不同角度拍摄再组接，穿插字幕过渡，让表演者的位置、动作变化后再组接。这样组接后的画面就不会产生跳动、断续和错位的感觉。

3　镜头组接中的拍摄方向及轴线规律

当主体物进出画面时，需要注意拍摄的总方向。应该从轴线一侧拍，否则当两个画面接在一起时，主体物就要"撞车"。

所谓的"轴线规律"是指拍摄的画面是否有"跳轴"现象。在拍摄的时候，如果拍摄设备的位置始终在主体运动轴线的同一侧，那么构成的画面运动方向、放置方向都是一致的，否则就"跳轴"了，跳轴的画面是无法组接的。

4　镜头组接要遵循"动接动"、"静接静"的规律

如果画面中同一主体或不同主体的动作是连贯的，可以动作接动作，从而达到顺畅、简洁过渡的目的，简称为"动接动"。如果两个画面中的主体运动是不连贯的，或者中间有停顿，那么必须在前一个画面主体做完一个完整动作停下来后，接上一个从静止到开始运动的镜头，这就是"静接静"。"静接静"组接时，前一个镜头结尾停止的片刻叫"落幅"，后一镜头运动前静止的片刻叫做"起幅"，起幅与落幅时间间隔大约为一两秒。运动镜头和固定镜头组接，同样需要遵循这个规律。如果一个固定镜头要接一个摇镜头，则摇镜头开始要有起幅；如果一个摇镜头接一个固定镜头，那么摇镜头要有落幅，否则就会给人一种跳动的视觉感。为了制作特殊效果，也有静接动或动接静的镜头。

5　镜头组接的时间长度

在拍摄影视节目的时候，镜头停滞时间的长短，首先是根据要表达的内容难易程度，观众的接受能力来决定的，其次是画面构图等因素。由于画面选择的景物不同，包含在画面中的内容也不同。远景中景等镜头大的画面，包含的内容较多，观众要看清楚画面上的内容，所需要的时间就相对长些；而对于近景，特写等镜头小的画面，所包含的内容较少，观众只需要相对较短的时间即可看清，所以画面停留的时间可短些。

另外，画面中的其他因素也对画面的长短起到制约作用。如同一个画面亮度大的部分比亮度暗的部分更能引起人们的注意。因此如果画面要表现亮的部分时，时间应该短些；如果要表现暗部分，则时间应该长一些。在同一幅画面中，动的部分先引起人们的视觉注意。因此如果重点表现动的部分，时间要短些；如果重点表现静的部分，则画面持续时间应该稍微长一些。

6　镜头组接的影调色彩

影调是对黑色的画面而言。黑色的画面上的景物，不管原来是什么颜色，都是由许多深浅不同的黑白层次组成的软硬不同的影调来表现的。对于彩色画面来说，除了影调问题之外，还有色彩问题。无论是黑白画面组接还是彩色画面组接都应该保持影调色彩一致。如果把明暗或者色彩对比强烈的两个镜头组接在一起（除了特殊的需要外），就会使人感到生硬和不连贯，从而影响内容通畅表达。

7　镜头组接节奏

影视节目的题材、样式、风格以及情节的环境气氛、人物的情绪、情节的起伏跌宕等，都是影视节目节奏的总依据。影片节奏除了通过演员的表演、镜头的转换和运动、音乐的配合、场景的时间空间变化等因素体现以外，还需要运用组接手段，严格掌握镜头的尺寸和数量，调整镜头顺序，删除多余的部分。

处理影片节目的任何一个情节或一组画面，都要依据影片表达的内容来处理节奏。如果在一个宁静祥和的环境里用了快节奏的镜头转换，就会使得观众觉得突兀跳跃，心理难以接受。如果在一些节奏强烈，激荡人心的场面中，就应该使镜头的变化速率与观众的心理要求一致，以增强观众的激动情绪从而达到吸引和模仿的目的。

8　镜头的组接方法

镜头画面的组接除了采用光学原理的手段以外，还可以通过衔接规律，使镜头之间直接切换，使情节更加自然顺畅。下面介绍几种有效的组接方法。

（1）连接组接：用相连的两个或者两个以上的一系列镜头表现同一主体的动作。

（2）队列组接：相连镜头但不是同一主体的组接。由于主体的变化，使观众联想到上下画面的关系，起到呼应、对比、隐喻烘托的作用。往往能够创造性地揭示出一种新的含义。

（3）黑白格的组接：为制作一种特殊的视觉效果，如闪电、爆炸、照相馆中的闪光灯效果等，组接的时候，将所需要的闪亮部分用白色画格代替，在表现各种相接的瞬间组接若干黑色画格，或者在合适的时候使黑白相间画格交叉，这样有助于加强影片的节奏，从而渲染气氛，增强悬念。

（4）两级镜头组接：是特写镜头直接切换到全景镜头或者从全景镜头直接切换到特写镜头的组接方式。这种方法能使情节的发展在动中转静或者在静中变动，节奏上形成鲜明的对比，从而使观众产生特殊的视觉和心理效果。

（5）闪回镜头组接：用闪回镜头进行组接，如插入人物回想往事的镜头，这种组接技巧可以用来揭示人物的内心变化。

（6）同镜头分析：将同一个镜头分别用在几个地方。运用该组接技巧的时候，往往是处于这样的考虑：所需要的画面素材不够；有意重复某一镜头，从而表现人物的追忆；为了强调某一画面所特有的、象征性的含义以引发观众的思考；为了使首尾相互接应，从而在艺术结构上给人一种完整而严谨的感觉。

（7）拼接：有些时候，在户外多次拍摄，并且拍摄的时间也相当长，但可以用的镜头却很短，达不到所需要的长度和节奏。在这种情况下，如果有同样或相似内容的镜头，就可以把可用的部分组接，以达到节目画面需要的长度。

（8）插入镜头组接：在一个镜头中间切换，插入另一个表现不同主体的镜头。如一个人正在马路上走着或者坐在汽车里向外看，此时插入一个代表人物主观视线的镜头（主观镜头），来表现该人物意外地看到了什么或直观感想。

（9）动作组接：借助人物、动物、交通工具等动作和动势的可衔接性以及动作的连贯性及相似性，作为镜头的转换手段。

（10）特写镜头组接：上个镜头以人物的局部（头或眼睛）或某个物件的特写画面结束，然后从这一特写画面开始，逐渐扩大视野，以展示另一情节的环境。目的是为了在观众的注意力集中在某一个人的表情或者某一事物的时候，在不知不觉中就转换了场景和叙述内容，而不使人产生陡然跳动的感觉。

（11）景物镜头的组接：在两个镜头之间借助景物镜头过渡，如果是以景为主，以物为陪衬的镜头，则可以展示不同的地理环境和景物风貌，也可以表示时间和季节的变换，是以景抒情的表现手法。在另一方面，如果是以物为主，是景为陪衬的镜头，往往作为镜头转换的手段。

（12）声音转场：用解说词转场，这个技巧一般在科教片中比较常见。用画外音和画内音互相交替转场，例如电话场景的表现。此外，也可以利用歌曲来实现转场的效果，还可以利用各种内容换景。

（13）多屏画面转场：这种技巧有多画屏、多画面、多画格和多银幕等多种叫法，是近代影视艺术的新手法。把银幕或者屏幕一分为多，可以使双重或多重的情节齐头并进，从而压缩了时间。如在电话场景中，打电话时，两边的人都有了。打完电话后，打电话的人的戏没有了，但接电话的人的戏开始了。

9 镜头的组接技巧

镜头的组接技巧是多种多样的，可以按照创作者的意图，根据情节的内容和需要而创造，没有具体的规定和限制。在具体的后期编辑中，可以适当地根据情况发挥，但不要脱离实际情况和需要。

（1）声音的组合形式及其作用

在影视教学片中，声音除了与画面教学内容紧密配合以外，运用声音本身的组合也可以体现声音在表现主题上的重要作用。

● 声音的并列

这种声音组合是几种声音同时出现，产生一种混合效果，用来表现某个场景。如表现大街繁华时的车声以及人声等。但并列的声音应该有主次之分，要根据画面适度调节，把最有表现力的声音作为主旋律。

● 声音的对比

将含义不同的声音按照需要同时出现，使它们在鲜明的对比中产生反衬效应。

● 声音的遮罩

在同一场面中，并列出现多种同类的声音，有一种声音突出于其他声音之上，从而引起人们对某种发生体的注意。

● 接应式声音交替

即同一声音此起彼伏，前后相继，从而为同一动作或事物进行渲染。这种有规律、有节奏的接应式声音交替，经常用来渲染某一场景的气氛。

● 转换式声音交替

即采用两种声音在音调或节奏上的近似，从一种声音转化为两种声音。如果转化为节奏上近似的音乐，既能使观众保持音响效果所形成的环境真实性，又能发挥音乐的感染作用，从而充分表达一定的内在情绪。由于节奏上的近似，在转换过程中会给人一气呵成的感觉，这种转化效果有一种韵律感，容易记忆。

● 声音与"静默"交替

"无声"是一种具有积极意义的表现手法，在影视片中通常作为恐惧、不安、孤独、寂静以及人物内心空白等气氛和心情的烘托。

"无声"可以与有声在情绪上和节奏上形成鲜明的对比，具有强烈的艺术感染力。如暴风雨后的寂静无声，会使人感到时间的停顿，生命的静止，给人以强烈的感情冲击。但这种无声的场景在影片中不能太多，否则会降低节奏，失去感染力，产生烦躁的主观情绪。

（2）影视节目中的声音艺术处理

在上面的内容中，介绍了影视节目中声音的类别以及处理方法。声音除了可以与画面配合外，声音与声音之间的关系，也成为不可避免的、经常存在的问题。因此，画面在解说、音响、音乐的密切配合下，才能取得完美的艺术效果。如果孤立地去处理解说、音乐效果，那就很容易，使影片变得杂乱无章。这样的声音，不能反映现实，不能形成真实的感受。事实上，在观看某种东西时，都会侧耳倾听一个来自别处的声音。或者由于被某种事物所吸引，以至于不能听到耳边的其他声音。基于这些原因，在影片中，声音必须像画面一样，经过选择，然后将多种声音作统一的考虑和安排。

在考虑如何在影片中将各种声音统一的时候，必须认识到：影片中尽管可以容纳多种声音，但在同一时间内，只能突出一种声音。因此统一各种声音，最主要的一点就是要尽可能地不在同一时间使用多种声音，应该设法使它们在影片中交错开来。

总而言之，影片中的各种声音，要有目标、有变化、有重点的来运用，应当避免盲目、单调和重复地运用声音。当运用一种声音时，必须首先确定用声音来表现什么，必须了解这种声音表现力的范围，必须考虑声音的背景，必须消除声音的苍白无力、堆砌和不自然的转换，从而让声音和画面密切结合，发挥声画结合的表现力。

3.1.2　视频编辑的流程

任何视频编辑的工作流程，都可以简单地看成输入、编辑、输出这3个步骤。当然由于不同软件功能的差异，其编辑流程还可以进一步细化。这里以Premiere Pro CS4软件为例，因为它是一款相当专业的视频编辑软件。使用该软件的编辑流程主要分成如下5个步骤。

（1）素材采集与输入：采集就是利用Premiere Pro CS4将模拟视频、音频信号转换成数字信号存储到计算机中，或者将外部的数字视频存储到计算机中，成为可以处理的素材。输入主要是把其他软件处理过的图像、声音等导入到Premiere Pro CS4中。

（2）素材编辑：素材编辑就是设置素材的入点与出点，以选择最合适的部分，然后按时间顺序组接。

（3）特技处理：对于视频素材，特技处理包括转场、特效、合成叠加；对于音频素材，特技处理包括声音的淡入淡出、特效。很多令人震撼的听觉效果，就是在这一过程中产生的。非线性编辑软件功能的强弱，往往也体现在这方面。配合某些硬件，Premiere Pro CS4还能够实现特技播放。

（4）字幕制作：字幕是节目中非常重要的部分，它包括文字和图形两个方面。在Premiere Pro CS4中制作字幕很方便，几乎没有无法实现的效果，并且还有大量的模板可以选择。

（5）输出与生成节目：编辑完成后，就可以回录到录像带上；也可以生成视频文件，发布到网上；还可以刻录成VCD和DVD等。

3.2　Premiere Pro CS4的项目管理

项目文件管理是Premiere Pro CS4对影视作品进行管理的有效方式。项目文件是一个项目的管理中心，它记录了一个项目的基本设置、素材信息（素材的媒体类型、物理地址、大小、每个素材片段的入点与出点以及素材帧尺寸的相关信息），还记录了使用"时间线"面板来组织素材的过程以及给素材添加了哪些效果，如运动、过渡、视频音频滤镜、透明等。

3.2.1　创建项目文件

创建项目是开始整个影片后期制作流程的第一步。用户首先应该按照影片制作的需要配置好项目设置，然后根据计算机自身的硬件情况，对软件的参数进行设置之后，再导入素材，才能开始编辑工作。具体操作步骤如下。

光盘同步文件

原始文件：无

结果文件：无

同步视频文件：光盘\同步教学文件\第3章\3-2-1.avi

01 双击桌面上的Premiere Pro CS4快捷图
标，启动Premiere Pro CS4编辑软件进入
欢迎界面后，单击"新建项目"按钮，打
开"新建项目"对话框，在"常规"选项
卡中，进行相应的设置，如图3-1所示。

图3-1　"常规"选项卡

行家提示　在"常规"选项卡中，用户可设
置字幕在影片中的垂直和水平距
离、视频素材的显示格式、音频
素材的显示方式、采集视频的格
式、项目存储位置等。

02 选择"暂存盘"选项卡，在"所采集
视频"、"所采集音频"、"视频预
览"、"音频预演"选项中均设置为
"与项目相同"。单击"确定"按钮，
如图3-2所示。弹出"新建序列"对话
框，如图3-3所示。

图3-2　"暂存盘"选项卡

行家提示　用户不能随便更改Premiere Pro
CS4中临时文件夹的位置和名称，
因为可能会破坏项目中所用文件
的链接。

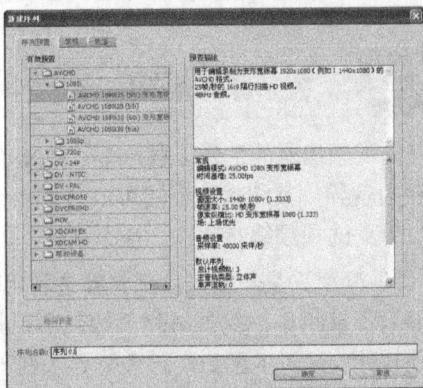

图3-3　"新建序列"对话框

行家提示　在"序列预置"选项卡中，可以
选择项目的显示模式。由于我国
采用PAL电视制式，在创建新项
目时，用户可以选择DV-PAL制式
中的"宽银幕48kHz"。

课堂问答

问：在Premiere Pro CS4中，序列
是什么？

答：在Premiere Pro CS4中，位于
"时间线"面板的多段素材组
合后的影片内容称为序列。

03 在"新建序列"对话框中，单击"常规"
选项卡，进行相应的设置，如图3-4所示。

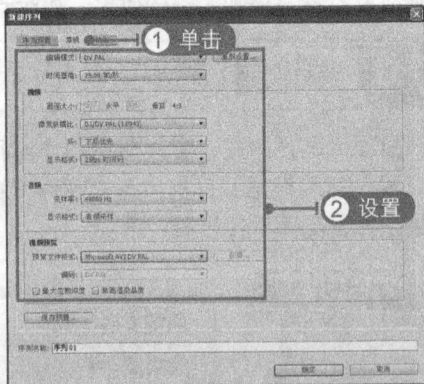

图3-4　"常规"选项卡

04 单击"轨道"选项卡，进行相应的设置，单击"确定"按钮即可完成设置，如图3-5所示。

图3-5 "轨道"选项卡

默认情况下，Premiere Pro CS4中的项目有3条视频轨道，音频轨道会根据不同的音频格式而改变。用户可在"轨道"选项卡中设置视频、音频、轨道的数目。

05 进入Premiere Pro CS4工作界面后，打开"编辑"菜单，指向"参数"子菜单，单击"常规"命令，弹出"参数"对话框。在"常规"选项中，可以修改"视频切换默认持续时间"为"30帧"（1秒），"音频过渡默认持续时间"和"静帧图像默认持续时间"分别为"1.00秒"和"100帧"（4秒），其余选项均保持默认设置，如图3-6所示。

图3-6 在"常规"选项设置参数

06 单击"自动保存"选项，设置"自动保存间隔"选项为"10分"，如图3-7所示。

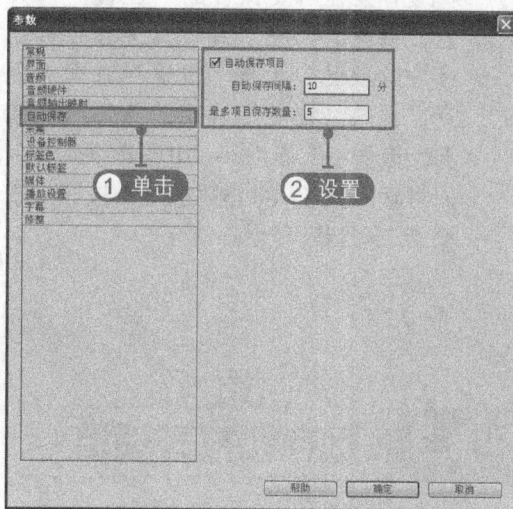

图3-7 在"自动保存"选项中设置参数

行家提示 在"最多项目保存数量"选项中，用户可以根据硬盘空间的大小来确定项目数量，一般为5。如果空间大，可以适当增加项目数量。

07 单击"采集"选项，勾选"丢帧时中断采集"复选框。这样在采集素材时如果出现大量帧丢失的情况，系统会自动中断当前的采集，并提示错误信息，如图3-8所示。

图3-8 在"采集"选项中设置参数

[08] 单击"媒体"选项，在"媒体高速缓存文件"选项区中，单击"浏览"按钮，在弹出的"浏览文件夹"对话框中，选择缓存文件所要保存的"位置"（硬盘文件夹）。在"媒体高速缓存数据库"选项区中设置"位置"在同一硬盘文件夹。在"不确定的媒体时间基准"选项中，选择25.00fps选项，其余的为默认状态，单击"确定"按钮完成设置，如图3-9所示。

图3-9 在"媒体"选项中设置参数

3.2.2 保存和打开项目

1 保存项目文件

在项目编辑的过程中，要养成随时保存项目的好习惯，以免意外丢失数据，造成不必要的损失。对于编辑过的项目，直接单击"文件"菜单，单击"保存"命令就可以保存了，如图3-10所示。

Premiere Pro CS4还提供了"另存为"命令，该命令可以将项目以另一个名称或位置进行保存。如果需要对项目的某一部分（如视频特效或者音频特效）进行更改，但是又担心更改后不可恢复，这时就可以使用"另存为"命令来保存该项目。单击"文件"菜单，单击"另存为"命令就可以保存了，如图3-11所示。

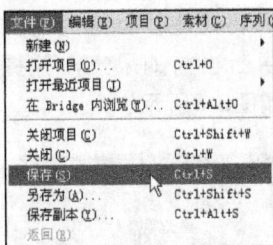

图3-10 单击"保存"命令

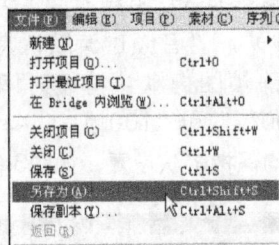

图3-11 单击"另存为"命令

专家点拨 系统会每隔一段时间自动保存一次项目，具体时间间隔在"编辑"菜单中的"参数"级联菜单中的"自动保存"命令中设置。"保存"命令可通过按【Ctrl+S】快捷键执行，"另存为"命令可通过按【Shift+Ctrl+S】快捷键执行。

2 打开项目文件

打开项目的方法有以下两种。

● 双击需要打开的项目文件图标。
● 打开"文件"菜单，单击"打开项目"命令，此时弹出"打开项目"对话框。在磁盘中找到需要打开的项目文件并选中，单击对话框中的"打开"按钮，即可打开所选的项目。

用户可通过按【Ctrl+O】快捷键快速打开"打开项目"对话框。如果要打开最近编辑过的某个项目，可以打开"文件"菜单，指向"打开最近项目"命令，这时将弹出级联菜单。该级联菜单中列出了最近操作过的项目文件，单击要打开的项目文件，即可将其打开。

3.2.3　项目管理设置

当用户在Premiere Pro CS4中编辑影片时，如果项目文件所在的文件夹中存储了许多素材，用户可通过对项目管理参数进行设置，将素材合理地存放，将未使用的素材移除。

1　项目管理设置

打开"项目"菜单，单击"项目管理"命令，如图3-12所示。在弹出的"项目管理"对话框中，用户可更改项目的存储位置，还可以查看该磁盘的有效空间和项目文件的大小，如图3-13所示。

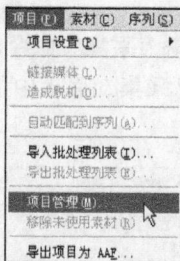

图3-12　单击"项目管理"命令

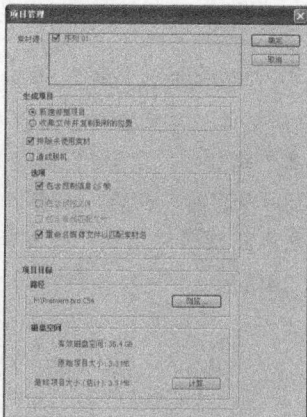

图3-13　"项目管理"对话框

2　移除未使用的素材

在影片制作的过程中，经常会导入很多视频、音频素材，以方便用户进行编辑时选用。当制作完成后，难免会有没有用到的素材，此时用户可以通过单击打开"项目"菜单，单击"移除未使用素材"命令，将未使用的素材进行移除，从而释放磁盘空间。

课堂问答

问：怎么判断素材使用还是未使用？

答：在Premiere Pro CS4中，所有导入的素材都会存放于"项目"面板中，使用素材时必须将其拖动到"时间线"面板中的视频或音频轨道。只要在"项目"面板中存在，"时间线"面板中也存在的素材就是已使用的素材；"项目"面板中存在，"时间线"面板中不存在的素材为未使用的素材。

3.3 采集素材

要将拍摄的DV视频素材进行编辑，首先要将视频素材传到计算机的硬盘中保存备用，这一过程称为"视频采集"。本节将讲解如何导入素材和利用Windows录音机录制音频素材。

3.3.1 采集视频

要采集磁带中的DV视频素材，用户必须准备可供播放DV视频磁带的录像机（或摄像机）、视频采集卡及连接线。并且在计算机中安装好视频采集卡及驱动程序。

1 连接

比如使用的是DV摄像机拍摄的DV素材带，并且在计算机中安装的视频卡配有支持IEEE 1394的数字接口，只需将DV录像机（或摄像机）的DV接口与视频卡上的IEEE1394（DV）接口用DV专用连接线对接即可。然后接通录像机（或摄像机）电源，放入DV素材带。

2 采集

使用Premiere Pro CS4采集视频时，需要为采集的文件预先安排一个较大的硬盘空间，以便存放采集时产生的临时文件。在采集前，有必要对系统进行采集设置。

（1）打开"采集"窗口

Premiere Pro CS4界面被打开后，打开"文件"菜单，单击"采集"命令，打开"采集"面板。此时，由于还未将计算机与摄像机连接在一起，所以在"采集"面板中显示"采集设备脱机"的信息，如图3-14所示。

> **专家点拨** 在Premiere Pro CS4中，用户也可以通过按【F5】键快速打开"采集"面板。

将计算机与摄像机连接后，"采集"面板中的各选项被激活，"采集设备脱机"信息变成"停止"信息，如图3-15所示。

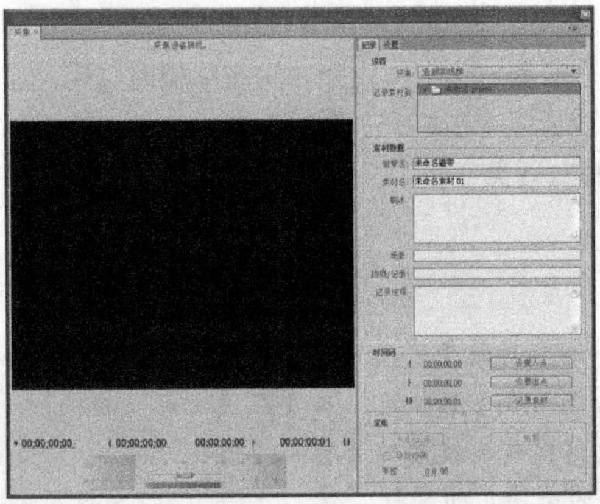

图3-14 "采集"面板

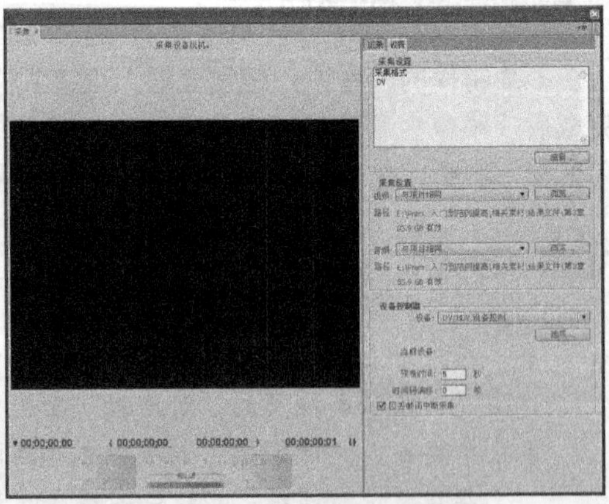

图3-15 连接采集设备

在"采集"面板中，左侧为视频采集预览区域，预览区域下方为采集视频素材时的设备控制按钮，利用这些按钮可对视频素材进行相应的操作，如图3-16所示。

（2）采集设置

单击"采集"面板右侧的"记录"选项卡。在"设置"选项区中，根据影片编辑的需要，选择"采集"的素材是"音频和视频"，还是"音频"或"视频"，来确定素材采集的类型。

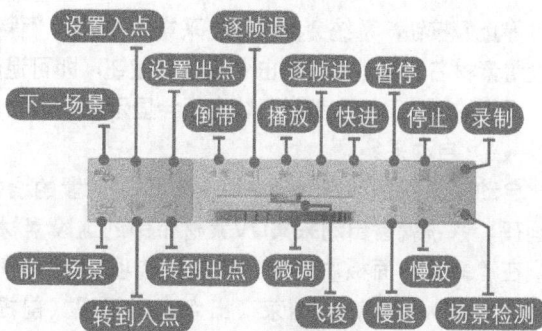

设置入点　　逐帧退
下一场景　　设置出点　　逐帧进　暂停
　　　　　倒带　播放　快进　停止　录制
前一场景　转到出点　微调　　　慢放
转到入点　　　　　飞梭　慢退　场景检测

图3-16　设备控制按钮

在"采集"下拉列表中，选择"音频和视频"选项，会将两者同时采集；选择"音频"选项，系统只会采集音频，没有视频；选择"视频"选项，系统只会采集视频，没有音频。

单击"采集"窗口右侧的"设置"选项卡，单击"编辑"按钮，弹出"项目设置"对话框。在该对话框中可以对"采集格式"是"DV采集"还是"HDV采集"进行设置（在新建项目中，设置的"采集格式"是"DV采集"），单击"确定"按钮，关闭"项目设置"对话框。在"采集位置"选项区中，单击"浏览"按钮，可以设置"视频"、"音频"素材文件的保存路径，通常将其保存在较大的硬盘空间里，并且选择"与项目相同"选项，如图3-17所示。

为了能够在"采集"面板中遥控采集设备，用户可以在"设备控制器"选项区中，对采集的设备进行确认。单击"设备"下拉列表，选择"DV/HDV设备控制"命令，单击"选项"按钮，打开"DV/HDV设备控制设置"对话框。在该对话框中可以根据不同的设备选择合适的"视频制式"、"设备品牌"、"设备类型"，设置"时间码格式"为"无丢帧"，单击"检查状态"按钮，若显示"在线"，则表示录像机与计算机连接正常，可以进行采集；若显示"脱机"，则可能是录像机电源未打开或与计算机连接有误，需打开电源或重新连接，直至显示"联机在线"。设置完成后单击"确定"按钮，返回"采集"面板。勾选"因丢帧而中断采集"复选框，当采集过程中出现丢帧时系统会自动中断采集，如图3-18所示。

图3-17　"设置"选项卡

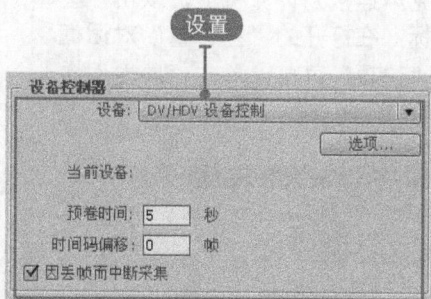

图3-18　在"设备控制器"选项区中设置参数

（3）手动采集

手动采集就是一边播放DV素材带，一边采集素材。

用户可以直接利用"采集"面板左下方的一些控制按钮控制DV录像机素材带的播放。同时在面板的上方，显示录像机磁带的运行状况以及时间码等技术参数。当需要采集的素材画面出现时，单击"录制"按钮，系统会自动将素材的内容采集到指定的文件夹里；当需要采集的素材画面结束时，单击"停止"按钮，系统会自动停止采集，并弹出"保存已采集素材"对话框。当用户对刚才采集的素材设置素材名、描述后，单击"确定"按钮，即可退出"采集"面板。此时在Premiere Pro CS4"项目"面板的预览区域和素材区域中，会显示刚才采集素材的缩略图、信息说明和素材文件。

（4）自动采集

自动采集就是利用Premiere Pro CS4内置的设备控制功能，首先设置好DV素材带的入、出点时间码，系统就会自动采集DV素材带中的这段素材。

在"采集"面板右侧的"记录"选项卡的"时间码"选项区中，可以分别设置要采集素材的起始（入点）时间码和结束（出点）时间码（前提是DV素材带中的内容事先已做好了时间码记载，知道所需要素材画面的起止时间）。然后在"采集"选项区中，单击"入点/出点"按钮，系统会自动对记录的入点到出点之间的素材片段进行采集，并弹出"保存已采集素材"对话框。用户对刚才采集的素材设置素材名后，单击"确定"按钮，退出面板。此时在"项目"面板的预览区域和素材区域中，会显示刚才采集到的素材缩略图、信息说明和素材文件。

按照上述的方法，对需要采集的素材片段设置好入点、出点的时间码，进行素材的采集。采集完成后，退出"采集"面板，回到Premiere Pro CS4工作界面。

（5）批量采集

当需要对DV素材带里的多个素材片段进行采集时，使用批量采集的方式可以大大提高工作效率。单击"文件"菜单中的"批量采集"命令可进行批量采集。

3.3.2　录制音频

在Premiere Pro CS4中，用户可随意录制音频，为自己的素材配音。用户只需要拥有一台计算机、声卡、麦克风即可。下面以最简单的Windows录音机进行录制为例，介绍具体的操作步骤。

光盘同步文件

原始文件：无

结果文件：无

同步视频文件：光盘\同步教学文件\第3章\3-3-2.avi

01 先将麦克风连接到计算机上，双击"音量"图标，在打开的"主音量"对话框中打开"选项"菜单，单击"属性"命令，如图3-19所示。

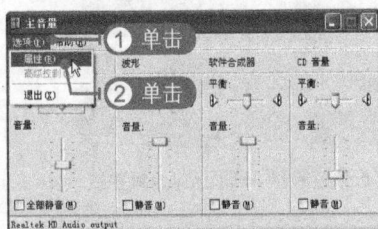

图3-19　"主音量"对话框

02 在弹出的"属性"对话框中，设置相应的参数，单击"确定"按钮，如图3-20所示。

图3-20　在"属性"对话框中设置参数

03 单击"开始"按钮，指向"所有程序"子菜单，单击"附件"选项，指向"娱乐"选项，单击"录音机"命令，即可打开"声音-录音机"窗口，如图3-21所示。

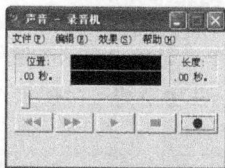

图3-21　"声音-录音机"窗口

04 单击"录制"按钮 **■●**，即可录制音频，窗口中的"位置"和"长度"在不断增加，如图3-22所示。

图3-22　录制音频

05 录制完成后，单击"停止"按钮 **■**，停止音频录制；单击"播放"按钮 **►**，可对录制的音频进行播放。

06 打开"文件"菜单，单击"保存"命令，在弹出的"另存为"对话框中，设置音频的存储位置和名称，设置完成后即可完成音频的录制。

课 堂 问 答

问：音频录制完成后，如果需要对其进行编辑怎么办？

答：可以通过"声音-录音机"窗口中的"编辑"、"效果"菜单中的命令，对录制的音频进行编辑。

3.4　导入素材

在编辑影片前，要准备好影片所需要的各种素材文件，包括DV拍摄的素材、图片、图形文件、MP3等音频文件、VCD、DVD影片文件素材、光盘或优盘里的素材等。用户可以将其分门别类地存入到计算机硬盘中，然后再导入到Premiere Pro CS4的"项目"面板中。

Premiere Pro CS4支持多种格式的素材文件，如支持的视频文件格式有AVI、ASF、MPEG、MOV、DIVX等；支持的音频文件格式有MP3、WAV、MP4、WMA、MIDI、VQF等；支持的图像文件格式有BMP、JPEG、PSD、TGA、GIF、TIFF、PNG等。

3.4.1　导入普通素材

要导入普通素材，必须先打开"导入"对话框，其方法有4种。

- 打开"文件"菜单，单击"导入"命令。
- 在"项目"面板的空白处双击。
- 在"项目"面板的空白处右击，单击"导入"命令。
- 按【Ctrl+I】快捷键，弹出"导入"对话框。

在计算机磁盘中找到编辑影片所需要的素材文件，选中后单击"打开"按钮（或者直接双击该素材文件），该素材会自动导入到"项目"面板中。也可以选中素材文件后直接拖到"项目"面板中。如果多个素材在一个文件夹中，可以先选中该文件夹，然后将其直接导入到"项目"面板中。

3.4.2　导入序列素材文件

序列文件是一种特殊的素材文件，它由其他软件生成的许多单帧图片组成，并带有统一编号的动画文件（如3ds Max输出的带有Alpha通道的序列动画文件）。

打开"导入"对话框，找到序列素材文件，选中第一号图片文件，勾选"序列图像"复选框，单击"打开"按钮，该序列素材文件便会自动导入到"项目"面板中，并合成为一个视频动画文件。

3.4.3　导入新建素材和预览素材

1　导入新建素材

Premiere Pro CS4自带"彩条"、"黑场"、"彩色蒙板"、"通用倒计时片头"、"透明视频"等影片编辑时需要用到的视频素材。用户可以通过单击打开"文件"菜单，指向"新建"子菜单，在级联菜单中单击"彩条"或"黑场"等新建命令，实现导入素材，如图3-23所示。

用户也可以在"项目"面板的空白处右击，在"新建分项"的级联菜单中执行"彩条"、"黑场"等命令，如图3-24所示。也可以直接单击"项目"面板底部的"新建分项"按钮，在弹出的菜单中选择相应的命令，弹出"新建彩条"或"新建黑场视频"对话框，从中进行必要的参数设置，再单击"确定"按钮，自带的视频素材便被导入到"项目"面板中。

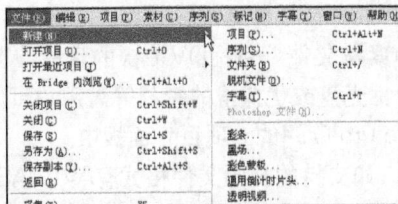

图3-23　通过"新建"级联菜单导入新建素材　　　图3-24　从"项目"面板导入新建素材

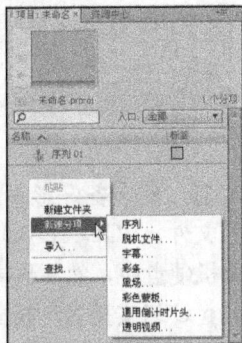

2　导入预览素材

导入到"项目"面板中的素材，在编辑前，可以先对其预览。可以在"项目"面板的预览区进行预览，也可以在素材监视器窗口中进行预览。

（1）在预览区中预览

在"项目"面板中单击需要预览的素材，单击预览区左侧的"播放-停止切换"按钮，便可在"项目"面板中预览区的小窗口中预览素材内容。若是图片，则只能显示该图片内容，不能播放，如图3-25所示。

（2）在"素材源"面板中监视器窗口中预览

在"项目"面板中双击需要预览的素材，打开"素材源"面板。单击该面板正下方的"播放-停止切换"按钮，便可预览素材内容。还可以通过调整该面板正下方的"飞梭"用鼠标左键滑块的位置，调整预览速度或播放方向（播放或倒放）。按住该窗口正下方的"微调"拨盘并水平拖动，便可以慢速浏览素材内容，如图3-26所示。

专家点拨　用户还可以通过右击需要预览的素材，在弹出的快捷菜单中，执行"在素材源监视器打开"命令，打开素材源监视器窗口。

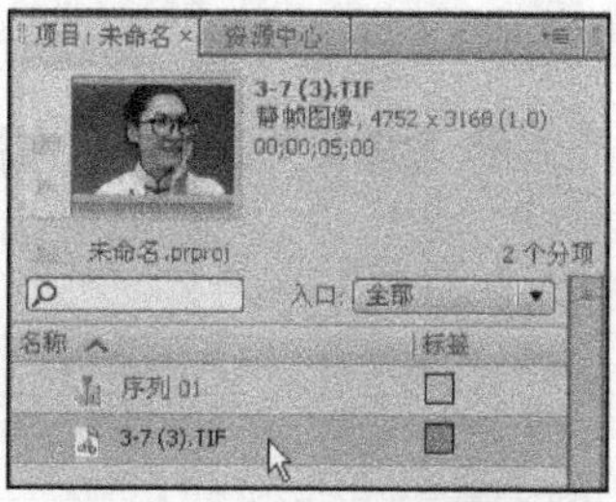

图3-25 在预览区中预览 　　　图3-26 在"素材源"面板的监视器窗口中预览

3.5 管理素材

在编辑影片、查找和调用素材时，由于素材种类多、数量大，使用起来很麻烦，因此在编辑之前对素材进行科学的管理，对提高工作效率是非常有帮助的。

1 查看素材信息

素材包含了供用户查看的详细信息，包括素材的名称、文件路径、类型、文件大小、格式、尺寸、持续时间等。用户可以快速地、直接地查看素材的相关信息，以便合理地规划、使用和管理素材。

在"项目"面板，右击所要查看的素材图标，在弹出的快捷菜单中，执行"属性"命令，弹出"属性"面板，在该面板中有关于素材的详细信息。

专家点拨 查看素材信息时，用户还可以在"项目"面板中选中某个素材，再打开"窗口"菜单，单击"信息"命令，在打开的"信息"面板中可以查看该素材的相关信息。

2 定义影片

用户不仅可以查看素材的属性，还可以通过单击"定义影片"命令来修改素材的属性，使其更符合影片编辑要求。

用户可以通过单击打开"文件"菜单，单击"定义影片"命令，弹出"定义影片"对话框，如图3-27所示。

专家点拨 用户也可以在"项目"面板中右击素材标签，在弹出的快捷菜单中，单击"定义影片"命令，弹出"定义影片"对话框。

弹出的"定义影片"对话框，如图3-28所示。在定义影片时，不同的素材，选项不同。在"帧速率"选项区中可以设置影片的帧速率，如果选中"使用来自文件的帧速率"单选项，则影片使用原始的帧速率。用户可以在"假定帧速率为"后面的文本框中输入所需要的数值（我国的电视制式为25.00fps）。如果帧速率改变了，影片的"持续时间"（长度）也将发生相应的变化。在"像素纵横比"选项区中，默认选中"使用来自文件的像素纵横比"单选项。用户可以在"符合为"下拉列表中选择所需要的像素纵横比，来改变素材尺寸比例。"方形像素（1.0）"选项是供计算机显示器屏幕列表，若影片在电视机播放，应选择"D1/DV PAL（1.0940）"选项或者"D1/DV PAL宽银幕16∶9（1.4587）"选项。一个素材（图片、视频）若没有合适的像素纵横比，画面会被拉长或被压缩而导致变形。在"场序"选项区中，默认选中"使用来自文件的场序"单选项。根据影片的要求，用户可以在"符合为"下拉列表中选择所需要的场序。若是在计算机显示器屏幕播放，选择

"无场（逐行扫描）"选项；若是用PAL电视制式观看，选择"上场优先"选项。

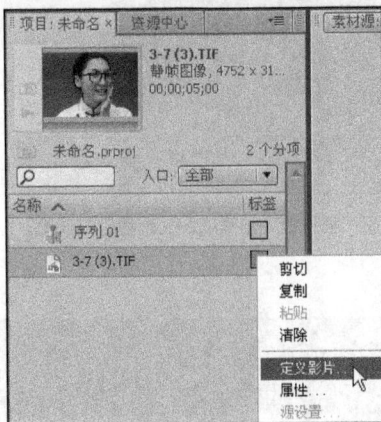

图3-27 单击"定义影片"命令

图3-28 "定义影片"对话框

3 编辑附加素材

在Premiere Pro CS4的"项目"面板中可以对素材进行基本的剪切编辑工作，从而缩短素材持续时间。

在"项目"面板中右击素材，弹出快捷菜单，执行"编辑附加素材"命令，弹出"编辑附加素材"对话框。用户可以在"附加素材"选项区中，通过拖动（或直接设置）改变素材的"开始"或"结束"时间码，单击"确定"按钮后，在"项目"面板中的源素材便缩短了持续时间，即将源素材的一部分（开始至结束）保留在"项目"面板中，对源素材进行了剪切编辑。

4 素材的分类管理

在"项目"面板中，当素材文件的数量和种类较多时，可以按照素材的种类、格式或内容等进行分类管理，这样便于在编辑的过程中查找、调用素材。用户可以在"项目"面板中新建文件夹，将同类的素材放在同一个文件夹里。

在"项目"面板中新建文件夹的方法有3种，分别如下。

- 打开"文件"菜单，指向"新建"子菜单，单击"文件夹"命令。
- 在"项目"面板空白处右击，执行"新建文件夹"命令。
- 单击"项目"面板底部的"新建文件夹"按钮■，便在"项目"面板中添加一个名为"文件夹01"的文件夹。

用户可以将"项目"面板中同类型的素材选中，然后拖入到该文件夹中。单击"文件夹01"前的小三角按钮，展开"文件夹01"，此时可以看到刚才拖入的全部素材。用同样方法，用户可以分别新建视频、音频、图片、动画等多个文件夹，将素材分别放入到相应文件夹里，实行分类管理。

5 素材重命名

为了方便查找素材，有时需要对素材进行重命名。用户可以在"项目"面板中的需要重命名的素材名称上双击，然后输入新的文件名，单击"确定"按钮后，"项目"面板中的原素材名称被改变。用同样的方法，用户也可以给文件夹重命名。

6 素材的清除

对于"项目"面板中不会用到的素材或者是错误导入的素材，用户可以将其清除。如果该素材已在序列中使用，清除后会在该素材的位置处留下空位，因此清除素材时需要慎重。

清除的素材有3种方法，分别如下。

（1）在"项目"面板中单击素材标签，打开"编辑"菜单，单击"清除"命令。

（2）在"项目"面板的素材标签上右击，在弹出的快捷菜单中，执行"清除"命令。

（3）选中素材，按【Delete】键即可快速清除。

3.6 上机实战——给导入的图像素材配上音乐

在很多电视节目中，背景音乐是特别重要的，可以为视频素材营造气氛，从而增添视频素材的表现力和吸引力。

实例导读

当今，图片电影逐渐在网络中流行，靠着低成本高效益的优点受到广大年轻人的喜欢。下面为几张静态的图片添加背景音乐，多添加图片即可制作出图片电影的效果。

知识链接

本实例在制作与设计过程中主要用到以下知识点：

● 图像素材的导入

● 音频素材的导入

制作步骤

光盘同步文件

原始文件：光盘\素材文件\第3章\3-6

结果文件：光盘\结果文件\第3章\3-6.prproj

同步视频文件：光盘\同步教学文件\第3章\3-6.avi

制作本实例具体操作步骤如下。

01 打开"文件"菜单，导入光盘中3-7文件夹中的素材，在"项目"面板中便可预览到素材的排列，如图3-29所示。

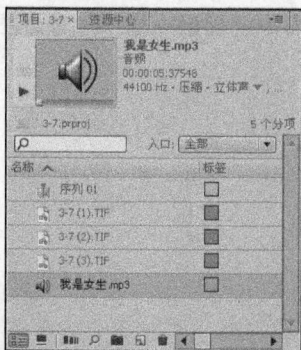

图3-29 素材在"项目"面板的显示

02 将图像文件拖动到"视频1"轨道中，将音频文件拖动到"音频1"轨道中，如图3-30示。

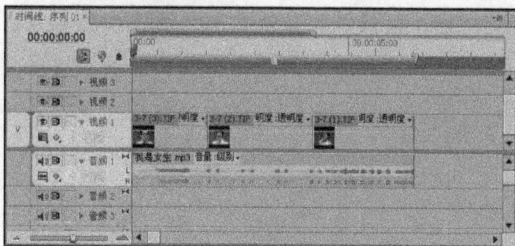

图3-30 素材在轨道中的位置

03 为素材添加任意转场效果，从而完成制作。

3.7 拓展训练

前面的章节介绍了影片编辑的基础知识。为对知识进行巩固和测试，设置了相应的练习题。

3.7.1 笔试测试题

1 选择题

（1）下面（　　）不属于 Premiere Pro CS4 中自带的新建素材。

A. 彩条　　　　　　B. 黑色蒙板　　　　　　C. 黑场　　　　　　D. 通用倒计时片头

（2）下面（　　）不属于打开"导入"对话框的方法。

A. 打开"文件"菜单，单击"导入"命令

B. 在"项目"面板的空白处右击

C. 在"项目"面板的空白处右击，单击"导入"命令

D. 按【Ctrl+I】快捷键，弹出"导入"对话框

2 填空题

（1）项目文件管理是 Premiere Pro CS4 对影视作品进行_____的有效方式。

（2）采集视频包括_____、_____两个重要的步骤。

3 简答题

（1）在镜头的合理组接过程中，怎样才能符合观众的思维方式和影视表现规律？

（2）视频编辑的流程是怎样的？

3.7.2 上机练习题

在Premiere Pro CS4中可以通过多种方式导入素材文件，下面使用"项目"面板导入素材。

操作提示

具体操作步骤如下。

01 启动Premiere Pro CS4，新建一个项目。

02 在"项目"面板中右击，弹出快捷菜单，选择"导入"命令，弹出"导入"对话框。

03 在计算机磁盘中找到并选中需要导入的素材文件。

04 单击"打开"按钮，即可完成从"项目"面板导入素材。

第 4 章

Premiere Pro CS4 入门

● 本章导读

当用户拥有一段或多段视频素材，并需要将素材进行编辑和修剪时，使用强大的Premiere Pro CS4是必不可少的。用户不仅可以在Premiere Pro CS4中对素材进行分割、排序、反转和修剪等各种操作，还能通过结合Premiere Pro CS4中的面板对素材进行复杂的编辑与合成，从而制作出一个完美的影片。

本章主要对Premiere Pro CS4中常用的选项与面板进行介绍，讲解如何创建新元素、剪辑素材、应用多重序列，使用户能够快速掌握并使用Premiere Pro CS4进行影片编辑。

● 重点知识

▶ "时间线"面板的运用
▶ 基本编辑操作的方法
▶ 新元素的创建
▶ 视频编辑工具的应用

● 难点知识

▶ 剪辑素材的方法
▶ 多重序列的使用

● 本章重要知识点提示

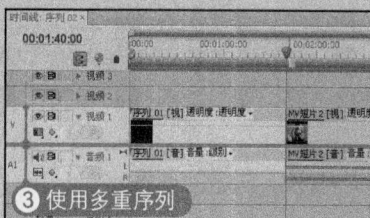

① 创建倒计时片头　　② 设置素材的入点和出点　　③ 使用多重序列

4.1 "时间线"面板的运用

"时间线"面板是Premiere Pro CS4的核心部分，在整个影片的编辑过程中，大部分的编辑工作都是在"时间线"面板中进行的，通过它，用户可以轻松地实现编辑工作。

4.1.1 标尺选项

在"时间线"面板中的时间显示区中提供了多种标尺选项，以便让用户对查看素材的方式进行选择。下面对"时间线"面板中的标尺选项进行介绍，如图4-1所示。

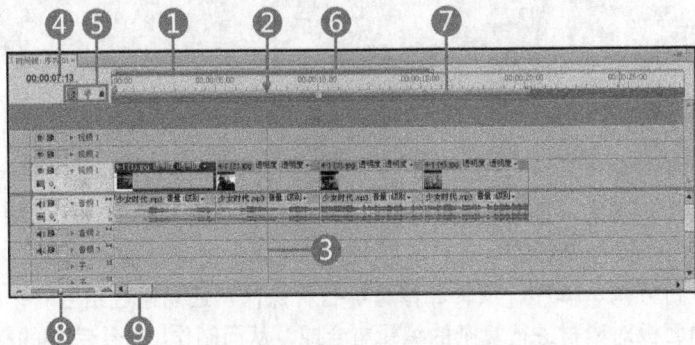

图4-1 "时间线"面板中的标尺选项

① 时间标尺：时间标尺用于显示素材在"时间线"面板中的时间间隔，按每秒所播放画面的数量来划分时间轴的长短。

时间标尺用于显示序列的时间，其时间单位以项目设置中的时间设置（一般为时间码）为准。拖动当前时间指示器可以在"节目"面板中浏览影片内容。标尺下面是工作区控制条，它确定了序列的工作区域。在预览和渲染影片的时候，一般都要指定工作区域，从而控制影片的输出范围。

当用户编辑音频素材时，可打开"时间线"面板菜单，从中单击"显示音频单位"命令，如图4-2所示。此时标尺会按毫秒显示，如图4-3所示。

图4-2 单击"显示音频单位"命令

图4-3 音频按毫秒显示

专家点拨 用户也可通过单击打开"项目"菜单，指向"项目设置"子菜单，单击"常规"命令，在弹出的"项目设置"对话框中，设置音频的"显示格式"为"毫秒"。

② 当前时间指示器：当前时间指示器主要有两个作用；第一个是通过拖动当前时间指示器查看素材内容，第二个是通过单击时间标尺将当前时间指示器移动到指定的帧。如图4-4所示为当前时间指示器位于第1个视频素材时，"节目"面板的显示；如图4-5所示为位于第2个视频素材时，"节目"面板的显示。

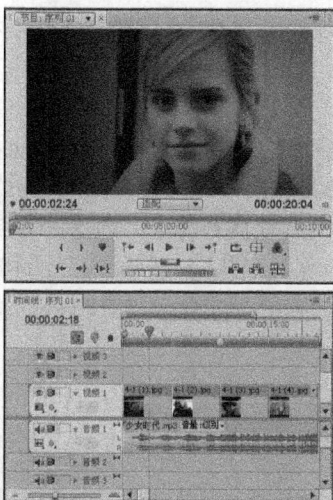

图4-4 查看第1个视频素材　　　　　图4-5 查看第2个视频素材

❸ 编辑线：编辑线用于观察轨道中素材的位置。将鼠标指针指向编辑线，当鼠标指针变成双向箭头↔时，拖动鼠标可调整编辑线的位置，当前时间指示器跟随编辑线一起移动。如图4-6所示为向右移动编辑线。移动编辑线时，可在"节目"面板中预览素材，向右移动编辑线后的效果如图4-7所示。

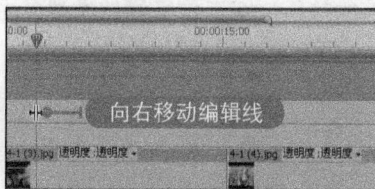

图4-6 向右移动编辑线　　　　　图4-7 移动编辑线后的效果

❹ 时间码：时间码显示编辑线所处的位置。当用户拖动当前时间指示器时，时间码会随着发生变化。用户也可直接单击时间码，在出现的文本框中输入精确的时间，使当前时间指示器自动跳到指定的时间位置。用户还可以在时间栏中按住鼠标左键水平拖动时间线，确定时间编辑线滑块的位置。

将鼠标指针指向时间显示区域，左右拖动鼠标，即可快速浏览素材内容。在时间显示区域中右击，可在弹出的菜单中选择相应的命令，如选择"帧"命令，即可调整时间显示区域的显示单位，如图4-8所示。调整显示单位后，如图4-9所示。

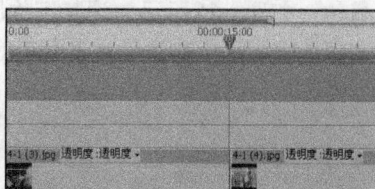

图4-8 调整时间显示单位　　　　图4-9 时间显示单位调整后

行家提示 当时间显示格式为"毫秒"时，用户需要将显示格式调整为音频采集格式，才能对时间显示单位进行调整。

❺ 时间线按钮：包括"吸附"按钮、"设置Encore章节标记"按钮、"设置未编号标记"按钮。

"吸附"按钮（默认被激活），在"时间线"面板轨道中移动素材片段的时候，可使素材片段边缘自动吸引对齐；单击"设置Encore章节标记"按钮 🔘 ，可在当前时间指示器的位置处添加章节标记；单击"设置无编号标记"按钮 🔘 ，可在当前时间指示器的位置处添加标记，以便在编辑素材时快速跳转到这个标记点上。

⑥ 标尺缩放条：在影片编辑过程中，通过拖动标尺缩放条，可确定时间线上视频帧的数量。如果编辑较长的素材，可将标尺缩小；如果编辑较短的素材，可将标尺放大，对影片细节进行操作。将标尺缩放条的左端向左拖动或将标尺缩放条的右端向右拖动，都会增加显示的视频帧数量。将标尺缩放条左端向右拖动和将标尺缩放条的右端向左拖动，都会减少显示的视频帧数量。以将标尺缩放条右端向右拖动为例，如图4-10所示为拖动前的效果；如图4-11所示为拖动后视频帧增多的效果。

图4-10 向右拖动标尺缩放条之前

图4-11 视频帧增多的效果

⑦ 工作区栏：工作区栏位于时间标尺的下方，用于指定所要导出或渲染的项目区域。可通过拖动工作区栏任意一端的调整项目区域，将调整后的某一片段进行渲染，从而达到快速获取或查看视频片段的目的。如图4-12所示为调整工作区栏前的效果；将工作区栏的右端向左拖动后，工作区栏的效果如图4-13所示。工作区栏下方所对应的项目区域为选择区域。

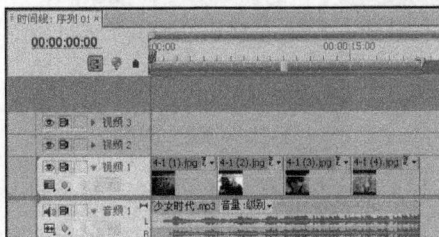

图4-12 调整工作区栏前

图4-13 调整工作区栏后

按【Enter】键可快速渲染视频片段，弹出"正在渲染"对话框，如图4-14所示。渲染后的项目片段所对应的颜色条，由之前的红色变为绿色，如图4-15所示。

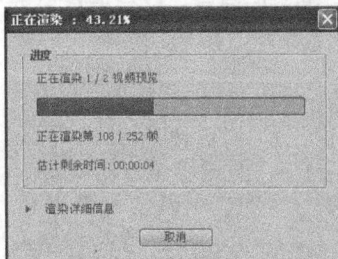

图4-14 "正在渲染"对话框

图4-15 颜色条变化效果

专家点拨 拖动工作区栏中间的 🔳 滑块，可以整体移动工作区栏。将鼠标指针指向滑块位置并按住鼠标不放，当工作区栏变为浅黄色时，即可整体拖动工作区栏。

⑧ 缩放滑块：缩放滑块和标尺缩放条的效果相同，都可以确定时间线上的视频帧数量。向左拖动，可以缩小标尺；向右拖动，可以放大标尺。

⑨ 滚动条：当素材在轨道中的显示不完整时，通过拖动滚动条可以查看素材的不同部分。与"工具"面板中的"抓手工具"的效果相同。

4.1.2 轨道图标和选项

在"时间线"面板中，轨道是很重要的组成部分。默认状态下，"时间线"面板中包括3个视频轨道和3个音频轨道，在轨道中可对素材进行各种编辑。本节将对"时间线"面板中各轨道的选项进行详细讲解，如图4-16所示。

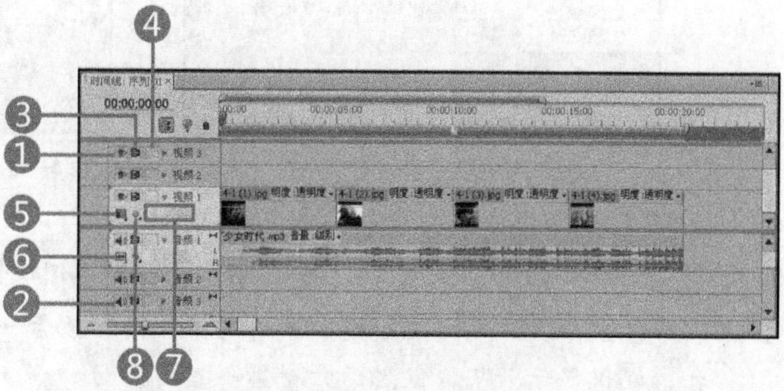

图4-16　轨道选项

❶ 视频轨道"切换轨道输出"按钮 ：用于控制是否输出该轨道上的视频素材。单击"切换轨道输出"按钮后，此按钮将变成 形状，此时对视频素材进行渲染或者导出都不会有此轨道中的素材内容。再次单击该按钮可激活视频轨道输出。

◇ 课 堂 问 答

问：为什么单击"切换轨道输出"按钮后，"节目"面板会变成黑色？
答：当"切换轨道输出"按钮变成"禁止轨道输出"按钮 后，"节目"面板中就不能显示该轨道上视频素材的内容。如果此轨道下方或者上方的轨道没有其他视频素材，"节目"面板就没有显示的素材内容，就会变成最初的黑色。

❷ 音频轨道"切换轨道输出"按钮 ：用于控制是否输出该轨道上的音频素材。单击"切换轨道输出"按钮后，此按钮将变成"禁止轨道输出"按钮 ，此时对音频素材进行播放或者导出都不会有此轨道中的素材内容。再次单击该按钮可激活音频轨道输出。

❸ "切换同步锁定"按钮 ："切换同步锁定"按钮为Premiere Pro CS4的新增功能，当用户导入一段完整的影片时，视频和音频是组合在一起的，编辑时也是同步进行。在之前的Premiere版本中，必须解除影片的视频和音频之间的关联属性，才可以对影片的视频和音频进行编辑。在Premiere Pro CS4中，单击"切换同步锁定"按钮，即可单独对影片的视频和音频进行编辑。

❹ "切换同步锁定"按钮 ："切换同步锁定"按钮主要用于锁定相应轨道上的素材，从而不能对其进行编辑。该按钮位于"切换同步锁定"按钮 的右侧。单击"切换同步锁定"按钮，此处的图标将变为锁的形状 ，以便用户在编辑其他轨道上的素材时，不会破坏锁定的轨道，常用于编辑多个轨道时。

◇ 课 堂 问 答

问：在"切换同步锁定"按钮 右侧没有按钮，怎么会出现一个锁形状的按钮？
答：在默认状态下，"切换同步锁定"按钮右侧不会显示锁形状的按钮，只有当用户在此处单击时，才会出现。

❺ 视频轨道"设置显示样式"按钮 ：Premiere Pro CS4为视频素材提供了多种显示方式，单击视频轨道中"设置显示样式"按钮，用户可以在弹出的菜单中选择视频素材的显示方式，如图4-17所示，有4种选项可供选择。单击选择"显示头和尾"命令后，得到的视频素材显示效果如图4-18所示。

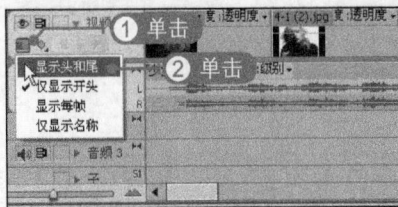

图4-17 视频素材显示样式

图4-18 "显示头和尾"视频显示样式

专家点拨 单击视频轨道"设置显示样式"按钮后，可以弹出4种显示样式，它们的具体含义如下。

● 显示头和尾：显示视频素材的第一帧和最后一帧。
● 仅显示开头：仅显示素材第一帧的画面。
● 显示每帧：以帧画面的形式显示画面。
● 仅显示名称：仅显示素材的名称。

⑥ 音频轨道"设置显示样式"按钮：音频素材的显示样式有两种，默认状态下，音频素材的显示样式为"显示波形"。单击音频轨道"设置显示样式"按钮，单击"仅显示名称"命令，如图4-19所示。此时音频显示样式便更改为"仅显示名称"样式，如图4-20所示。

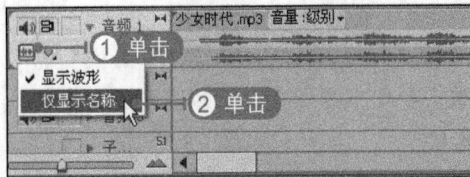

图4-19 选择音频素材显示样式

图4-20 "仅显示名称"音频显示样式

⑦ "添加-移除关键帧"按钮：用于为视频和音频素材添加、移除关键帧。选中轨道中的素材，即可激活此按钮。单击此按钮即可为素材添加关键帧，如图4-21所示。添加关键帧后，用户可通过拖动控制线上的关键帧，对关键帧的位置进行调整，如图4-22所示。

图4-21 添加关键帧

图4-22 调整关键帧的位置

专家点拨 上面提到的控制线，是素材上的一条黄色线条，默认情况下位于素材上下两端的中间位置。控制线的主要作用是方便查看关键帧的走向，将鼠标指针指向控制线，当鼠标指针变为时，即可对控制线进行上下移动。

当素材上有多个关键帧时，可以通过单击"添加-移除关键帧"左侧和右侧的"转到前一关键帧"按钮和"转到下一关键帧"按钮快速切换到需要的关键帧。如图4-23所示为在图4-22的基础上单击"转到下一关键帧"按钮的效果。在素材上选中某一关键帧，然后单击"添加-移除关键帧"按钮，即可删除关键帧。如图4-24所示为在图4-23的基础上，删除关键帧的效果。

当用户对素材添加关键帧时，当前时间指示器所在的素材位置在哪里，关键帧就会添加到哪里。用户可先确定当前时间指示器的位置，再进行添加关键帧的操作。

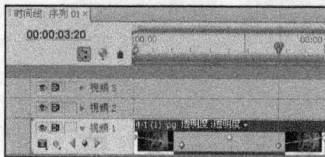

图4-23　转到下一关键帧的效果　　　图4-24　删除关键帧的效果

当用户使用"转到前一关键帧"和"转到下一关键帧"按钮时，需要注意。只有当在轨道中选中某一素材，同时"编辑线"位于所选定的素材内，才能激活这两个按钮。

课堂问答

问：为素材添加关键帧到底有什么作用？

答：可以通过添加关键帧，在"特效控制台"面板中调整素材在该位置处的参数，从而在关键帧上调整出特殊效果。

❽ "显示关键帧"按钮：单击"显示关键帧"按钮，可在弹出的菜单中选择相应的命令，各命令的具体含义如下。

● 显示关键帧：显示关键帧和控制线，便于添加关键帧。
● 显示透明控制：显示透明度控制线，便于调整素材透明度。
● 隐藏关键帧：隐藏关键帧和控制线。

下面以"隐藏关键帧"为例，介绍具体的操作和显示效果，单击"显示关键帧"按钮，在弹出的菜单中单击"隐藏关键帧"命令，如图4-25所示。隐藏关键帧后的显示效果如图4-26所示。

图4-25　单击"隐藏关键帧"命令　　　图4-26　隐藏关键帧的效果

4.1.3　轨道命令

在"时间线"面板中，可以对轨道进行相应的编辑，包括添加轨道、删除轨道、重命名轨道。本节将进行详细讲解。

光盘同步文件

原始文件：无

结果文件：无

同步视频文件：光盘\同步教学文件\第4章\4-1-3.avi

1 添加轨道

当需要编辑的视频素材或音频素材有很多的时候，就需要对多而杂的素材进行整理。在轨道少的情况下整理素材会比较麻烦，此时就可以在轨道中添加新轨道，将素材分轨道存放和编辑。

在任意的一条轨道中右击，在弹出的菜单中单击"添加轨道"命令，如图4-27所示。此时会弹出"添加视音轨"对话框，如图4-28所示。

图4-27 单击"添加轨道"命令　　图4-28 "添加视音轨"对话框

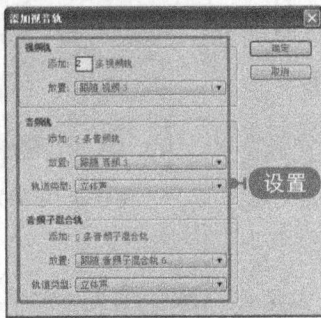

在"添加视音轨"对话框中，用户可通过在"视频轨"或"音频轨"选项区中的"添加"后面的文本框中输入数值，来更改需要添加的轨道数目；可通过"放置"选项更改添加轨道的位置；可设置音频的"轨道类型"。设置完成后，单击"确定"按钮就可以完成轨道的添加。

2 删除轨道

当编辑较少素材的影片时，可以将"时间线"面板中多余的轨道删除。右击视频轨道后，在弹出的菜单中单击"删除轨道"命令，如图4-29所示。在弹出的"删除轨道"对话框中，勾选"删除视频轨"复选项，然后单击"全部空闲轨道"右侧的下拉按钮，可在弹出的下拉列表中选择需要删除的视频轨道，单击"确定"按钮即可将选择的轨道删除，如图4-30所示。"音频轨"选项区的设置与"视频轨"选项区的设置相同，在这里就不再进行讲解。

一般情况下，当用户需要编辑的素材特别少时，用到的视频轨道和音频轨道也很少。此时只需勾选"删除视频轨"和"删除音频轨"复选项，不用再进行其他设置，单击"确定"按钮，即可将全部空闲的轨道删除，如图4-31所示。删除轨道后，只剩下使用的轨道，如图4-32所示。

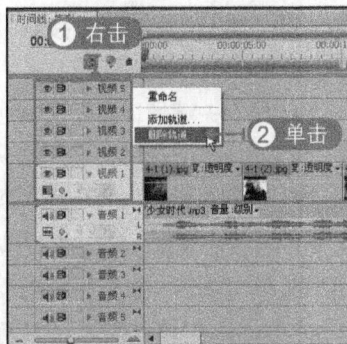

图4-29 单击"删除轨道"命令

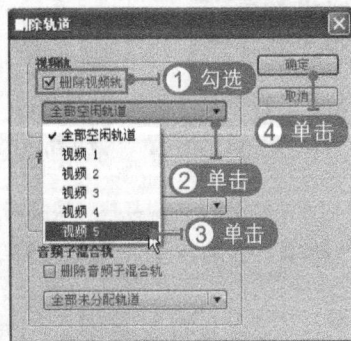

图4-30 删除指定的轨道

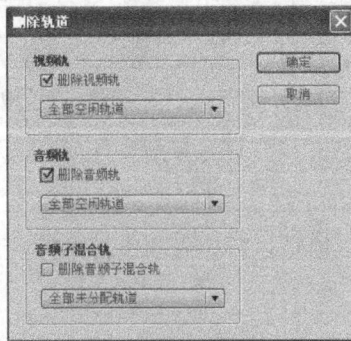

图4-31 删除全部空闲轨道

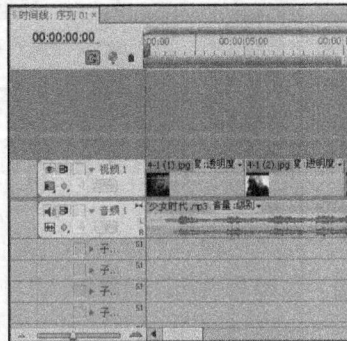

图4-32 删除全部空闲轨道后的效果

3 重命名轨道

在轨道较多的情况下，为了便于识别轨道中放置的素材，用户可以对轨道的名称进行设置。右击需要重命名的轨道，在弹出的菜单中单击"重命名"命令，轨道名称变为文本框，如图4-33所示。在文本框中输入新的轨道名称，按【Enter】键确认，即可完成轨道的重命名，如图4-34所示。

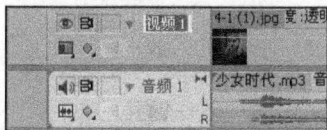

图4-33　重命名轨道　　　　图4-34　命名后的效果

4.2 基本编辑操作

对Premiere Pro CS4中特别重要的"时间线"面板进行了解和认识后，肯定想进一步学习新知识。本节将讲解如何在"时间线"面板中编辑素材。

4.2.1 添加素材

在对导入的影片素材进行编辑前，首先需要将素材添加到轨道。Premiere Pro CS4为用户提供了多种添加素材的方法，下面进行详细介绍。

光盘同步文件

原始文件：光盘\素材文件\第4章\4-2-1.jpg
结果文件：光盘\结果文件\第4章\4-2-1.prproj
同步视频文件：光盘\同步教学文件\第4章\4-2-1.avi

1 使用菜单命令添加素材

使用菜单命令添加素材时，首先需要在"时间线"面板中选择素材添加的轨道，如选择"视频2"轨道，如图4-35所示。然后在"项目"面板中选择需要添加的素材，如图4-36所示。选择素材后，打开"素材"菜单，单击"插入"命令，如图4-37所示。此时在"视频2"轨道上已经添加了选择的素材，如图4-38所示。

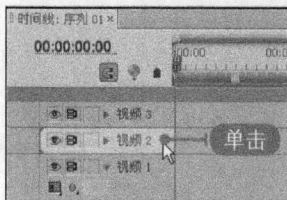

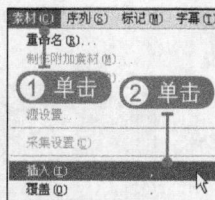

图4-35　选择素材轨道　　图4-36　选择素材　　图4-37　单击"插入"命令　图4-38　完成素材的添加

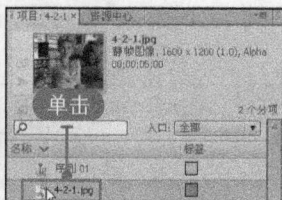

课堂问答

问：当选择"视频1"轨道之外的其他轨道时，为什么其他轨道没有显示"设置显示样式"和"显示关键帧"等按钮？

答：在默认情况下，只有"视频1"和"音频1"轨道显示完整，其他轨道和新增的轨道都没有显示完整。用户只需要单击轨道中的"折叠/展开轨道"按钮，即可将轨道显示完整。

2 使用快捷菜单添加素材

使用快捷菜单添加素材与使用菜单命令添加素材有点类似，不同的是，当用户选择好素材轨道并在"项目"面板中选择素材后直接右击，在弹出的菜单中单击"插入"命令，即可完成素材的添加。

3 将素材直接拖到轨道中

添加素材最简单和最快捷的方法就是将素材直接拖到轨道中，用户只需要在"项目"面板中单击需要添加的素材不放，如图4-39所示，然后拖动素材，将素材拖动到指定的轨道位置就可以完成素材的添加，如图4-40所示。

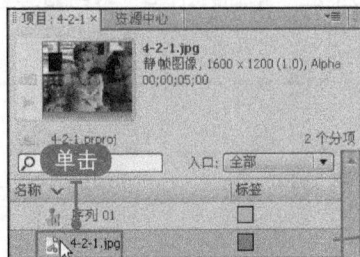

图4-39　选择素材

图4-40　将素材拖到轨道

在Premiere Pro CS4中，用户不仅可以添加一个素材，还可以添加多个素材。只需在"项目"面板选中需要添加的多个素材，然后用以上介绍的3种方法中的任一种均可以添加多个素材。

4.2.2　复制、粘贴、剪切、清除素材

在编辑多段素材的过程中，如果多次使用一段素材，可以复制素材；如果需要将素材在轨道中的位置进行改变，可以移动素材；如果添加到轨道上的素材不再使用，可清除素材。下面进行详细介绍。

将素材添加到轨道上后，右击素材，在弹出的快捷菜单中单击"复制"命令，如图4-41所示。在"时间线"面板中将编辑线拖动到合适的位置，如图4-42所示。

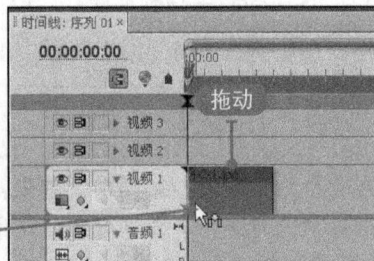

图4-41　选定素材并执行命令

图4-42　确定编辑线的位置

确定编辑线的位置后，按【Ctrl+V】快捷键可快速将刚才复制的素材进行粘贴，粘贴的位置在确定的编辑线位置处，如图4-43所示。

用户可通过在轨道中拖动鼠标选择多个素材，然后右击，在弹出的快捷菜单中单击"剪切"或"清除"命令，执行这两个命令的效果是相同的，都是从轨道上消失，如图4-44所示。不同的是，执行"剪切"命令，可再次粘贴素材。

在复制、粘贴、剪切、清除素材时，除了以上介绍的最常用的方法之外，用户还可以通过单击打开"编辑"菜单，执行菜单中的"复制"、"粘贴"、"剪切"、"清除"命令，对素材进行编辑。

图4-43 粘贴素材

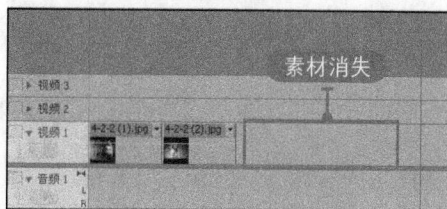

图4-44 剪切或清除素材

4.2.3 视频素材和音频素材的组合与分离

导入到轨道中的素材有两种，一种是合成的、完整的影片素材，影片中包括音频素材和视频素材，导入轨道后，音频和视频是相互关联、组合在一起的，两者之间的关系称为硬相关；另一种影片素材的音频和视频之间是相互独立的，两者之间的关系称为软相关。下面对组合与分离素材进行详细介绍。

1 分离素材中的视频和音频

当用户导入一段视频和音频相关联的影片，又需要对影片进行再次编辑时，就可以分离影片中的视频和音频，以便再次进行编辑。

在未将影片中的视频素材和音频素材分离时，如果对素材进行编辑，则视频和音频是一起被编辑的。如果选中素材然后进行拖动，则视频和音频会一起移动，如图4-45所示。整体移动后的影片素材如图4-46所示。

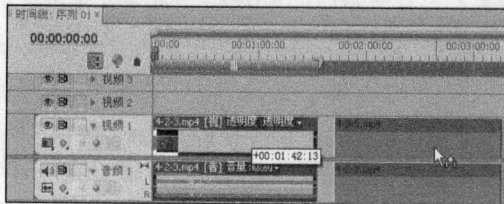

图4-45 整体移动影片素材

图4-46 移动后的影片

右击影片素材名称，在弹出的快捷菜单中单击"解除视音频链接"命令，如图4-47所示。单击素材所在轨道的空白处，从而取消素材选中状态，如图4-48所示。

图4-47 单击"解除视音频链接"命令

图4-48 取消素材选中状态

此时选中视频素材并往左拖动，即可将视频单独移动，如图4-49所示。单独移动视频素材后的效果如图4-50所示。

第1章
第2章
第3章
第4章
第5章

79

图4-49　移动视频素材　　　　　　　图4-50　移动视频素材后的效果

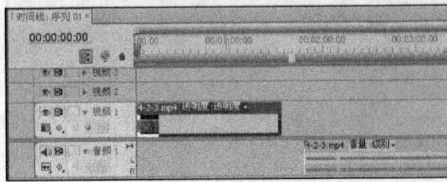

2 组合视频素材和音频素材

当用户将分开的视频素材和音频素材编辑好后，就可以将素材进行组合。拖动鼠标选择视频和音频素材，如图4-51所示，然后右击，在弹出的菜单中单击"链接视音频"命令，即可将分离的视频和音频素材组合，如图4-52所示。

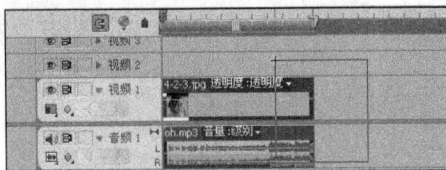

图4-51　选中视频素材和音频素材　　　　图4-52　链接视音频素材

4.2.4　调整素材播放速度

不同的素材其播放速度和播放时间也不同。图像素材默认播放时间为5秒，音频素材播放时间与速度由本身决定。下面讲解如何在Premiere Pro CS4中更改素材的播放速度和时间。

1 调整图片素材播放时间

调整图片素材的播放时间非常简单，将素材添加到"时间线"面板中以后，将鼠标指针指向图片素材末端，当指针变为"双向箭头" ⊬ 时，如图4-53所示，向右拖动鼠标，即可延长素材的播放时间，如图4-54所示。延长播放时间后的图片素材如图4-55所示。

也可向左拖动图片素材末端，从而减少素材播放时间，如图4-56所示。

图4-53　鼠标指针指向图片素材末端　　　图4-54　向右拖动鼠标从而延长素材播放时间

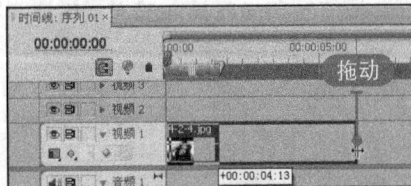

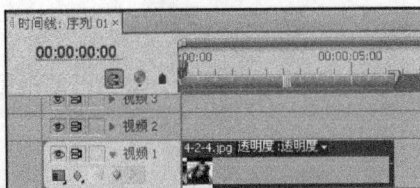

图4-55　延长播放时间后的素材变长　　　图4-56　减短图片素材播放时间

课堂问答

问：如果图片素材位于视频轨道的中间或者末端，还可以通过拖动图片素材末端调整素材的播放时间吗？

答：当图片素材位于视频轨道的中间或者末端时，既可通过拖动图片素材末端调整素材的播放时间，又可通过拖动图片素材开始端调整素材的播放时间。

2 调整视频素材播放时间

视频素材和图片素材不同，一定不能通过拖动素材来调整素材的播放时间。如果拖动视频素材的末端，则会减少素材的内容。下面讲解如何在Premiere Pro CS4中，在不减少视频素材画面内容的情况下，调整素材的播放时间。

在视频素材上右击，在弹出的菜单中单击"速度/持续时间"命令，如图4-57所示。弹出"素材速度/持续时间"对话框，如图4-58所示。用户可在"速度"右侧的文本框中输入相应的速度参数值，来调整视频素材的播放速度，如图4-59所示。在"持续时间"右侧的文本框中输入相应的参数值，来调整视频素材的播放时间，如图4-60所示。

图4-57　单击"速度/持续时间"命令

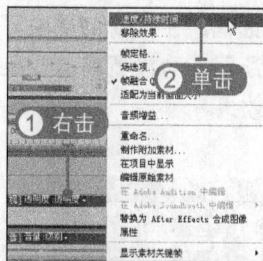

图4-58　"素材速度/持续时间"对话框

图4-59　调整素材速度

图4-60　调整素材播放时间

专家点拨　当用户在"素材速度/持续时间"对话框中输入参数值时，如果输入的参数值比之前的参数值小，就会延长视频素材的播放时间，放慢视频素材的播放速度；如果输入的参数值比之前的参数值大，就会缩短视频素材的播放时间，加快视频素材的播放速度。

4.3　创建新元素

在Premiere Pro CS4中，除了可以将用户收集的素材进行编辑外，还可以使用Premiere Pro CS4中自带的一些素材。本节将讲解如何添加这些常用的素材。

4.3.1　创建倒计时片头

很多节目的片头都添加了倒计时效果，从而传达出一种节目即将开始的紧张气氛，使观众静

第1章　第2章　第3章　第4章　第5章

静地等候倒计时过后的精彩。下面讲解如何在Premiere Pro CS4中创建倒计时片头。

光盘同步文件

原始文件：无	
结果文件：光盘\结果文件\第4章\4-3-1.prproj	
同步视频文件：光盘\同步教学文件\第4章\4-3-1.avi	

打开"文件"菜单，指向"新建"子菜单，单击"通用倒计时片头"命令，如图4-61所示。在弹出的"新建通用倒计时片头"对话框中，单击"确定"按钮，如图4-62所示。

在弹出的"通用倒计时片头设置"对话框中，用户可根据自己的喜好对参数进行设置，只需单击"视频"选项区中各选项右侧的色块，即可弹出"颜色拾取"对话框，在该对话框中可设置各选项的颜色。如图4-63所示，为设置前的效果；如图4-64所示，为设置后的效果。

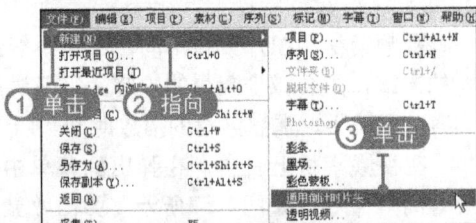

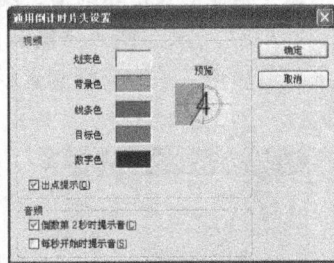

图4-61　单击"通用倒计时"命令

图4-62　"新建通用倒计时片头"对话框　　图4-63　设置前的效果　　图4-64　设置后的效果

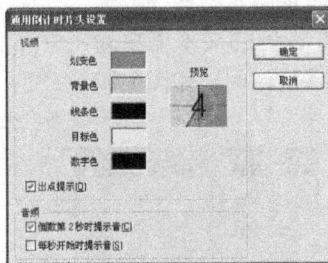

设置完成后，通用倒计时片头存放于"项目"面板中，将其拖动到"时间线"面板中，即可播放通用倒计时片头的效果，如图4-65所示。

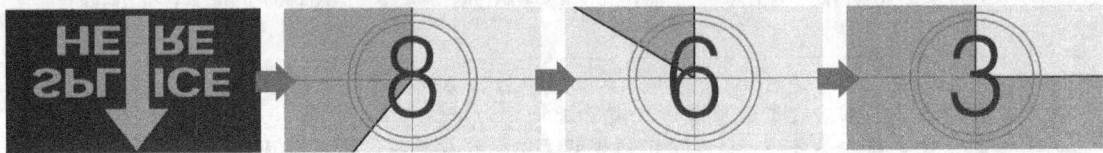

图4-65　设置后的播放效果

专家点拨　在"通用倒计时片头设置"对话框中，用户可对许多选项进行设置。下面对这些选项进行详细的介绍。

- 划变色：指示线划过圆心之后的颜色。
- 背景色：指示线划过圆心之前的颜色。
- 线条色：指示线十字交叉线的颜色。
- 目标色：十字交叉线上圆弧的颜色。
- 数字色：数字的颜色。
- 出点提示：勾选此复选项，当倒计时结束时，末尾处会添加一个圆形结束标记。
- 倒数第2秒时提示音：勾选此复选项，在倒数第2秒会发出声音。
- 每秒开始时提示音：勾选此复选项，每秒都会发出声音。

4.3.2 创建黑场和彩色蒙板

通过单击打开"文件"菜单,指向"新建"子菜单,在"新建"级联菜单中单击"黑场视频"命令和"彩色蒙板"命令,即可创建一个黑场素材和彩色蒙板素材。

在"新建"级联菜单中单击"黑场视频"命令,弹出"新建黑场视频"对话框。在该对话框中可设置相关的参数值,如图4-66所示。单击"确定"按钮,即可创建一个黑场视频素材。黑场视频素材不能随意更改颜色。

彩色蒙板可根据视频素材的需求随意更改颜色,在"新建"级联菜单中单击"彩色蒙板"命令,在弹出的对话框中设置相关参数,如图4-67所示,单击"确定"按钮,即可设置新建蒙板的颜色。

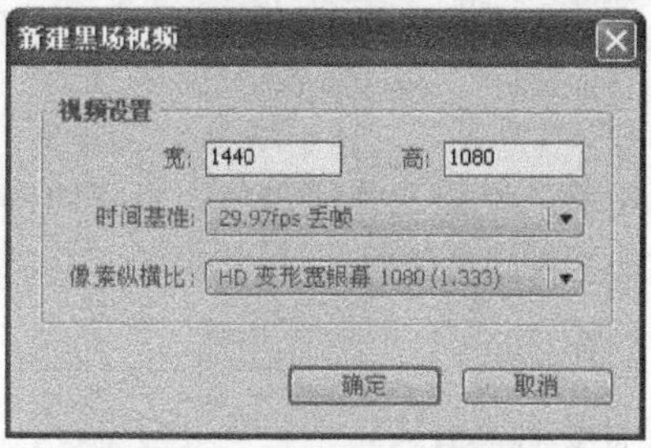

图4-66 "新建黑场视频"对话框

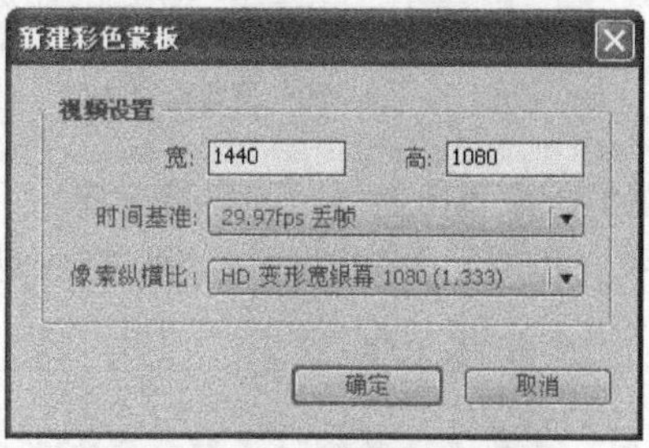

图4-67 "新建彩色蒙板"对话框

4.4 剪辑素材

剪辑素材是影片后期编辑的必要步骤,在Premiere Pro CS4中可轻松对影片进行剪辑。本节将讲解剪辑素材的相关知识。

4.4.1 设置素材的入点和出点

入点和出点用于标识素材的起始时间和结束时间。确定好入点和出点后,就可使用出点与入点之间的素材内容。导入素材后,在"项目"面板中双击需要剪辑的素材,如图4-68所示,即可将素材添加到"素材源"面板中,如图4-69所示。

图4-68 双击素材

图4-69 素材已添加到"素材源"面板中

在"素材源"面板中，拖动当前时间指示器确定入点位置，单击"设置入点"按钮，即可在视频素材中添加入点标记，如图4-70所示。拖动当前时间指示器确定出点位置，单击"设置出点"按钮，即可在视频素材中添加出点标记，如图4-71所示。

图4-70　设置素材入点 　　　　　图4-71　设置素材出点

设置好入点和出点后，用户可直接从"素材源"面板将入点到出点区域拖入到"时间线"面板中使用。用户也可将剪辑后的素材拖入到"项目"面板中，作为备用。

课 堂 问 答

问：设置了入点和出点后，是否可以恢复到没有设置前的状态？

答：可以，用户只需在入点到出点区域上右击，在弹出的快捷菜单中指向"清除素材标记"菜单，单击子菜单中的"入点和出点"命令，即可清除之前所设置的入点和出点。

4.4.2　添加素材标记点

在编辑视频素材的过程中，难免需要在特定的位置对素材进行编辑，此时最好的方法就是在Premiere Pro CS4中为视频素材添加标记点，并快速切换标记点的位置。下面介绍如何添加标记点。

1　在"素材源"面板中添加标记

在"素材源"面板中，首先拖动当前时间指示器指定需要添加标记的位置，然后单击"设置未编号标记"按钮，即可为素材添加标记，如图4-72所示。添加标记后，将素材拖动到"时间线"面板中，此时在素材中可看到标记符号，如图4-73所示。

图4-72　为素材添加标记 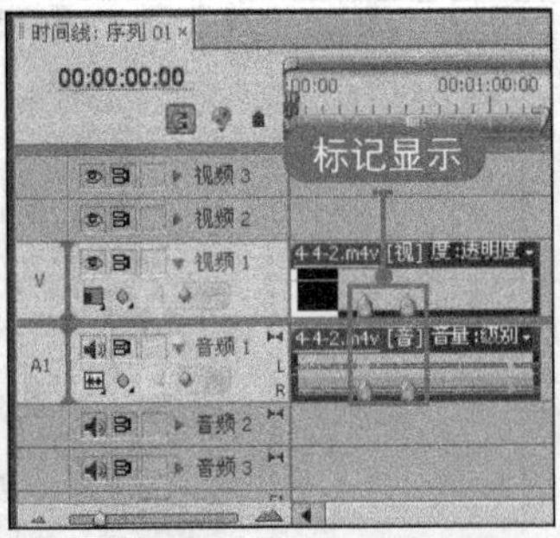　　　图4-73　标记符号在素材上的显示

专家点拨：在"素材源"面板中添加标记后，可通过右击"素材源"面板中的标尺，在弹出的菜单中指向"清除素材标记"子菜单，单击子菜单中的"全部标记"命令，即可将添加的标记删除。

2　在时间标尺上添加标记

在时间标尺上为素材添加标记与在"素材源"面板添加标记的不同之处在于，在时间标尺上添加标记需要先把素材添加到"时间线"面板中，然后再单击"时间线"面板中的"设置未编号标记"按钮⬛，即可为素材添加序列标记，如图4-74所示。

如果需要将添加的序列标记删除，可在时间标尺上右击，在弹出的菜单中指向"清除序列标记"菜单，单击子菜单中的"全部标记"命令，如图4-75所示，即可删除在时间标尺上添加的标记。

图4-74　在时间标尺上添加标记　　　　图4-75　清除序列标记

4.5　应用视频编辑工具

"工具"面板中提供了剪辑素材的各种工具，熟练地使用这些工具会给编辑过程带来很大的方便。"工具"面板中的11个工具，分别具有不同的编辑功能。这11个工具大体可以分为3大类，即选择工具组、编辑工具组、显示调节工具组。本节将对这些工具进行介绍。

4.5.1　选择工具组

选择工具组包括两种工具，分别为"选择工具"和"轨道选择工具"。该组中的工具主要用于选择素材和轨道。下面分别进行介绍。

1 选择工具 ▶

单击可选中一段素材，拖动可以选中多段素材，还可通过拖动调整素材在时间线中的位置。

2 轨道选择工具 ➡

可以选择单个轨道上的某个特定时间之后的所有片段。将鼠标指向轨道上的素材片段，当鼠标指针变为一个向右的箭头 ➡ 时，单击即可选中轨道上这个片段以及其后的所有片段。按住【Shift】键，当鼠标指针变为向右的双箭头 ⇒ 时，单击即可选中轨道上所有的视频素材。

4.5.2　编辑工具组

编辑工具组中的工具主要用于编辑素材，包括7个编辑工具。下面进行详细介绍。

1 波纹编辑工具

通过拖动素材的起始端或末端改变素材的总时间，并保持同一轨道中其他素材的持续时间不变。当需要拖动素材时，将鼠标指针指向素材，当指针呈 形状时，代表拖动的是后一段素材；当指针呈 形状时，代表拖动的是前一段素材。

2 滚动编辑工具

在调整素材时，当素材增加或减少多长时间，其相邻的素材将减少或增加相同的时间长度。

3 速率伸缩工具

"速率伸缩工具"用于改变素材的速度，拉长整段素材将使速度变慢；反之，缩短素材将使速度加快。这个工具可以制作慢动作、快动作的特殊效果。

4 剃刀工具

可以将素材从一个位置一分为二，按住【Shift】键将变成多重剃刀工具，可一次将多个轨道上的素材进行分割。

5 错落工具

作用于一段素材，可以同时改变此段素材的入点和出点，但不改变其在轨道中的位置和长度，相当于重新定义出点和入点。

6 滑动工具

使用"滑动工具"拖动轨道里的某个素材，被拖动的素材的出入点和长度不变，而前一相邻素材片段的出点与后一相邻片段的入点随之发生变化，前提是前一相邻素材片段的出点后与后一相邻片段的入点前要有必要的余量可以供调节使用。使用该工具调节素材后，影片的总长度不变。

与"滚动编辑工具"类似，不过这个工具改变的是目标前后素材的长度，目标及前后素材的总长度不变。

7 钢笔工具

用于控制片段的不透明度、调整物体运动路径、在字幕编辑器里可以制作遮罩及字幕沿路径分布等效果，具体用法与在Photoshop中的用法类似。

4.5.3　显示调节工具组

主要用于调整素材在轨道中的显示状态。

1 手形把握工具

用于调整一些较长素材的显示状态。将鼠标指针指向轨道上并拖动，可以使轨道显示的部分偏移，从而显示出本来看不到的部分。相当于直接拖动"时间线"面板底部的滚动条，但比滚动条更加容易控制速度和精确度。

2 缩放工具

调节素材显示的时间间隔，作用相当于"时间线"面板底部的放大滑块。单击可放大；按【Alt】键可缩小显示片段。

4.6 上机实战——使用多重序列

在"时间线"面板中，多个素材的组合称为序列。一个序列可以由多个不同类型的素材组成，一个时间线中可以有多个序列。下面将介绍如何使用多重序列。

实例导读

使用多重序列可降低编辑影片的难度，每次嵌套序列，都可在"时间线"面板中对素材进行剪辑。

知识链接

本实例在制作过程中主要用到以下知识点：

- 新序列的创建
- 序列的嵌套

制作步骤

光盘同步文件

原始文件：光盘\素材文件\第4章\4-6.m4v
结果文件：光盘\结果文件\第4章\4-6.prproj
同步视频文件：光盘\同步教学文件\第4章\4-6.avi

制作本实例的具体操作步骤如下。

01 在Premiere Pro CS4中创建一个序列后，在序列中导入素材文件，如图4-76所示。

图4-76　导入素材文件

02 将"项目"面板中的素材添加到"时间线"面板中。在视频轨道中的素材上右击，在弹出的菜单中单击"重命名"命令，如图4-77所示。

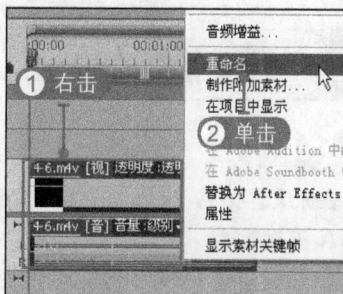

图4-77　重命名素材

03 在"项目"面板中单击"新建分项"按钮，在弹出的菜单中单击"序列"命令，新建"序列02"序列，将"序列02"序列中的素材进行整理，如图4-78所示。

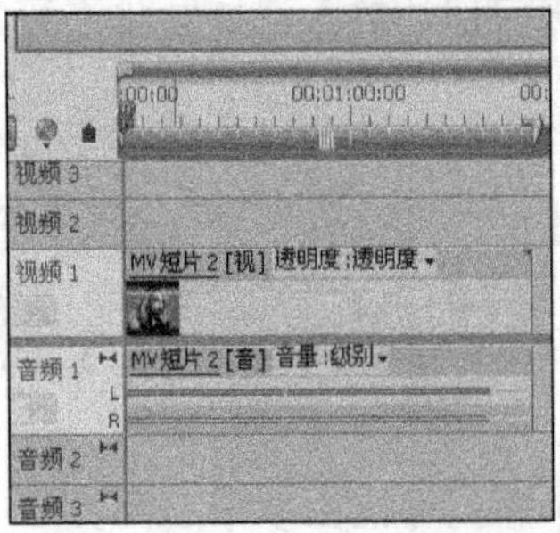

图4-78 "序列02"中的素材

04 当前"序列02"序列为显示状态，在"项目"面板中选中"序列01"序列，在该序列上右击，在弹出的菜单中单击"插入"命令，如图4-79所示。

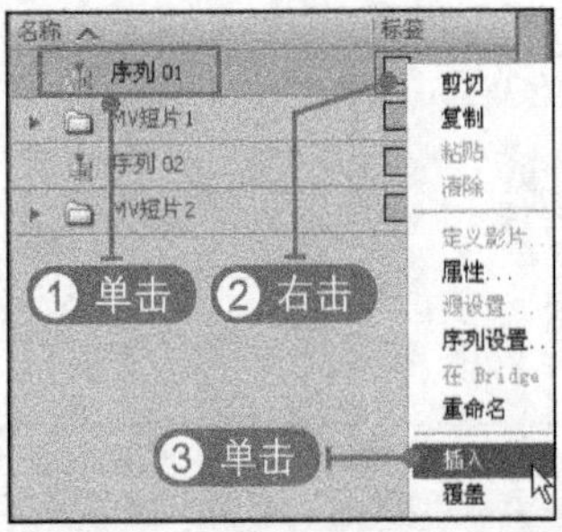

图4-79 插入"序列01"序列

05 通过上一步的操作，"序列01"序列和"序列02"序列排列到同一个序列中，这种情况称为嵌套序列，如图4-80所示。

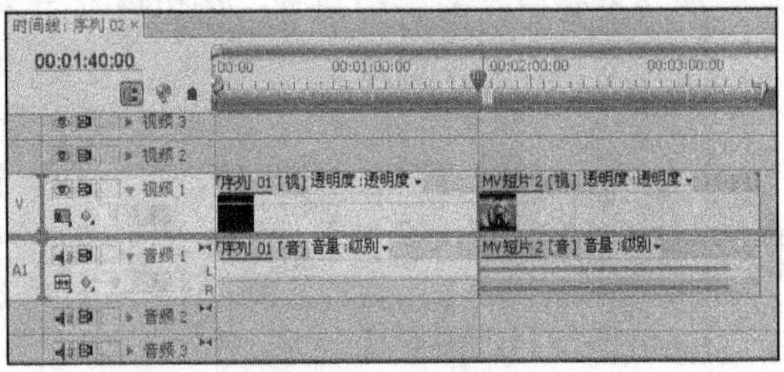

图4-80 嵌套序列

行家提示 当用户编辑的视频片段多而杂时，就可以运用嵌套序列将复杂的项目分解为多个短小的序列，然后将这些序列组合。

4.7 拓展训练

前面的章节介绍了影片编辑的入门知识。为对知识进行巩固和测试，设置了相应的练习题。

4.7.1 笔试测试题

1 选择题

（1）在标尺选项中，编辑线的主要作用是（　　　　）。

　　A. 编辑素材　　　　　　　　　B. 观察轨道中素材的位置

　　C. 调整素材在轨道中的位置　　D. 编辑素材中的线条

（2）添加素材有多种方法，下面各项中（　　　）是错的。

  A. 使用"项目"面板添加素材 B. 使用菜单命令添加素材

  C. 使用快捷菜单添加素材 D. 将素材直接拖到轨道中

2　填空题

（1）当前时间指示器主要有两个作用：第一个是＿＿＿＿＿＿＿＿，第二个是＿＿＿＿＿＿＿＿。

（2）选择工具组包括两种工具，分别为"＿＿＿＿＿＿＿＿"和"＿＿＿＿＿＿＿＿"。

3　简答题

（1）在 Premiere Pro CS4 中，编辑工具组中包括哪些工具？

（2）怎样使导入的静态图片持续为 1 分钟的时间？

4.7.2　上机练习题

  导入一段视频素材，通过单击"速度/持续时间"命令，分别将视频素材制作成慢镜头视频和快镜头视频，从而感受一段视频的3种效果。

操作提示

  本实例的重点在于在"素材速度/持续时间"对话框中设置合适的参数值，具体操作步骤如下。

01　将素材添加到"时间线"面板中。

02　在视频素材上右击，在弹出的菜单中单击"速度/持续时间"命令。

03　在弹出的"素材速度/持续时间"对话框中，在"速度"右侧的文本框中输入比原素材速度参数值大的参数，制作快镜头的视频。

04　在"速度"右侧的文本框中输入比原素材速度参数值小的参数，制作慢镜头的视频。

第1章

第2章

第3章

第4章

第5章

生动的视频转场

● 本章导读

视频转场就是让一段视频素材转换到另一段素材而运用的过渡效果，使两段素材自然过渡。在视频的后期编辑中，视频转场是重要的一部分。合理地使用视频转场可以加强作品的连贯性和整体性，增强作品主题的表现力。

本章将对Premiere Pro CS4中的各种视频转场效果逐一进行讲解，使用户认识各种转场效果、掌握其制作方法和应用范围，从而根据需要灵活运用转场效果。

● 重点知识

> 视频转场的添加
> 视频转场的编辑
> 视频转场的清除

● 难点知识

> 各类视频转场的作用
> 转场的参数设置

● 本章范例效果展示

① 制作旅游宣传片（一）   ② 制作旅游宣传片（二）   ③ 制作旅游宣传片（三）

5.1 视频转场的基础知识

一段完整的视频是通过多个视频段落组成的。当每小段视频、镜头、场景进行切换时，添加的过渡效果就是视频转场。视频转场不仅可以增加整段视频的连贯性，更重要的是可以使视频产生各种气氛、添加各种视觉效果。

5.1.1 视频转场的作用

在影视素材的编辑过程中，需要运用大量的转场效果，使画面之间的过渡更加自然和流畅，使画面更加生动形象，增强作品的艺术感染力和观赏性。如图5-1与图5-2所示为比较具有代表性的视频转场效果。

图5-1　"交叉叠化（标准）"转场效果

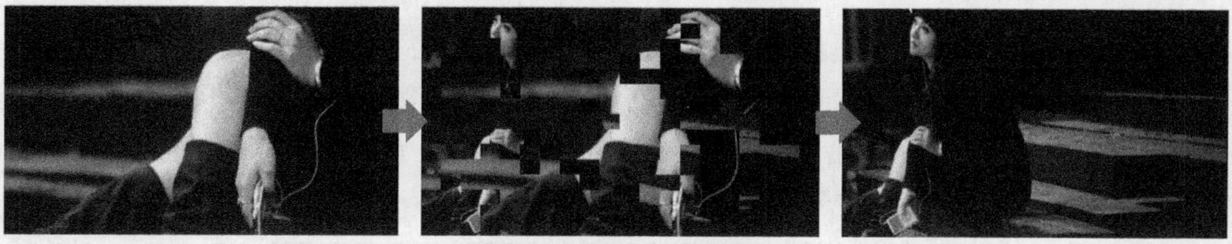

图5-2　"随机快"转场效果

5.1.2 应用视频转场

在Premiere Pro CS4中可以快速为两段视频素材添加转场效果，使两个素材的过渡比较自然且更具有表现力。本节将介绍如何在Premiere Pro CS4中添加视频转场及各种视频转场的效果。

1 添加视频转场

Premiere Pro CS4提供的不同的视频转场效果，存放于"效果"面板中的"视频切换"文件夹中。在Premiere Pro CS4中添加视频转场非常简单，只需将需要的视频转场效果直接拖入两段素材中，即可添加视频转场。具体操作方法如下。

单击"效果"面板中的"视频切换"展开按钮，选择任意一个视频转场，如"卷页"类的"页面剥落"转场，单击并拖动到素材编辑点上，当鼠标指针变成图标时释放鼠标，即可完成转场效果的添加，如图5-3所示。

第1章

第2章

第3章

第4章

第5章

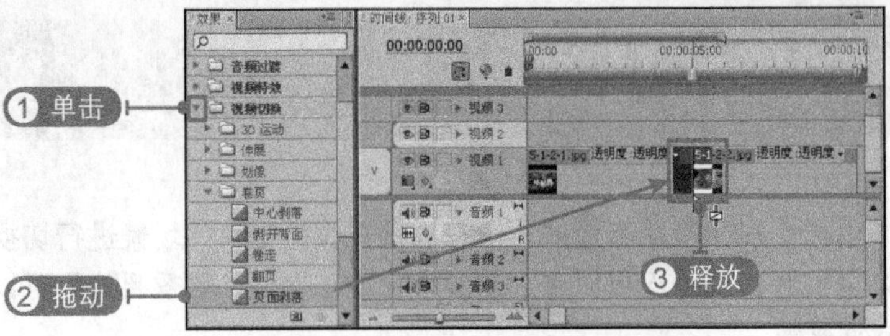

图5-3　添加视频转场

当视频转场被拖动到素材编辑点的时候，如果指向上一段素材的末尾，则鼠标指针变为█图标，转场位置结束于编辑点；如果指向下一个素材的起始处，则鼠标指针变为█图标，转场位置开始于编辑点；如果指向素材的中间，则鼠标指针变为█图标，转场位置居中于编辑点。

添加转场后，两段素材中间出现转场图标，并显示相应的转场名称，如图5-4所示。

图5-4　转场显示效果

用户不仅可以对同一轨道上的两段相连素材添加转场，还可以对某段素材的两端添加转场。

2 编辑视频转场

在对素材添加视频转场后，用户可对转场效果进行进一步的详细设置和调整，以达到最理想的转场效果。添加转场后，双击"时间线"面板中的转场图标，如 页面剥落 ，就可以在弹出的"特效控制台"面板中对转场参数进行设置，如图5-5所示。

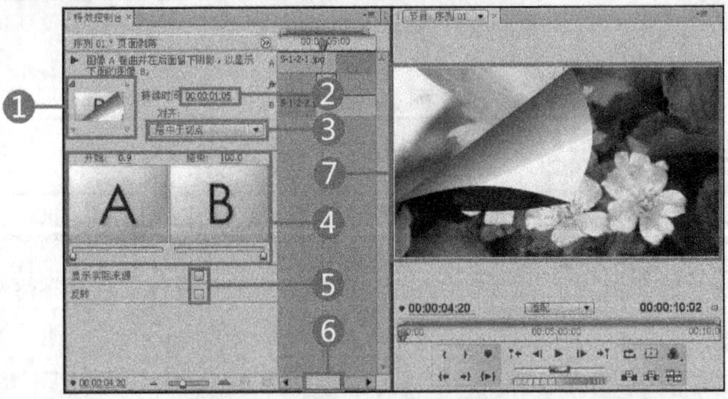

图5-5　加入转场后的"特效控制台"面板及在"节目"面板中预览

❶ 预览区：单击"预览区"中的方向按钮，可设置视频转场效果的开始方向与结束方向。

❷ 持续时间：单击"持续时间"选项右侧的参数值，使其变为文本框。在文本框中输入时间参数值，即可设置视频转场持续的时间。

❸ 对齐：单击"对齐"下拉列表，可选择特效位于两个素材上的位置，可在"时间线"面板中查看对齐效果。分别包括"居中于切点"、"开始于切点"、"结束于切点"及"自定义开

始"4个选项。

④ "开始"和"结束"转场效果：调整"开始"或"结束"选项内的参数值或拖动选项下方的时间滑块，可设置转场开始和结束的效果。

⑤ 显示实践来源和反转：勾选"显示实际来源"复选项，可显示两个素材在转场过程中的前后效果；勾选"反转"复选项，可将前后素材位置进行调换。

⑥ 标尺滑块：拖动此滑块可调整标尺在"特效控制台"面板中的显示范围。

⑦ 预览效果：可显示当前参数编辑状态下的转场效果。

课 堂 问 答

问：为什么除了"页面剥落"这个转场，添加其他转场后，在视频轨道中双击转场图标后，会在"特效控制台"面板中显示"边宽"、"边色"选项？

答：Premiere Pro CS4中的大部分转场，在"特效控制台"面板中都会显示"边宽"、"边色"选项。在设置转场时用于为素材添加边框，还可设置边框的颜色。只有少部分的视频转场没有这两个选项，因此就不能在设置转场时为素材添加边框和颜色。

3 | 清除视频转场

当用户对添加的视频转场不满意时，可对"时间线"面板中的转场效果进行清除，清除后即可添加其他视频转场。清除转场有两种方法，下面分别进行介绍。

● 右击"时间线"面板中的转场图标，弹出"清除"命令。单击"清除"命令，即可清除转场，如图5-6所示。清除转场后的效果如图5-7所示。

图5-6　清除视频转场　　　　　　图5-7　清除视频转场后的效果

● 选中转场图标后，按【Delete】键直接删除。

5.2 各类视频转场

Premiere Pro CS4中提供了多个种类的视频转场效果，包括"3D运动"、"GPU过渡"、"伸展"、"划像"、"卷页"、"叠化"、"擦除"、"映射"、"滑动"、"特殊效果"、"缩放"11个种类。本节将对常用转场的表现方式及转场的具体效果进行详细介绍。

行家提示 "GPU过渡"类转场是在前一个镜头结束时，采用滚动的方式显示后一个镜头的画面，与"卷页"类视频转场效果相似。如果用户显卡的版本过低，就没有"GPU过渡"这类转场。

5.2.1 3D运动

　　"3D运动"类转场主要将前后两个画面层次化，实现从二维空间到三维空间转换的视觉效果。下面介绍常用的"3D运动"类转场效果。

1 向上折叠

　　"向上折叠"视频转场采用折叠的方式折叠前一个镜头中的画面效果，从而显示出后一个镜头中的画面，如图5-8所示。

图5-8　"向上折叠"转场效果

2 帘式

　　"帘式"视频转场是将前一个镜头中的画面以中心线分割为两部分，以拉开窗帘的效果显示出下一个镜头中的画面，如图5-9所示。

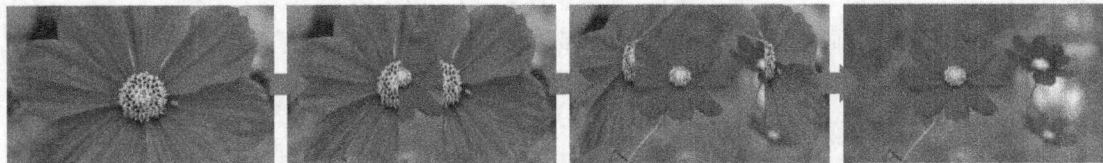

图5-9　"帘式"转场效果

　　行家提示 "帘式"视频转场经常运用于MTV和娱乐节目等比较活跃的影片编辑中，增加影片的轻松气氛和生动性。

3 摆入

　　"摆入"视频转场是将后一个镜头以画面的左侧作为旋转轴，将整个画面摆入到屏幕中并遮挡住前一个镜头中的画面，如图5-10所示。

图5-10　"摆入"转场效果

　　专家点拨 "3D运动"类转场中的"摆出"视频转场与"摆入"视频转场效果相反，是以摆出的方式使后一个镜头中的画面代替前一个镜头中的画面。

4 旋转离开

"旋转离开"视频转场采用与"旋转"视频转场相反的方向进行旋转，并使后一个镜头中的画面代替前一个镜头中的画面，如图5-11所示。

图5-11　"旋转离开"转场效果

课堂问答

问：　"3D运动"类转场中还包括"旋转"、"立方体旋转"、"翻转"视频转场，这些转场都是怎样进行的？

答：　"旋转"视频转场是将后一个镜头中的画面为轴心，通过顺时针旋转的方式来代替前一个镜头中的画面；"立方体旋转"视频转场是将两个镜头中的画面作为一个立方体中相邻的两个面，以翻转的方式实现两个画面的转换；"翻转"视频转场是将后一个镜头放在前一个镜头背面，通过翻转的方式进行转换。

5 筋斗过渡

"筋斗过渡"视频转场是将前一个镜头中的画面在屏幕中进行翻转并缩小直到消失，同时显示出后一个镜头中的画面，如图5-12所示。

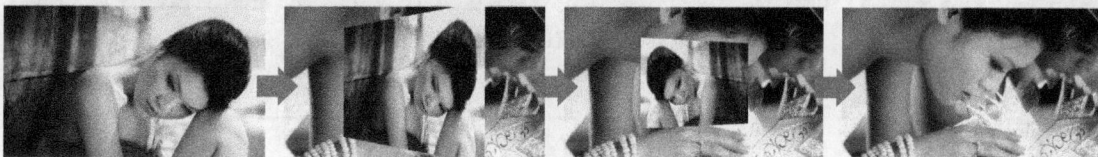

图5-12　"筋斗过渡"转场效果

6 门

"门"视频转场是将后一个镜头的画面以关门的方式出现，并慢慢地将前一个镜头中的画面遮住，如图5-13所示。

图5-13　"门"转场效果

行家提示

使用"门"视频转场时，可为转场添加边框效果，使开门的效果更加明显。

5.2.2 伸展

"伸展"类视频转场主要是以素材的伸缩来达到画面切换的效果。使用"伸展"类视频转场可以制作出挤压、飞入等效果。

1 交叉伸展

"交叉伸展"视频转场是使后一个镜头中的画面从一侧进入，将第一个镜头的画面逐步压缩，最后挤压出画面，如图5-14所示。

图5-14 "交叉伸展"转场效果

2 伸展进入

"伸展进入"视频转场是将前一个镜头中画面的透明度增加，并逐渐退出屏幕，同时后一个镜头中的画面以缩小的方式进入屏幕，如图5-15所示。

图5-15 "伸展进入"转场效果

课 堂 问 答

问： "伸展"类转场中还包括"伸展"、"伸展覆盖"视频转场，这些转场都是怎样进行的？

答： "伸展"视频转场是后一个镜头中的画面从某一边或一角以拉伸的方式进入，直到覆盖前一个镜头中的画面为止；"伸展覆盖"视频转场是前一个镜头中的画面以一条线的形式出现在前一个镜头的画面中，并慢慢伸展直到覆盖前一个镜头中的画面。

5.2.3 划像

"划像"类视频转场能够使两个画面直接交错切换，前一个镜头中的画面以划像的方式退出的同时，后一个镜头的画面逐渐出现。下面介绍常用的"划像"类视频转场。

1 划像交叉

"划像交叉"视频转场是将后一个镜头的画面以十字交叉的方式出现，前一个镜头的画面逐渐消失，如图5-16所示。

图5-16　"划像交叉"转场效果

2 划像形状

"划像形状"视频转场是将后一个镜头的画面以菱形的扩张逐渐显示出来，从而替换前一个镜头的画面，如图5-17所示。

图5-17　"划像形状"转场效果

> **专家点拨** 添加"划像形状"视频转场后，在"特效控制台"面板中单击"自定义"按钮，可在弹出的对话框中设置划像的"形状数量"和"形状类型"。

3 圆划像

"圆划像"视频转场是后一个镜头中的画面以圆形的方式出现，逐渐扩大替代前一个镜头的画面，如图5-18所示。

图5-18　"圆划像"转场效果

4 星形划像

"星形划像"视频转场是后一个镜头中的画面以星形的方式出现，逐渐扩大替代前一个镜头的画面，如图5-19所示。

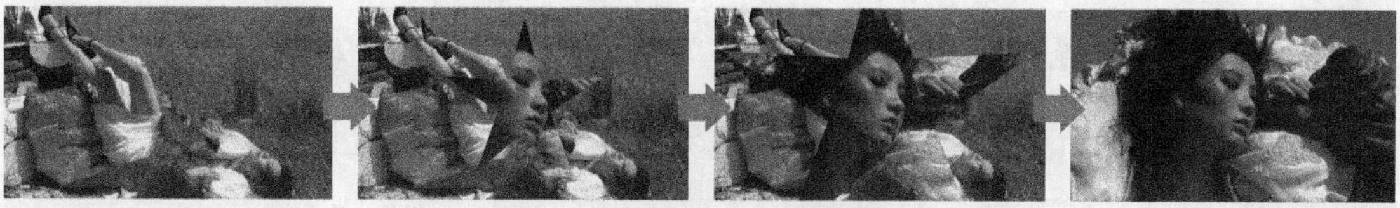

图5-19　"星形划像"转场效果

第1章
第2章
第3章
第4章
第5章

5.2.4　卷页

"卷页"类视频转场是在前一个镜头结束时，采用翻转或滚动等方式实现后一个镜头的显示。下面介绍常用的"卷页"类视频转场。

1 中心剥落

"中心剥落"视频转场是将前一个镜头的画面从中心位置分为4个部分，并逐渐向屏幕的4个角卷起，直到后一个镜头中的画面完全显示，如图5-20所示。

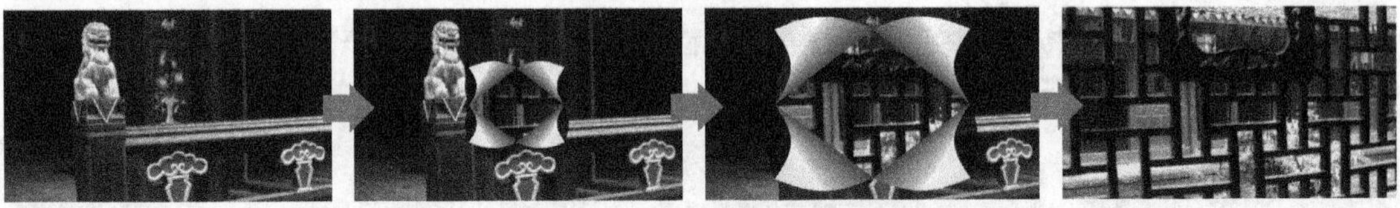

图5-20　"中心剥落"转场效果

2 剥开背面

"剥开背面"视频转场是在中心点位置将前一个镜头中的画面分为4部分，并逐渐向对应的角卷起，直到显示出后一个镜头的画面，如图5-21所示。

图5-21　"剥开背面"转场效果

3 翻页

"翻页"视频转场是前一个镜头中的画面以翻书的方式消失，逐渐显示出下一个镜头中的画面，如图5-22所示。

图5-22　"翻页"转场效果

> **行家提示**　"卷页"类视频转场一般用于制作翻书和将一些平面的东西卷起来做出立体的效果，从而增加素材的表现力。

5.2.5　叠化

"叠化"类视频转场主要是以淡入淡出的形式来完成视频的转场，使前一个镜头中的画面以柔和的方式过渡到后一个镜头的画面中去。

1 交叉叠化

"交叉叠化（标准）"视频转场是将前一个镜头中画面的透明度逐渐增加，后一个镜头中的画面与之相反，如图5-23所示。

图5-23　"交叉叠化（标准）"转场效果

行家提示 "交叉叠化（标准）"视频转场是影片编辑过程中经常使用的转场方式，能使前后两个镜头非常柔和的过渡。

2 抖动溶解

"抖动溶解"视频转场是将前后两个镜头中的画面，以点阵的方式进行转换，从而产生抖动的效果，如图5-24所示。

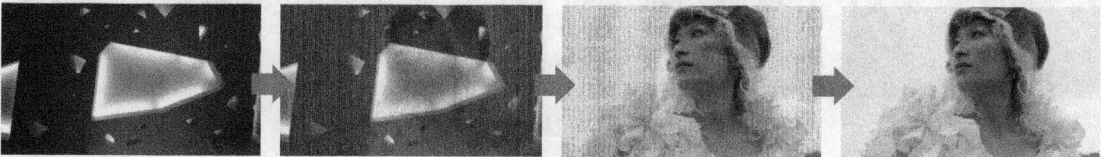

图5-24　"抖动溶解"转场效果

3 白场过渡

"白场过渡"视频转场是前一个镜头的画面逐渐变为白色，再由白色逐渐转换到后一个镜头的画面，如图5-25所示。

图5-25　"白场过渡"转场效果

课堂问答

问：　"叠化"类视频转场中的"黑场过渡"视频转场与"白场过渡"视频转场有什么不同？

答：　"黑场过渡"视频转场与"白场过渡"视频转场正好相反，"黑场过渡"是前一个镜头中的画面逐渐变为黑色，再由黑色逐渐转换到后一个镜头的画面。

4 附加叠化

　　"附加叠化"视频转场具有"交叉叠化（标准）"的特点，并提高了两个画面中相同色调的亮度，使转场效果更加明显，如图5-26所示。

图5-26　"附加叠化"转场效果

　　专家点拨　"非附加叠化"视频转场与"附加叠化"相反，该转场是将两个画面中相同的色调排除，从而突出反差部分。

5 随机反相

　　"随机反相"视频转场是前一个镜头中的画面以马赛克的方式逐渐转化为反相效果，再以马赛克的形式过渡到后一个镜头的画面，如图5-27所示。

图5-27　"随机反相"转场效果

5.2.6　擦除

　　"擦除"类视频转场是以不同的形状和位置，以擦除前一个镜头中画面的方式，显示后一个镜头的画面。下面介绍常用的"擦除"类视频转场。

1 双侧平推门

　　"双侧平推门"视频转场是以开门的方式将前一个镜头的画面擦除，显示后一个镜头的画面，如图5-28所示。

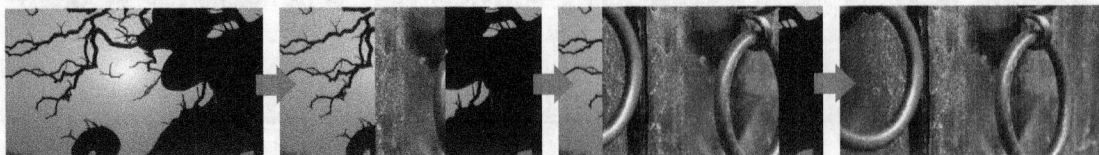

图5-28　"双侧平推门"转场效果

2 带状擦除

　　"带状擦除"视频转场是用带状条交叉的形式，将前一个镜头中的画面擦除，显示出后一个镜头的画面，如图5-29所示。

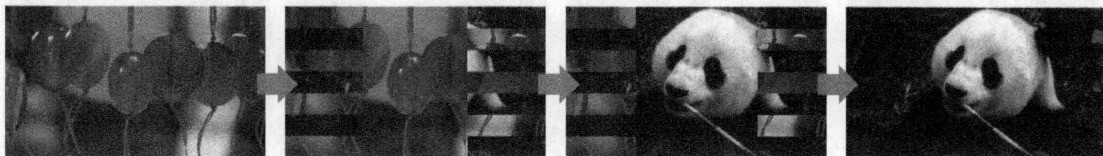

图5-29　"带状擦除"转场效果

课堂问答

问：添加"带状擦除"视频转场后，"特效控制台"面板中有一个"自定义"按
钮，它的作用是什么？

答：添加"带状擦除"视频转场后，在"特效控制台"面板中单击"自定义"按
钮，在弹出的对话框中可以设置"带数量"。

3 时钟式划变

"时钟式划变"视频转场是以时钟转动的形式，将前一个镜头中的画面擦除，显示出后一个
镜头的画面，如图5-30所示。

图5-30　"时钟式划变"转场效果

专家点拨　"时钟式划变"视频转场主要运用于片头倒计时，可使人产生时钟走动的联想，增
加画面的表现力。

4 棋盘

"棋盘"视频转场是将后一个镜头中的画面分成多个方块，以棋盘的方式将前一个镜头中的
画面覆盖，如图5-31所示。

图5-31　"棋盘"转场效果

5 水波块

"水波块"视频转场是将后一个镜头中的画面分成多个方块，并依次进行擦除前一个镜头的
画面，显示出后一个镜头的画面，如图5-32所示。

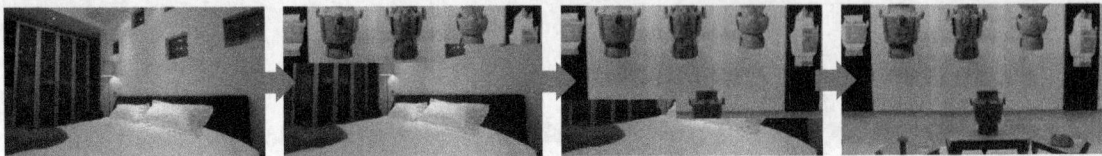

图5-32　"水波块"转场效果

专家点拨　在"擦除"类视频转场中，有一个"螺旋框"视频转场，该转场设置与"水波块"视频转场设置相同。

6 油漆飞溅

"油漆飞溅"视频转场是将后一个镜头中的画面以油漆喷洒的方式，覆盖前一个镜头的画面，如图5-33所示。

图5-33　"油漆飞溅"转场效果

课堂问答

问："油漆飞溅"视频转场表现形式比较特殊，一般用于什么情况？

答：用户可根据自己的喜好任意发挥，通常"油漆飞溅"视频转场用于娱乐节目中，为影片添加乐趣，也可用于水墨画的素材，制作出墨滴的效果。

7 软百叶窗

"软百叶窗"视频转场是以关闭百叶窗的方式，使后一个镜头的画面覆盖前一个镜头的画面，如图5-34所示。

图5-34　"软百叶窗"转场效果

8 风车

"风车"视频转场是后一个镜头中的画面以风车转动的方式，将前一个镜头中的画面覆盖，如图5-35所示。

图5-35　"风车"转场效果

专家点拨 添加"风车"视频转场后，在"特效控制台"面板中单击"自定义"按钮，在弹出的"风车设置"对话框中可设置风车的"楔形数量"，当参数值设置为1时，效果与"时钟式划变"视频转场的效果相同。

5.2.7 滑动

"滑动"类视频转场主要是将后一个镜头中画面分为多个部分，再进行滑动来实现两个镜头的切换。下面介绍常用的滑动类视频转场。

1 多旋转

"多旋转"视频转场是将后一个镜头中的画面以多个矩形不断放大的形式，逐渐将前一个镜头的画面进行覆盖，如图5-36所示。

图5-36 "多旋转"转场效果

专家点拨 添加"多旋转"视频转场后，在"特效控制台"面板中单击"自定义"按钮，可在弹出的"多旋转设置"对话框中设置转场的"水平"和"垂直"方向上矩形的个数。

2 带状滑动

"带状滑动"视频转场是将后一个镜头中的画面分成多个带状条形后，交叉划入屏幕，逐渐放大覆盖前一个镜头的画面，如图5-37所示。

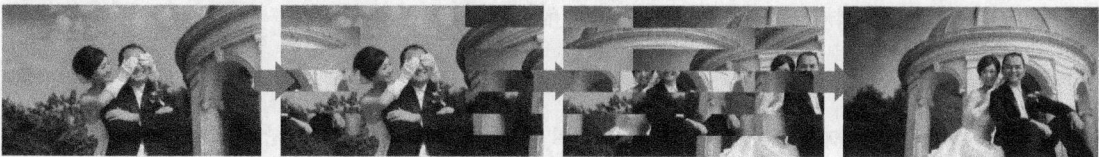

图5-37 "带状滑动"转场效果

课堂问答

问：在"擦除"类视频转场中，有一个"带状擦除"视频转场，与"带状滑动"有什么不同？

答："带状擦除"视频转场是后一个镜头中的画面逐渐显示出来，"带状滑动"视频转场是后一个镜头中的画面从屏幕外逐渐滚入屏幕中。

3 斜线滑动

"斜线滑动"视频转场是将后一个镜头中的画面切割成多个条状，以倾斜的形式划入屏幕，

第1章

第2章

第3章

第4章

第5章

覆盖前一个镜头的画面，如图5-38所示。

图5-38 "斜线滑动"转场效果

专家点拨 添加"斜线滑动"视频转场后，在"特效控制台"面板中单击"自定义"按钮，可在弹出的"斜线滑动设置"对话框中设置斜线的"切片数量"。

4 漩涡

"漩涡"视频转场是将后一个镜头中的画面切割成多个矩形，以旋转的形式划入屏幕，覆盖前一个镜头的画面，如图5-39所示。

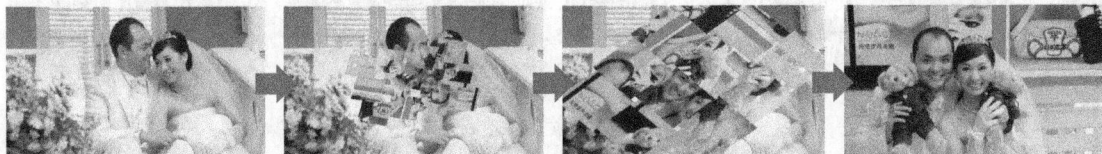

图5-39 "漩涡"转场效果

5.3 上机实战——制作旅游宣传片

通过前面对视频转场的认识和学习，本节将合理地应用视频转场知识制作旅游宣传短片，将旅游景点的美丽风景和特色展示出来，吸引更多的游客。

效果展示

如图5-40所示为素材处理前的效果；如图5-41所示为添加视频转场后的效果。

图5-40 处理前

图5-41　处理后

设计分析

　　旅游宣传短片的作用就是向广大游客宣传旅游景点的风景特色、旅游产品、旅游人文历史，从而吸引游客前来旅游。本实例主要通过视频转场方式，将旅游景点的美丽风景连接起来，同时在转场效果中添加了黄色线条，使整个短片具有连续性。

知识链接

　　本实例在制作与设计过程中主要用到以下知识点：

- 视频转场的添加
- 视频转场的编辑
- 字幕的添加

制作步骤

光盘同步文件

原始文件：光盘\素材文件\第5章\5-3	
结果文件：光盘\结果文件\第5章\5-3.prproj	
同步视频文件：光盘\同步教学文件\第5章\5-3.avi	

　　制作本实例的具体操作步骤如下。

第1章

第2章

第3章

第4章

第5章

01 将光盘中的素材文件5-3（1）.jpg~5-3（6）.jpg导入，并依次添加到"视频1"轨道中，如图5-42所示。

图5-42 将素材拖入"视频1"轨道

02 在"效果"面板中将"3D运动"类中的"筋斗过渡"视频转场拖到"视频1"轨道内的5-3（1）.jpg素材和5-3（2）.jpg素材之间，如图5-43所示。

图5-43 添加"筋斗过渡"视频转场

03 双击"筋斗过渡"图标，在"特效控制台"面板中，勾选"显示实际来源"复选框，单击"边色"右侧的颜色块，如图5-44所示。

图5-44 在"特效控制台"面板中设置视频转场

专家点拨 将"抗锯齿品质"选项设置为"高"，则转场时素材轮廓会特别柔和。

04 在弹出的"颜色拾取"对话框中，输入的颜色参数值为"EBF90E"，单击"确定"按钮，关闭对话框，如图5-45所示。

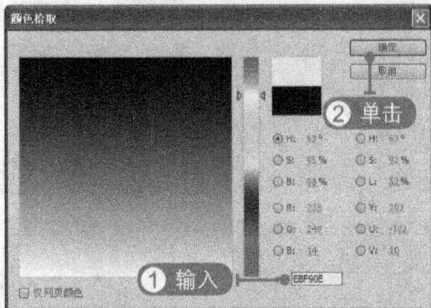

图5-45 设置"边色"颜色

行家提示 通过单击"边色"右侧的颜色块，用户可将素材边框的颜色设置为任意颜色。

05 在"特效控制台"面板中设置"边宽"的参数值为5，如图5-46所示。

图5-46 设置"边宽"大小

06 单击"节目"面板中的"播放-停止切换"按钮，可预览设置后的"筋斗过渡"转场效果，如图5-47所示。

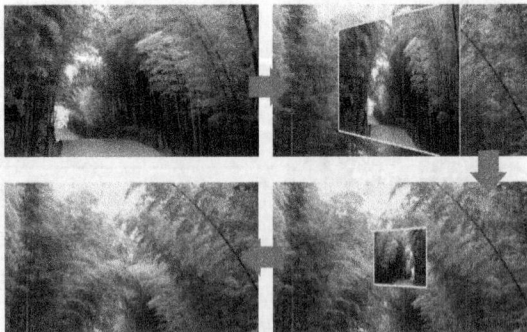

图5-47 "筋斗过渡"转场效果

专家点拨 添加视频转场后，用户可通过按空格键来预览影片中的转场效果。

07 使用同样的方法在5-3（2）.jpg素材和5-3（3）.jpg素材之间添加"擦除"类视频转场中的"油漆飞溅"视频转场，预览效果如图5-48所示。

图5-48 "油漆飞溅"转场效果

08 在5-3（3）.jpg素材和5-3（4）.jpg素材之间添加"滑动"类视频转场中的"斜线滑动"视频转场；在5-3（4）.jpg素材和5-3（5）.jpg素材之间添加"擦除"类视频转场中的"随机块"视频转场；在5-3（5）.jpg素材和5-3（6）.jpg素材之间添加"擦除"类视频转场中的"时钟式划变"视频转场，得到的效果如图5-49所示。

图5-49 "斜线滑动"、"随机快"及"时钟式划变"转场

09 将编辑线调整到素材5-3（1）处，打开"字幕"菜单，指向"新建字幕"子菜单，单击"默认静态字幕"命令。在弹出的"新建字幕"对话框中，输入字幕名称，单击"确定"按钮，关闭对话框，如图5-50所示。

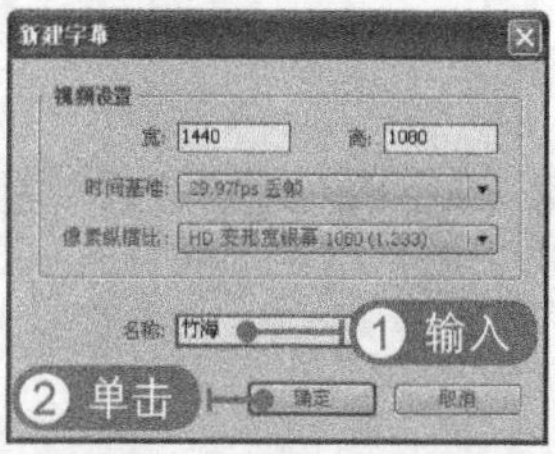

图5-50 "新建字幕"对话框

10 在弹出的面板组中，在"字幕工具"面板中选择"垂直文字工具"，在窗口中输入字幕"竹海之都秀水长宁"。将字幕样式设置为默认的"方正大标宋纯白"字幕样式，在字幕窗口右侧调整字体大小。单击右上角的"关闭"按钮，关闭对话框，如图5-51所示。

图5-51 添加字幕

11 将字幕"竹海"拖到"视频2"轨道上并调整位置，如5-52所示。

图5-52 将字幕拖到"视频2"轨道中

12 导入光盘中的音乐素材"高山流水.mp3"，并拖动到"音频1"轨道上，然后调整位置，如图5-53所示。

13 通过前面的操作，完成本实例的制作。按【Enter】键可快速预览播放效果。

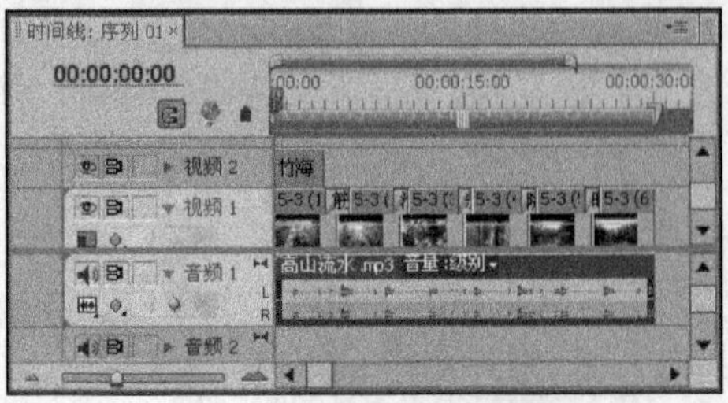

图5-53　调整音频素材长度

5.4　拓展训练

通过前面的章节，讲解了视频转场的具体操作和对各类转场的认识。为对知识进行巩固和测试，布置相应的练习题。

5.4.1　笔试测试题

1 选择题

（1）视频转场的主要作用是（　　　）。

　　A. 增强画面效果

　　B. 使上下两个素材的画面以某种特殊的形式过渡，可以增强画面内容的表现力

　　C. 为上下两个素材增加混合效果

　　D. 使素材画面出现某些特殊效果

（2）下面（　　　）不属于"叠化"类的视频转场选项。

　　A. 抖动溶解　　　　　　　B. 随机反向

　　C. 随机块　　　　　　　　D. 黑场过渡

2 填空题

（1）Premiere Pro CS4提供的不同的视频转场效果，存放于"效果"面板中的"_____"文件夹中。

（2）清除视频转场的两种方法是_____和_____。

（3）"_____"视频转场是将前一个镜头中画面的透明度逐渐增加，后一个镜头中的画面与之相反，逐渐显示后一个镜头的画面。

3 简答题

（1）视频转场在影片编辑中有什么重要作用？

（2）Premiere Pro CS4中包括哪些视频转场种类？

5.4.2　上机练习题

在"效果"面板中打开"滑动"类视频转场，选择"滑动带"转场，得到的转场效果如图5-54所示。

第1章　第2章　第3章　第4章　第5章

图5-54　"滑动带"视频转场

操作提示

　　本实例中的视频转场使用了"滑动"类视频转场中的"滑动带"转场。此转场的主要效果是后一个镜头中的画面以滑动带的方式进入前一个镜头的画面，并覆盖前一个镜头的画面。具体操作步骤如下。

01　导入光盘中的素材5-4（1）.jpg与5-4（2）.jpg。

02　将素材拖动到"视频1"轨道。

03　在"效果"面板中打开"滑动"类视频转场，将"滑动带"视频转场拖动到素材5-4（1）.jpg与5-4（2）.jpg之间。

04　双击轨道中显示的"滑动带"图标，在"特效控制台"面板中调整具体参数。

神奇的视频特效

● 本章导读

视频特效能够改变素材的颜色和曝光度、修补原始素材的缺陷，可以键控（抠像）和叠加画面，可以变化声音、扭曲图像，可以为影片添加粒子和光照等各种艺术效果，它是设计者为影视作品添加艺术效果的重要手段。在Premiere Pro CS4中，用户可以根据需要为影片素材片段添加各种视频特效。同一个特效可以同时应用到多个素材片段上，在一个素材片段上也可以添加多个视频特效。

● 重点知识

- ▶ 视频特效的添加
- ▶ 视频特效的编辑
- ▶ 视频特效的清除

● 难点知识

- ▶ 各类视频特效的作用
- ▶ 特效的参数设置

● 本章范例效果展示

❶ "变换"视频特效

❷ "弯曲"视频特效

❸ "旋转"视频特效

6.1 视频特效的认识

对视频进行后期编辑也是对作品进行再创造的过程，在这个再创造的过程中，合理地使用视频特效可以对视频进行修饰和改善，可以使生活中无法实现的场景通过视频特效制作出来，还可以使枯燥无味的画面变得生动有趣。

6.1.1 添加视频特效

在Premiere Pro CS4中，可以轻松地对一段素材添加多种视频特效，也可对素材的某一部分添加特效。Premiere Pro CS4提供（内置）了18大类181个视频特效，这些特效放置在"效果"面板中的"视频特效"文件夹中。下面介绍如何添加和删除视频特效。用户可以打开"窗口"菜单，单击"效果"命令，或者在"信息"窗口直接单击"效果"选项卡，打开"效果"面板。

导入素材后，添加视频特效可通过两种方法实现，两种方法都非常简单和快捷。下面分别进行介绍。

● 通过"时间线"面板添加视频特效

展开"视频特效"文件夹，选择需要添加的视频特效，按住鼠标左键不放将视频特效拖动到"时间线"面板中的素材上，如图6-1所示。释放鼠标后，素材中显示一条绿色的线条，表示已添加视频特效，如图6-2所示。

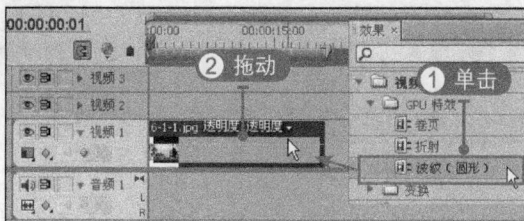

图6-1 添加视频特效   图6-2 视频特效在素材上的显示

行家提示 当鼠标指针变为禁止图标⊘时，表示视频特效未拖动到"时间线"面板的素材中。

● 通过"特效控制台"面板添加视频特效

通过"特效控制台"面板添加视频特效是最直观的一种添加方式，可以将需要添加的一个或多个视频特效显示在"特效控制台"面板中。用户只需直接将选中的视频特效拖动到"特效控制台"面板中，即可为素材添加特效。如图6-3所示为在"特效控制台"面板中添加一个视频特效；如图6-4所示为在"特效控制台"面板中添加多个视频特效。

专家点拨 用户将视频特效拖动到"时间线"面板中，也会在"特效控制台"面板中显示。用户可通过拖动各个视频特效来调整排列的位置。

图6-3　添加一个视频特效　　　　图6-4　添加多个视频特效

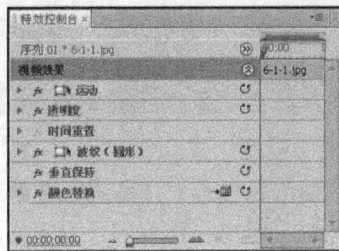

6.1.2　编辑视频特效

在"特效控制台"面板中，可以对相应的特效参数值进行设置。在为素材添加了视频特效后，单击视频特效前的 按钮，即可在"特效控制台"面板中显示该特效的全部参数，如图6-5所示。

如果需要对某个参数进行调整，可以将鼠标指针指向参数位置，当鼠标指针变成双向箭头 时，向左或向右拖动鼠标，即可调整参数值。如图6-6所示为向右拖动鼠标调整参数值。

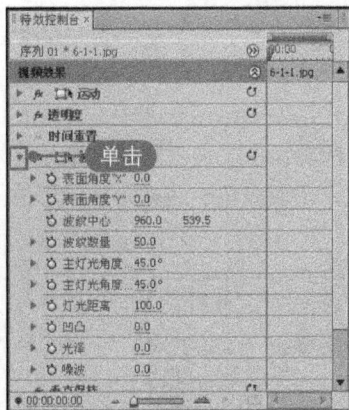

图6-5　视频特效参数　　　　图6-6　调整视频特效参数

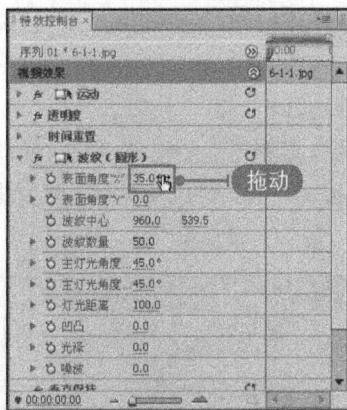

用户除了可以通过将鼠标指针指向参数位置，然后拖动鼠标调整特效参数值之外，也可通过单击参数值，在出现的文本框中直接输入精确的参数值。

用户也可展示其他特效的"视频效果"，如图6-7所示。在"特效控制台"面板中，可以暂时隐藏某个视频特效的效果，单击某"视频效果"名称前的"切换效果开关"按钮 fx，即可隐藏此特效，如图6-8所示。

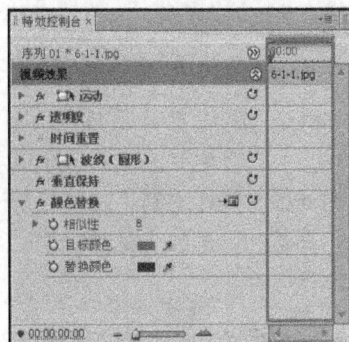

图6-7　展开其他"视频效果"　　　　图6-8　隐藏特效

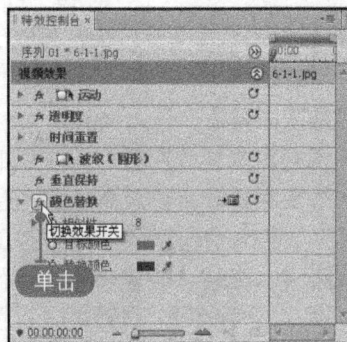

在"特效控制台"面板中，用户可通过拖动来调整"视频效果"在"特效控制台"面板中的排列顺序。

6.1.3　删除视频特效

当不需要某个视频特效时，可以在"特效控制台"面板中将其进行删除。在"特效控制台"面板中右击需要删除的视频特效，在弹出的菜单中单击"清除"命令即可，如图6-9所示。

问：删除视频特效有没有更快捷的方法？

答：有，除了通过"特效控制台"面板的快捷菜单对视频特效进行删除外，用户还可以在"特效控制台"面板中选择需要删除的特效，然后按【Delete】键将视频特效快速删除。

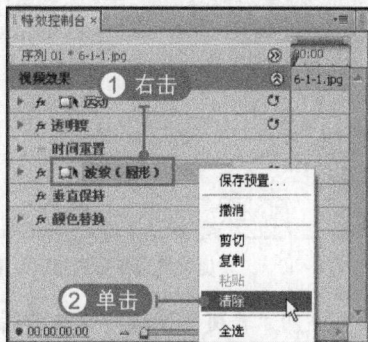

图6-9　删除特效

6.1.4　重置视频特效

当用户对调整参数值后的视频效果不满意时，可通过单击"特效控制台"面板中特效后的"重置"按钮 ，恢复默认的视频特效参数值。

6.2　各类视频特效

在Premiere Pro CS4中，用户可通过各类神奇的特效对视频进行再创造，在再创造的过程中合理地使用特效可以修饰特定的画面、改善前期拍摄的不足。本节将对Premiere Pro CS4中的视频特效进行介绍，使用户快速地熟悉视频特效的应用范围，并能根据需要灵活运用。

6.2.1　GPU特效

"GPU特效"类视频特效主要通过对素材进行几何扭曲变形，来制作各种各样的画面变形效果。该类视频特效包括"卷页"、"折射"、"波纹（圆形）"3种视频特效。下面分别进行介绍。

1 卷页

"卷页"视频特效模拟将书画卷起的效果。在"特效控制台"面板中可设置"卷曲角度"、"卷曲数量"等相关参数，如图6-10所示。

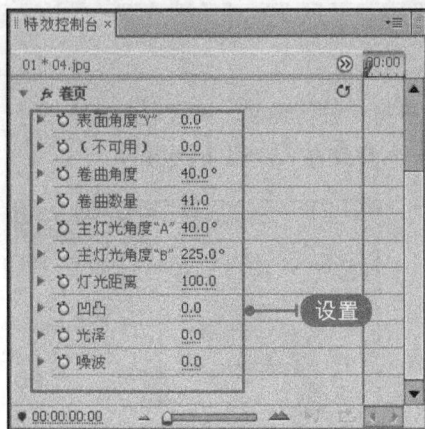

图6-10 "卷页"视频特效的参数设置

专家点拨

"卷页"视频特效中常用选项的具体含义如下。

- 表面角度：卷页的表面角度，可以使换页产生立体感。
- 卷曲角度：卷页的卷曲角度，从哪个方向开始卷曲。
- 卷曲数量：卷曲量的多少。
- 主灯光角度：卷页上灯光的照射角度。
- 灯光距离：灯光离卷页的距离。

添加"卷页"视频特效的前后效果如图6-11所示。

图6-11 添加"卷页"视频特效的前后效果

2 折射

"折射"视频特效能使画面产生通过水折射出来的形状。在"特效控制台"面板中可设置折射的"波纹数量"、"折射率"、"凹凸"、"深度"相关参数值，如图6-12所示。

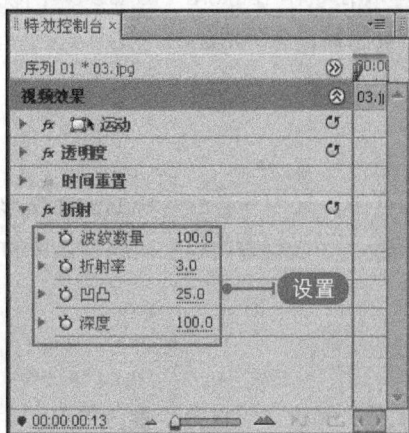

图6-12 "折射"视频特效的参数设置

专家点拨

"折射"视频特效中各选项的具体含义如下。

- 波纹数量：波纹的多少。数值越大，波纹越多。
- 折射率：折射的效果。数值越大，折射越明显。
- 凹凸：折射过程中的凹凸效果。数值越大，凹凸越明显。
- 深度：模拟水的深度。数值越大，深度越深。

添加"折射"视频特效的前后效果如图6-13所示。

图6-13 添加"折射"视频特效的前后效果

3 | 波纹(圆形)

"波纹(圆形)"视频特效能使画面产生一圈一圈的水波效果。在"特效控制台"面板中可设置"波纹(圆形)"视频特效的相关参数值,如图6-14所示。

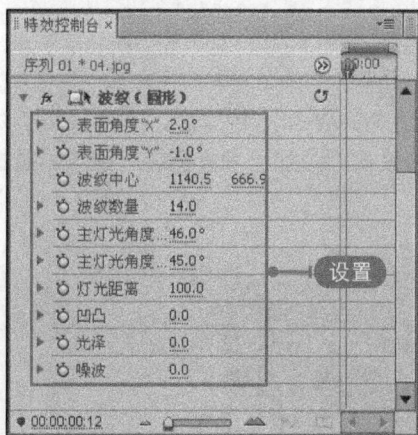

图6-14 "波纹(圆形)"视频特效的参数设置

专家点拨

"波纹(圆形)"视频特效中常用选项的具体含义如下。

● 表面角度"X"、表面角度"Y":可以分别在X轴和Y轴的方向上对素材进行360°的旋转,使画面构成一定的角度。
● "波纹中心":可调整波纹中心点在素材中的具体位置。
● 波纹数量:设置波纹的数量。
● 主灯光角度"A"、主灯光角度"B":设置波纹中灯光的照明角度。
● 凹凸:设置画面的凹凸程度。

添加"波纹(圆形)"视频特效的前后效果如图6-15所示。

图6-15 添加"波纹(圆形)"视频特效的前后效果

6.2.2 变换

"变换"类视频特效主要通过对素材的位置、方向和距离等参数进行调节,制作出画面视角变化的效果。该类视频特效包括"垂直保持"、"垂直翻转"、"摄像机视图"、"水平保持"、"水平翻转"、"滚动"、"羽化边缘"和"裁剪"8种效果。下面对常用的"变换"类特效进行介绍。

1 垂直保持

　　"垂直保持"视频特效可以使画面在垂直方向上进行滚动。添加此特效后，不用设置参数值，直接单击"节目"面板中的"播放-停止切换"按钮，即可看到滚动的画面。添加"垂直保持"视频特效的前后效果如图6-16所示。

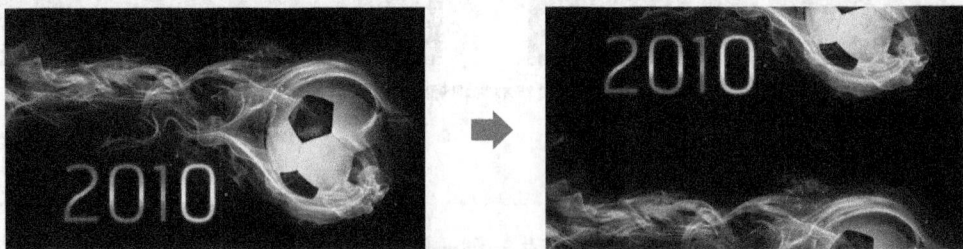

图6-16　添加"垂直保持"视频特效的前后效果

2 垂直翻转

　　"垂直翻转"视频特效可以使画面在垂直方向上进行旋转。添加此特效后，不用设置参数值，在"节目"面板预览窗口中，即可看到添加此特效后的效果。添加"垂直翻转"视频特效的前后效果如图6-17所示。

图6-17　添加"垂直翻转"视频特效的前后效果

3 摄像机视图

　　"摄像机视图"视频特效可以模拟摄像机在不同角度对画面进行拍摄所产生的视图效果。在"特效控制台"面板中，可设置该视频特效的相关参数，如图6-18所示。

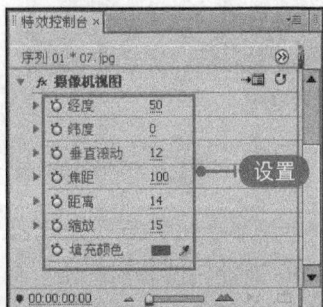

图6-18　"摄像机视图"视频特效的参数设置

专家点拨

　　"摄像机视图"视频特效中常用选项的具体含义如下。

- 维度、经度：分别设置摄像机拍摄时的水平角度和垂直角度。
- 垂直滚动：使画面产生旋转的效果。
- 焦距：设置摄像机的焦距。焦距越小，视觉范围越宽。
- 距离：设置摄像机与素材之间的距离。
- 缩放：放大或缩小素材。
- 填充颜色：设置素材空白区域的颜色。

问："摄像机视图"视频特效中有一个 ⇥🔲 按钮，它的作用是什么？

答：单击"摄像机视图"视频特效中的"设置"按钮 ⇥🔲，弹出"摄像机视图设置"对话框。可以通过"摄像机视图设置"对话框设置"摄像机视图"视频特效的相关参数。

添加"摄像机视图"视频特效的前后效果如图6-19所示。

图6-19 添加"摄像机视图"视频特效的前后效果

4 | 水平保持和水平翻转

"水平保持"视频特效可以使画面在水平方向上产生倾斜。可通过调整"水平保持"视频特效中的"偏移"选项，设置偏移大小，也可单击"水平保持"视频特效中的"设置"按钮 ⇥🔲，对参数进行设置。

行家提示 当"偏移"参数值大于250时，画面向左倾斜；当"偏移"参数值小于250时，画面向右倾斜。

"水平翻转"视频特效可以使画面在水平方向上进行翻转。该视频特效没有参数值，与"垂直翻转"视频特效相似，只是方向不同。

5 | 滚动

"滚动"视频特效可以使素材向上、下、左、右做滚屏运动，运动的速度与素材长短有关。单击"特效控制台"面板中的"滚动"视频特效中的"设置"按钮 ⇥🔲，弹出"滚动设置"对话框，如选择"向下"单选项，即可选择向下的滚动方式，如图6-20所示。

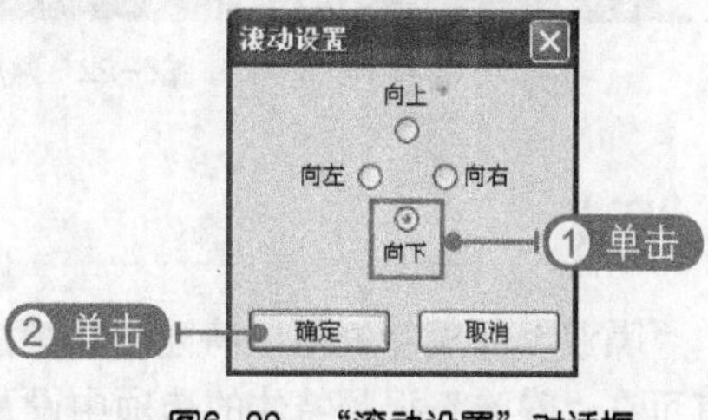

图6-20 "滚动设置"对话框

行家提示 "滚动"视频特效与"垂直保持"视频特效的不同之处在于，"滚动"视频特效可使画面向上、下、左、右做滚屏运动，"垂直保持"视频特效只会使画面在垂直方向上滚动。

6 | 裁剪

"裁剪"视频特效可以对画面内容进行裁剪。"裁剪"视频特效中的选项包括"左侧"、"顶部"、"右侧"、"底部"等。添加"裁剪"视频特效的前后效果如图6-21所示。

图6-21 添加"裁剪"视频特效的前后效果

6.2.3 噪波与颗粒

"噪波与颗粒"类视频特效主要用于去除画面中的噪点或者在画面中增加噪点。该类视频特效包括"中间值"、"噪波"、"噪波Alpha"、"噪波HLS"、"自动噪波HLS"、"蒙尘与刮痕"6种效果。下面对常用的特效进行介绍。

1 中间值

"中间值"视频特效可以将画面中的像素用周围像素的RGB平均值来取代，使画面产生水彩的效果。在"特效控制台"面板中可设置该视频特效的"半径"值。添加"中间值"视频特效的前后效果如图6-22所示。

图6-22 添加"中间值"视频特效的前后效果

2 噪波

"噪波"视频特效可以将随机像素应用于素材的画面上，从而模拟在胶片上拍摄的效果。用户有可在"噪波"视频特效的选项中设置"噪波数量"、"噪波类型"、"剪切"。

3 噪波Alpha

"噪波Alpha"视频特效能在素材的Alpha通道中创建噪波效果。在"特效控制台"面板中可设置"噪波Alpha"视频特效的相关参数值，如图6-23所示。

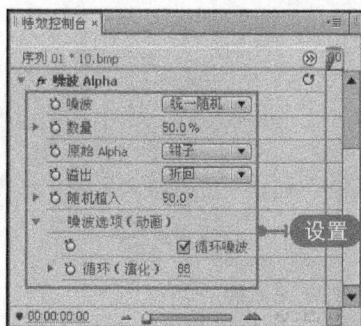

"专家点拨"

"噪波Alpha"视频特效中常用选项的具体含义如下。

● 噪波：用于设置"噪波Alpha"视频特效的类型。
● 数量：用于设置"噪波Alpha"视频特效的数量。
● 溢出：用于设置"噪波Alpha"视频特效的溢出方式。
● 噪波选项（动画）：用于设置噪波的动画方式。

图6-23　"噪波Alpha"视频特效的参数设置

添加"噪波Alpha"特效的前后效果如图6-24所示。

图6-24　添加"噪波Alpha"视频特效的前后效果

4 噪波HLS

"噪波HLS"视频特效可以更改素材中噪波的色相、明度和饱和度。此视频特效只对画面中的色相、亮度、饱和度起作用，不能使其他内容发生改变。

5 蒙尘与刮痕

"蒙尘与划痕"视频特效可以模拟出有灰尘的噪波效果，从而为画面添加灰尘。

6.2.4　图像控制

"图像控制"类视频特效主要对素材的色彩进行特殊处理，从而制作出特殊的视觉效果。该类视频特效包括"灰度系数（Gamma）校正"、"色彩传递"、"色彩匹配"、"颜色平衡（RGB）"、"颜色替换"、"黑白"6种效果。下面对常用的特效进行介绍。

1 灰度系数（Gamma）校正

"灰度系数（Gamma）校正"视频特效可以通过改变图像中间色调的亮度，在不改变图像亮度和阴影的情况下，让图像变得更明亮或更灰暗。添加"灰度系数（Gamma）校正"视频特效的前后效果如图6-25所示。

图6-25 添加"灰度系数（Gamma）校正"视频特效的前后效果

2 色彩匹配

使用"色彩匹配"视频特效在图像中色调分布的区域取样后，可以对图像色彩进行调整。在"特效控制台"面板中可设置"色彩匹配"视频特效的相关选项，如图6-26所示。

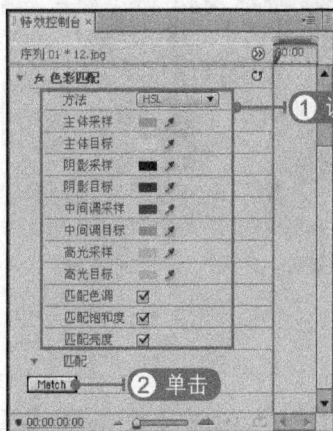

图6-26 "色彩匹配"视频特效的参数设置

专家点拨

"色彩匹配"视频特效中常用选项的具体含义如下。

方法：用于设置色彩匹配方法，包括HSL、RGB、"曲线"3种。"方法"下的选项可以分别对采样和目标颜色进行取样。"匹配色调"、"匹配饱和度"、"匹配亮度"3个复选项是让用户选择上面的参数所应用的范围。

课堂问答

问：在对采样颜色和目标颜色进行取样时，可不可以自定义取样的颜色，而不是在素材中取样？

答：当然可以，如果需要自定义取样的颜色，用户只需单击采样和目标后的颜色色块，即可在弹出的"颜色拾取"对话框中选择需要设置的颜色。

用户可以单击各采样与目标选项后的 ✐ 按钮，然后将鼠标指针移动到"节目"面板中的素材上进行取样。取样完成后，单击Match按钮即可完成色彩匹配。添加"色彩匹配"视频特效的前后效果如图6-27所示。

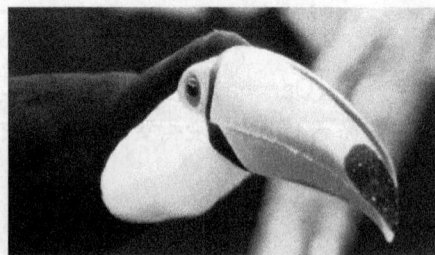

图6-27 添加"色彩匹配"视频特效的前后效果

3 颜色平衡（RGB）

"颜色平衡（RGB）"视频特效通过调整图像中的RGB值，即"红色"值、"绿色"值、"蓝色"值，改变图像原来的色彩。添加"色彩匹配"视频特效的前后效果如图6-28所示。

图6-28　添加"色彩匹配"视频特效的前后效果

4 颜色替换

"颜色替换"视频特效可用指定的颜色替换图像中选定的颜色。通过单击"目标颜色"与"替换颜色"选项后面的　按钮，吸取替换后的颜色，如图6-29所示。通过单击"颜色替换"视频特效的"设置"按钮　，即可在弹出的"颜色替换设置"对话框中对"颜色替换"选项进行设置，如图6-30所示。

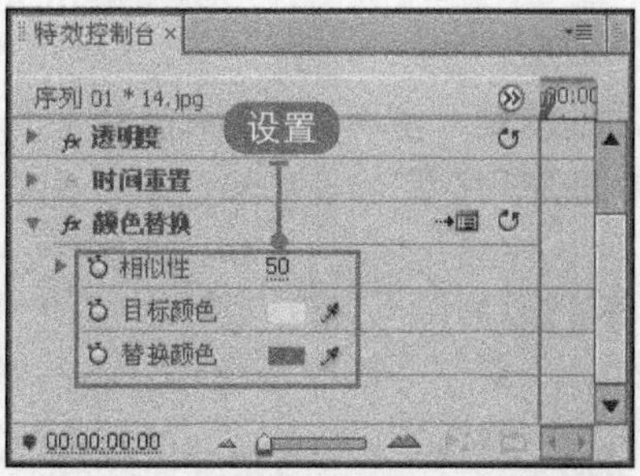

图6-29　"颜色替换"视频特效的参数设置

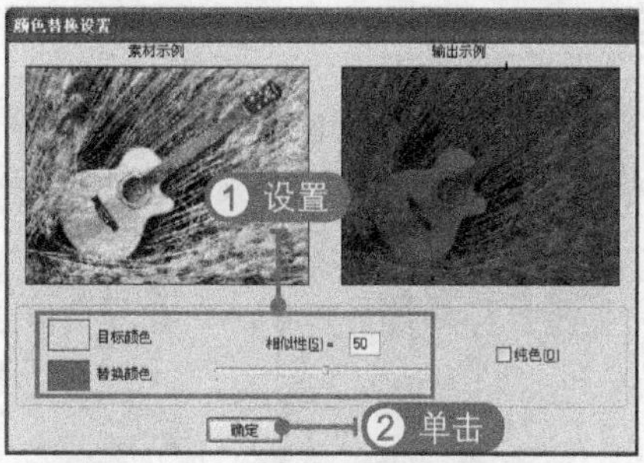

图6-30　"颜色替换设置"对话框

添加"颜色替换"视频特效的前后效果如图6-31所示。

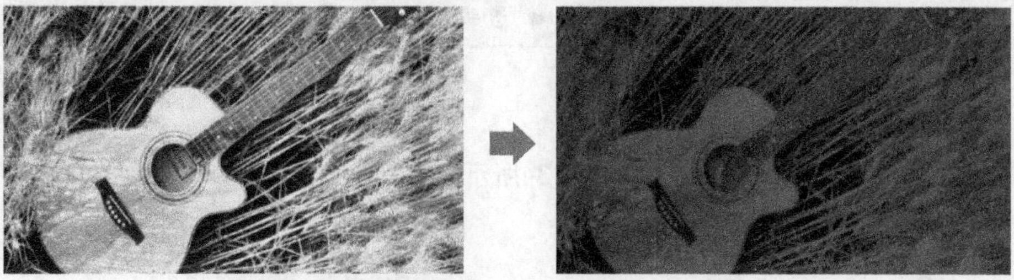

图6-31　添加"颜色替换"视频特效的前后效果

5 黑白

"黑白"视频特效可以将彩色素材转换为黑白素材。此特效没有参数选项。添加"黑白"视频特效的前后效果如图6-32所示。

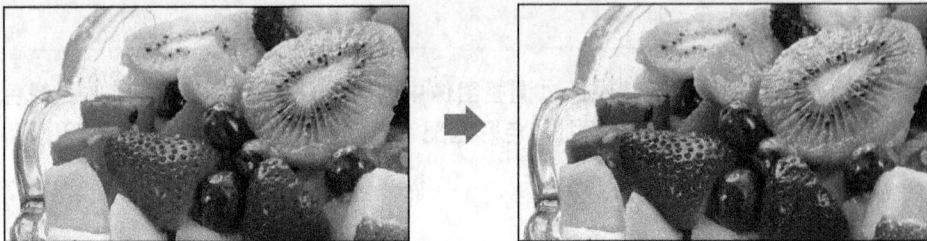

图6-32 添加"黑白"视频特效的前后效果

6.2.5 扭曲

　　"扭曲"类视频特效主要通过对图像进行几何扭曲变形，来制作各种各样的画面变形效果。该类视频特效包括"偏移"、"变换"、"弯曲"、"放大"、"旋转"、"波形弯曲"、"球面化"、"紊乱置换"、"边角固定"、"镜像"和"镜头扭曲"11种效果。下面对常用的"扭曲"类视频特效进行介绍。

1 偏移

　　"偏移"视频特效可以将画面进行上、下、左、右的移动，从而更改原素材在镜头中的位置。

2 变换

　　"变换"视频特效可以使素材进行上、下、左、右的缩放、移动、倾斜和旋转。在"特效控制台"面板中可设置"变换"视频特效的相关选项，如图6-33所示。

图6-33 "变换"视频特效的参数设置

专家点拨 "变换"视频特效中常用选项的具体含义如下。
- 定位点、位置：设置素材的位置。
- 缩放高度、缩放宽度：对素材的高度和宽度进行缩放和变形。
- 倾斜、倾斜轴：设置素材的倾斜方向和角度。
- 旋转：设置素材的旋转角度。
- 透明度：设置素材的透明度。

　　添加"变换"视频特效的前后效果如图6-34所示。

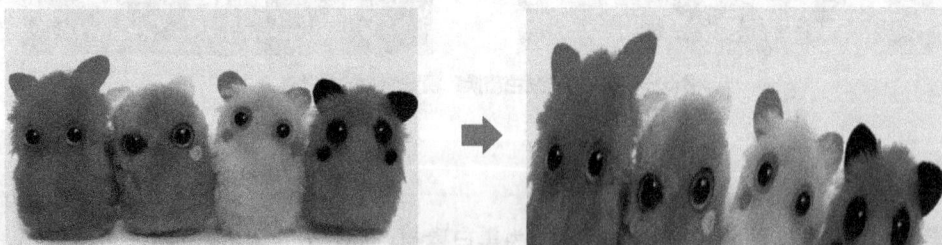

图6-34 添加"变换"视频特效的前后效果

3 弯曲

"弯曲"视频特效可以使素材在水平和垂直方向上产生波浪状的扭曲，模拟随风飘荡的效果。在"特效控制台"面板中可设置"弯曲"视频特效的相关选项。添加"弯曲"视频特效的前后效果如图6-35所示。

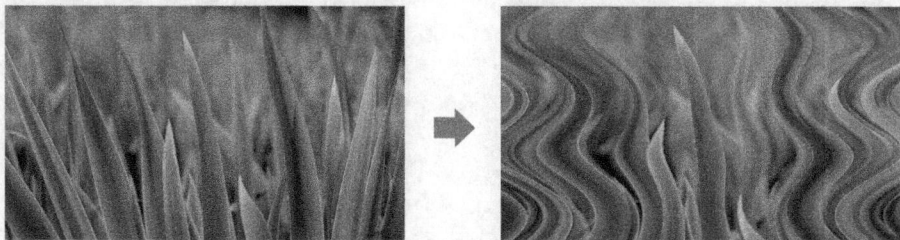

图6-35　添加"弯曲"视频特效的前后效果

课·堂·问·答

问：在"特效控制台"面板中的很多视频特效都会显示"设置"按钮 ，它们的作用相同吗？

答："设置"按钮可以使用户用更直观的方法设置视频特效。它会根据不同的视频特效打开不同的对话框。

4 放大

"放大"视频特效可以将素材中指定的范围进行放大，模拟放大镜的效果。在"特效控制台"面板中可设置"放大"视频特效的相关选项，如图6-36所示。

图6-36　"放大"视频特效的参数设置

专家点拨　"放大"视频特效中常用选项的具体含义如下。

● 形状：设置被放大区域的外部形状，有"圆形"和"方形"两个选项。

● 居中、放大率：分别设置被放大区域的位置和放大的倍数。

● 大小：设置形状的大小。

● 羽化、透明度：设置放大区域形状边缘的羽化值和不透明度。

添加"放大"视频特效的前后效果如图6-37所示。

图6-37　添加"放大"视频特效的前后效果

5 旋转

"旋转"视频特效可以使素材围绕指定的点旋转。在"特效控制台"面板中可设置"旋转"视频特效的旋转"角度"、"旋转扭曲半径"、"旋转扭曲中心"选项。添加"旋转视频"特效的前后效果如图6-38所示。

图6-38　添加"旋转"视频特效的前后效果

6 波形弯曲

"波形弯曲"视频特效可以根据指定的参数范围制作弯曲的波浪效果。在"特效控制台"面板中可设置"波形类型"、"波形高度"、"波形宽度"、"波形速度"和"方向"等参数选项。添加"波形弯曲"视频特效的前后效果如图6-39所示。

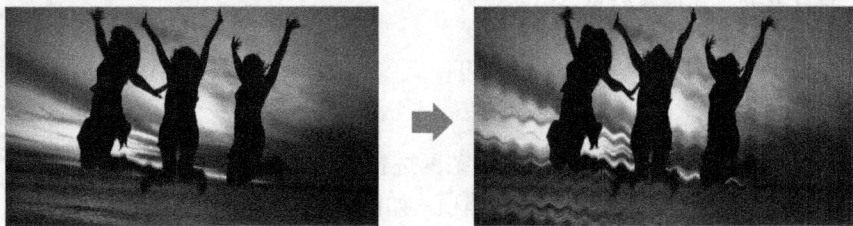

图6-39　添加"波形弯曲"视频特效的前后效果

7 球面化

"球面化"视频特效可以将图像以球形状态显示，从而产生三维效果。在"特效控制台"面板中可设置"半径"和"球面中心"选项。

8 镜像

"镜像"视频特效可以使素材沿着一条分割线进行任意角度的反射操作。在"特效控制台"面板中可设置"镜像"视频特效的"反射中心"和"反射角度"。添加"镜像"视频特效的前后效果如图6-40所示。添加的此特效的"反射角度"为252°。

图6-40　添加"镜像"视频特效的前后效果

6.2.6　模糊与锐化

　　"模糊与锐化"类视频特效主要对边缘过于清晰或者对比度过于强烈的图像或图像区域进行柔化或锐化，可以使原本清晰的图像变得朦胧，甚至模糊不清。该类视频特效包括"复合模糊"、"定向模糊"、"快速模糊"、"摄像机模糊"、"残像"、"消除锯齿"、"通道模糊"、"锐化"、"非锐化遮罩"和"高斯模糊"10种效果。下面对常用的"模糊与锐化"类视频特效进行介绍。

1　复合模糊

　　"复合模糊"视频特效能使画面产生一种与杂志混合后的模糊效果。在"特效控制台"面板中可设置模糊的图层及模糊的大小。添加"复合模糊"视频特效的前后效果如图6-41所示。

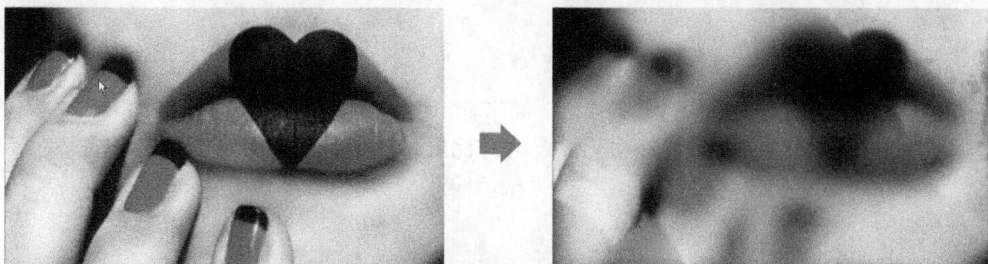

图6-41　添加"复合模糊"视频特效的前后效果

2　定向模糊

　　"定向模糊"视频特效可以使画面在指定的方向进行模糊，从而使画面产生动感的效果。在"特效控制台"面板中可设置模糊"方向"和"模糊长度"。添加"定向模糊"视频特效的前后效果如图6-42所示。

图6-42　添加"定向模糊"视频特效的前后效果

3　快速模糊

　　"快速模糊"视频特效可以使画面产生瞬间模糊的效果。在"特效控制台"面板中可设置模糊的数量和方向。添加"快速模糊"视频特效的前后效果如图6-43所示。

　　行家提示　在"特效控制台"面板中，如果勾选"重复边缘像素"复选项，则会多重显示素材的边缘。

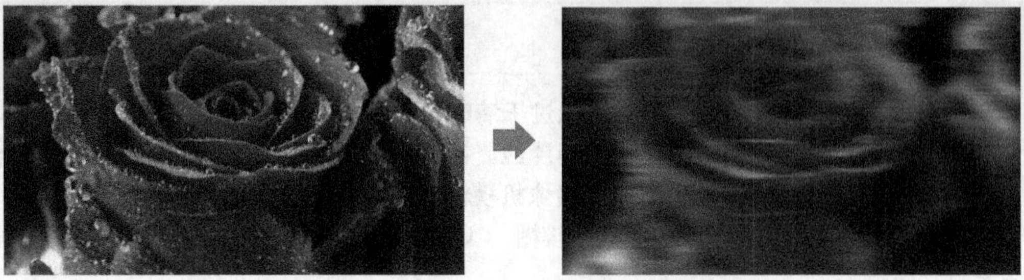

图6-43　添加"快速模糊"视频特效的前后效果

4 通道模糊

"通道模糊"视频特效可以模糊素材中每个通道的颜色。如果通道没有设置，便不会受到影响。

5 锐化

"锐化"视频特效可以通过增加相邻像素的对比度，达到提高画面清晰度的目的。在"特效控制台"面板中可设置锐化的数量。

6 非锐化遮罩

"非锐化遮罩"视频特效可以使素材中的高光部分变得晶莹剔透。在"特效控制台"面板中可设置"数量"、"半径"、"阈值"选项。添加"非锐化遮罩"视频特效的前后效果如图6-44所示。

图6-44　添加"非锐化遮罩"视频特效的前后效果

7 高斯模糊

"高斯模糊"视频特效通过高斯运算生成模糊效果，进行平滑细腻的模糊，使画面更加柔和。

6.2.7　生成

"生成"类视频特效是经过优化分类后新增加的一类效果。该类视频特效包括"书写"、"发光"、"吸色管填充"、"四色渐变"、"圆形"、"棋盘"、"油漆桶"、"渐变"、"网格"、"蜂巢图案"、"镜头光晕"和"闪电"12种效果。下面对常用的"生成"类视频特效进行介绍。

1 发光

　　"发光"视频特效会使画面产生强烈的光线照射效果。在"特效控制台"面板中可以设置"发光"视频特效的相关选项,如图6-45所示。

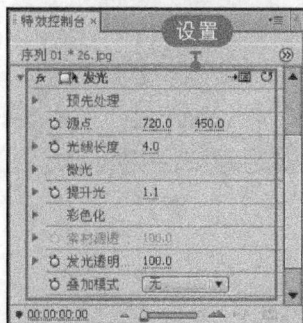

专家点拨

"发光"视频特效中常用选项的具体含义如下。

- 源点:设置发光的位置。
- 光线长度:设置画面中光线的长度。
- 微光:设置发光的数量和速率。
- 提升光:可以提亮光源中最亮的部分。
- 发光透明:设置光线的透明度。
- 叠加模式:设置光线与画面的混合模式。

图6-45　"发光"视频特效的参数设置

　　添加"发光"视频特效的前后效果如图6-46所示。

图6-46　添加"发光"视频特效的前后效果

课堂问答

问:"发光"视频特效中的"彩色化"选项的作用是什么?

答:"彩色化"选项的功能非常强大,用户可以在该选项中设置"发光"视频特效的渐变效果、渐变颜色,也可直接选择Premiere Pro CS4中内置的"火焰"、"幽灵"、"彩虹"等发光效果。

2 四色渐变

　　"四色渐变"视频特效能在画面中生成4种颜色的渐变效果,还可以设置渐变颜色与图像的混合模式。在"特效控制台"面板中可以设置"四色渐变"视频特效的相关选项,如图6-47所示。

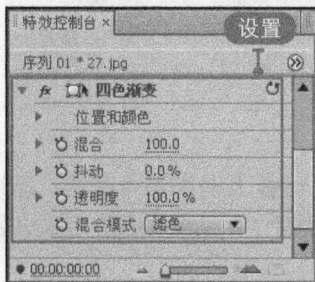

专家点拨

"四色渐变"视频特效中常用选项的具体含义如下。

- 位置和颜色:可以设置渐变的位置和颜色。
- 透明度:设置渐变颜色与图像间的透明度。
- 混合模式:设置渐变颜色与图像的混合模式。

图6-47　"四色渐变"特效参数设置

第6章
第7章
第8章
第9章
第10章

添加"四色渐变"特效的前后效果如图6-48所示。

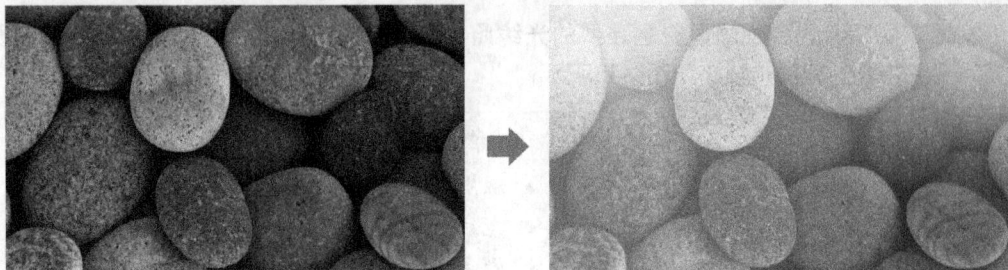

图6-48　添加"四色渐变"视频特效的前后效果

3 棋盘

"棋盘"视频特效可以为画面添加如棋盘网格的图案效果。在"特效控制台"面板中可以设置"棋盘"视频特效的相关选项，如图6-49所示。

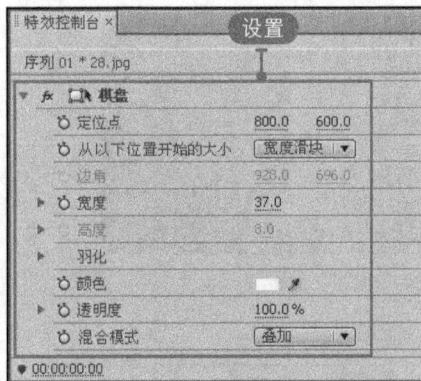

图6-49　"棋盘"视频特效的参数设置

专家点拨

"棋盘"视频特效中常用选项的具体含义如下。

● 定位点：设置棋盘网格在画面中的位置。
● 宽度：设置网格的大小
● 羽化：可以对网格的宽度和高度进行柔化处理。
● 颜色：设置网格的颜色。
● 混合模式：设置网格与图像的混合模式。

添加"棋盘"视频特效的前后效果如图6-50所示。

图6-50　添加"棋盘"视频特效的前后效果

4 油漆桶

"油漆桶"视频特效用于为图像填充颜色。在"特效控制台"面板中设置"油漆桶"视频特效的"填充点"、"颜色"和"混合模式"等选项。添加"油漆桶"视频特效的前后效果如图6-51所示。

第6章　第7章　第8章　第9章　第10章

图6-51 添加"油漆桶"视频特效的前后效果

5 渐变

"渐变"视频特效能为素材添加彩色渐变的效果。在"特效控制台"面板中可以设置渐变的位置、颜色、形状等选项。添加"渐变"视频特效的前后效果如图6-52所示。

图6-52 添加"渐变"视频特效的前后效果

行家提示 在"渐变"视频特效的选项中，"与原始图像混合"选项的参数值越大，渐变与原始素材的融合更加自然。

6 网格

"网格"视频特效用于为图像添加网格效果。在"特效控制台"面板中可以设置网格的位置、大小、颜色、混合模式等选项。添加"网格"视频特效的前后效果如图6-53所示。

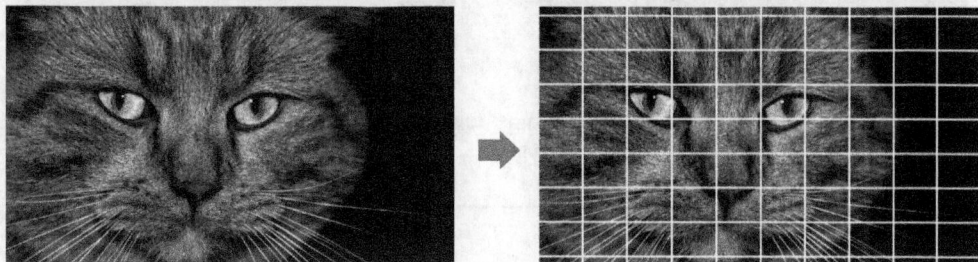

图6-53 添加"网格"视频特效的前后效果

7 蜂巢图案

"蜂巢图案"视频特效可以使图像转化为蜂巢的图案效果。在"特效控制台"面板中可以设置蜂巢的图案和大小等选项。添加"蜂巢图案"视频特效的前后效果如图6-54所示。

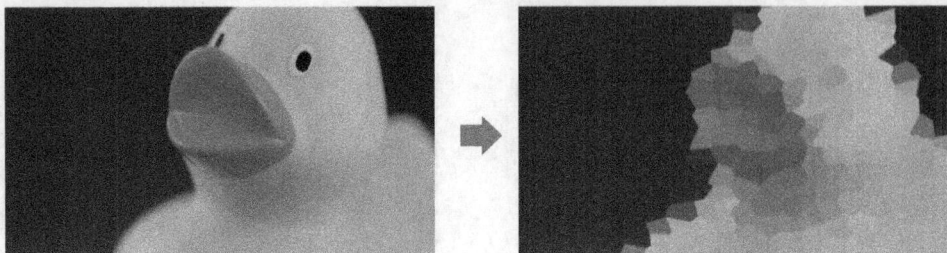

图6-54　添加"蜂巢图案"视频特效的前后效果

⑧ 镜头光晕

"镜头光晕"视频特效可以为画面添加光晕效果。在"特效控制台"面板中可以设置光晕的类型、位置等选项。添加"镜头光晕"视频特效的前后效果如图6-55所示。

图6-55　添加"镜头光晕"视频特效的前后效果

⑨ 闪电

"闪电"视频特效可以为素材添加闪电的效果。在"特效控制台"面板中可以设置闪电的位置、形状、宽度、颜色等选项。添加"闪电"视频特效的前后效果如图6-56所示。

图6-56　添加"闪电"视频特效的前后效果

6.2.8　色彩校正

"色彩校正"类视频特效可以对素材画面的颜色进行校正处理。该类视频特包括"RGB曲线"、"RGB色彩校正"、"三路色彩校正"、"亮度与对比度"、"亮度曲线"、"亮度校正"、"广播级色彩"、"快速色彩校正"、"更改颜色"、"着色"、"脱色"、"色彩均化"、"色彩平衡"、"色彩平衡（HLS）"、"视频限幅器"、"转换颜色"和"通道混合器"17种效果。下面对常用的"色彩校正"类视频特效进行介绍。

1 RGB曲线

　　"RGB曲线"视频特效能够调整画面的明暗关系和色彩变化，可以平滑调整画面，使效果更加细腻。在"特效控制台"面板中可以设置"RGB曲线"视频特效的相关选项，如图6-57所示。

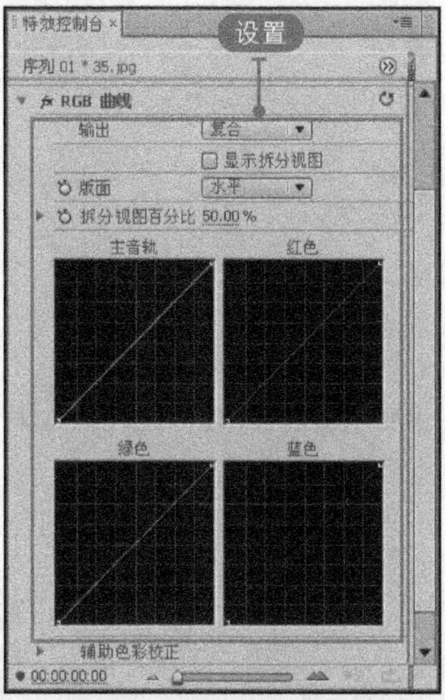

图6-57　"RGB曲线"视频特效的参数设置

课 堂 问 答

问：　"拆分视图百分比"选项下的"主音轨"、"红色"、"绿色"、"蓝色"分别代表什么意思？

答：　默认情况下，4个曲线框中显示的素材色调范围为一条直的对角基线，可以通过更改线条的形状，调整画面的色调。"主音轨"选项可以调整图像的亮度；其他选项用于调整图像的颜色。

　　如图6-58所示为原素材的效果；如图6-59所示为将"主音轨"曲线向左上角调整后，增加图像亮度的效果；如图6-60所示为将"红色"通道向左上角调整后，画面偏红的效果；如图6-61所示为将"绿色"和"蓝色"通道向左上角调整后的效果。

图6-58　原素材效果

图6-59　增加图像亮度的效果

图6-60　调整"红色"通道的效果

图6-61　调整"绿色"和"蓝色"通道的效果

> **专家点拨** 在调整RGB曲线时，用户只需单击曲线上的点，并向上或向下拖动曲线即可对曲线进行调整。"RGB曲线"视频特效不仅可以调整素材的亮度，而且可以调整偏色的素材。

2 RGB色彩校正

"RGB色彩校正"视频特效可以通过影调和通道调整图像，具体选项如图6-62所示。

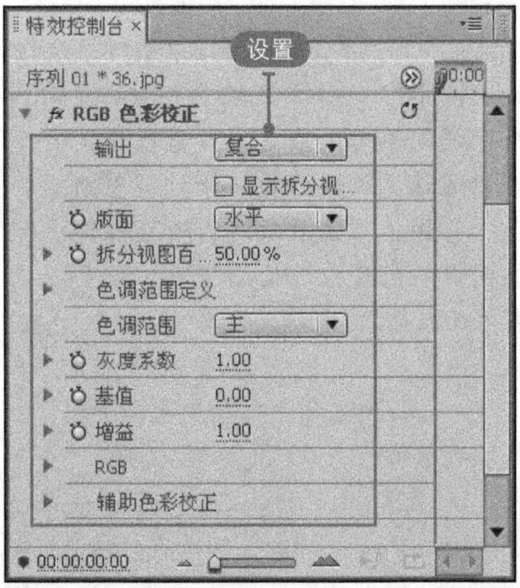

图6-62 "RGB色彩校正"视频特效的参数设置

> **专家点拨** "RGB色彩校正"视频特效中常用选项的具体含义如下。
> - 色调范围定义：可以设置素材的调整范围，有"主"、"高光"、"中间调"、"阴影"4个选择。
> - 灰度系数：默认值为1.00，用于增减画面的灰度。
> - 基值：默认值为0.00，用于增减画面的曝光度。
> - RGB：分别通过R、G、B这3个通道调整素材的"灰度系数"、"基值"、"增益"。
> - 辅助色彩校正：可以设置素材的"色相"、"饱和度"、"亮度"等参数选项。

如图6-63所示为使用"RGB色彩校正"视频特效将灰暗的画面调整为柔和的前后效果。

图6-63 使用"RGB色彩校正"视频特效调整画面色调的前后效果

3 三路色彩校正

"三路色彩校正"视频特效是通过黑、灰、白调整画面的色彩和影调。通过"特效控制台"面板可调整具体的参数选项，如图6-64所示。

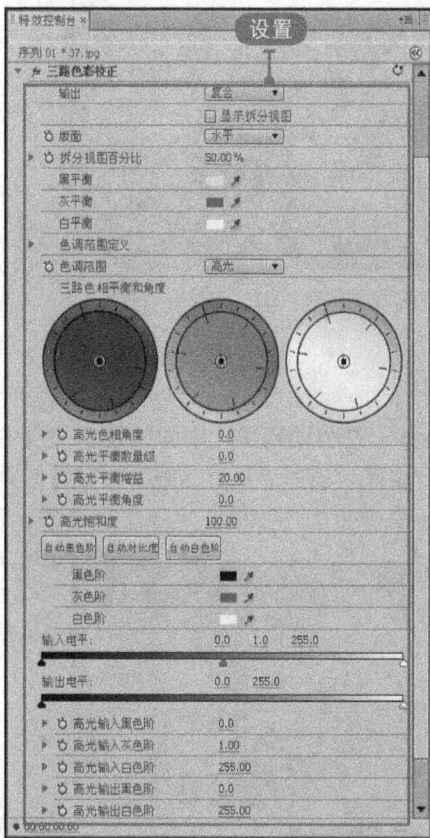

图6-64　"三路色彩校正"视频特效的参数设置

专家点拨

在"三路色彩校正"视频特效中有很多选项可供用户调整画面的色彩，常用选项的具体含义如下。

● 拆分视图百分比：可通过此选项下的"黑平衡"、"灰平衡"、"白平衡"对画面色彩进行调整。调整前需要设置调整后的颜色，可以单击 按钮后在画面中进行取样，也可直接单击颜色色块在弹出的"颜色拾取"对话框中拾取颜色。

● 色调范围：此选项下有3个颜色圈，分别代表画面的黑、灰、白3个范围。可通过单击并拖动中心点到色圈边缘的任意颜色上完成颜色的调整，如图6-65所示。调整后的画面色调变化会在"节目"面板中显示。

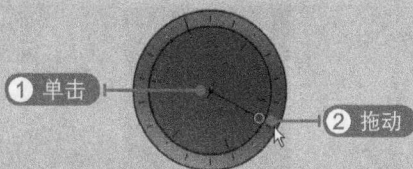

① 单击　　② 拖动

图6-65　调整色调范围

● 高光饱和度：通过黑、灰、白的范围调整画面的饱和度。

如图6-66所示为使用"三路色彩校正"视频特效将画面由暖色调调整为冷色调的效果。

图6-66　使用"三路色彩校正"视频特效将画面由暖色调调整为冷色调

4 亮度与对比度

　　"亮度与对比度"视频特效用于调整画面的亮度和对比度。如图6-67所示为调整画面亮度与对比度的前后效果。

图6-67　添加"亮度与对比度"视频特效的前后效果

5 亮度曲线

"亮度曲线"视频特效与"RGB曲线"视频特效都提供了曲线调整图，不同的是"亮度曲线"视频特效只调整画面的整体亮度，不能对画面通道进行调整。使用"亮度曲线"视频特效调整素材的前后效果如图6-68所示。

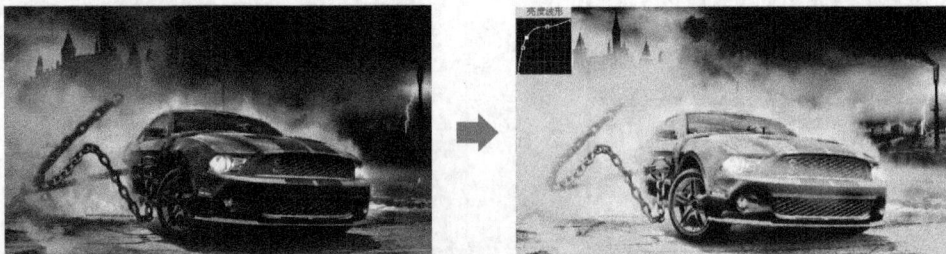

图6-68　使用"亮度曲线"视频特效调整素材的前后效果

6 亮度校正

通过"亮度校正"视频特效可调整画面的亮度、对比度、基值、增益等，从而改变画面的亮度。

7 快速色彩校正

"快速色彩校正"视频特效用于快速调整画面的色彩效果，只需拖动"色相平衡和角度"选项中色圈的中心点即可。如图6-69所示为通过"快速色彩校正"视频特效将画面由偏绿调整为偏蓝的前后效果。

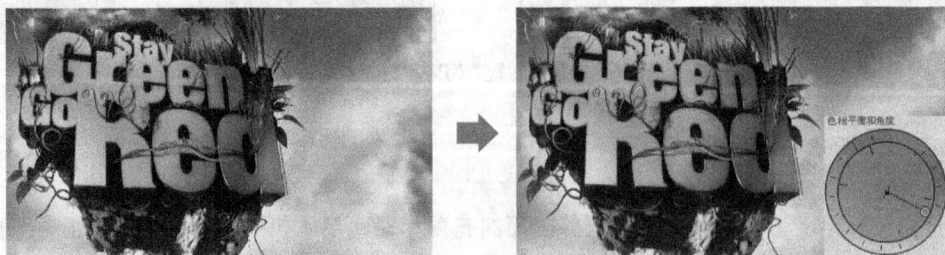

图6-69　通过"快速色彩校正"视频特效将画面由偏绿调整为偏蓝的前后效果

8 更改颜色

"更改颜色"视频特效用于将画面中的特定颜色进行更换，用法简单并且效果好。下面介绍如何使用"更改颜色"视频特效更改素材中的特定颜色。在"特效控制台"面板中可以设置"更改颜色"视频特效的相关参数选项，如图6-70所示。

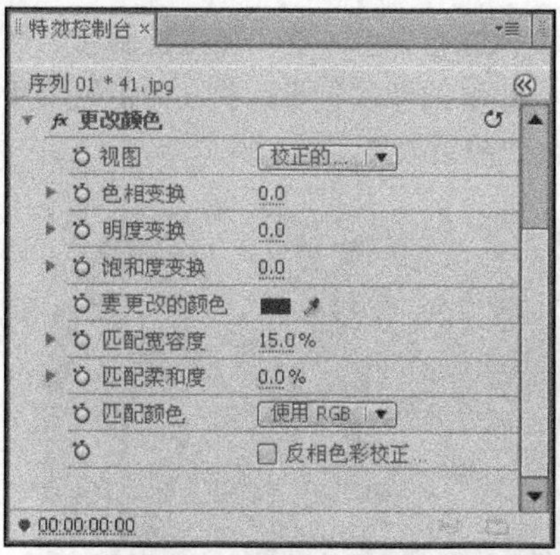

图6-70 "更改颜色"视频特效的参数设置

专家点拨 "更改颜色"视频特效中常用选项的具体含义如下。

- 视图：设置更改的素材范围，包括"校正的图层"和"色彩校正蒙版"两个选项。
- 色相变换：更改画面的色相。
- 明度变换：更改画面的明度。
- 饱和度变换：更改画面的饱和度。
- 要更改的颜色：设置画面中需要更改的颜色，可以使用吸管在画面中直接吸取颜色。
- 匹配宽容度：设置匹配颜色扩大或缩小的范围。

行家提示 用户使用吸管在画面中吸取待替换的颜色时，不用特别精细地对颜色进行选择，只需选出大致颜色，然后调整"色相变换"、"明度变换"选项，最后调整"匹配宽容度"选项，即可将参数值调大，从而扩大匹配颜色的区域。

使用"更改颜色"视频特效替换颜色的前后效果如图6-71所示。

图6-71 使用"更改颜色"视频特效替换画面颜色的前后效果

9 着色

"着色"视频特效可以将画面转换为两种颜色的效果，在"特效控制台"面板中可以设置着色的颜色和数量。如图6-72所示为添加"着色"视频特效的前后效果。

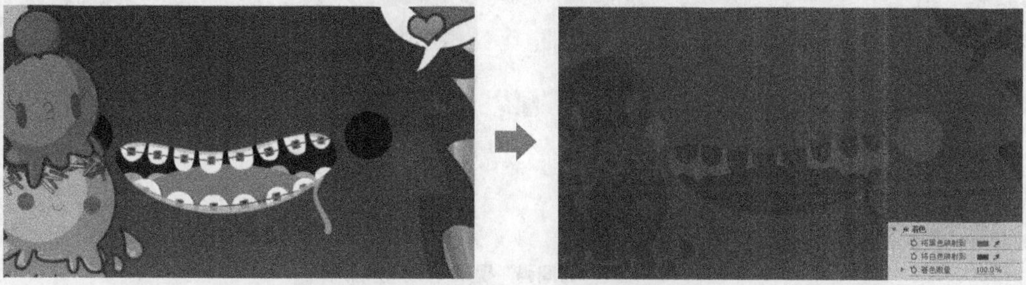

图6-72 添加"着色"视频特效的前后效果

行家提示 用户在设置着色的颜色时，可单击"着色"视频特效中的"将黑色映射到"与"将白色映射到"选项后的颜色色块，在弹出的"颜色拾取"对话框中选择相应的颜色，即可完成着色。"着色数量"选项用于设置着色后素材的显示程度。

10 脱色

"脱色"视频特效可以将画面中指定的颜色保留，其余的颜色进行去色。在"特效控制台"面板中可以设置"要保留的颜色"、"脱色量"、"宽容度"、"边缘柔和度"等选项。如图6-73所示为使用"脱色"视频特效将画面中的绿色去掉，同时保留红色的前后效果。

图6-73 使用"脱色"视频特效将画面中绿色去掉，同时保留红色的前后效果

专家点拨 在"特效控制台"面板中，"脱色量"选项用于设置脱色的程度；"要保留的颜色"选项用于设置画面中需要保留的颜色；"宽容度"用于设置脱色的范围；"边缘柔和度"用于设置脱色的区域与保留颜色区域的柔和度。

行家提示 "脱色"视频特效可以将画面中的颜色制作出从有到无，再从无到有的效果。

6.2.9 视频

"视频"类视频特效主要通过对素材添加时间码，从而显示当前影片播放的时间。该类视频特效只有"时间码"一种视频特效。在"特效控制台"面板中，可设置时间码的"位置"、"大小"、"透明度"等选项。如图6-74所示。为添加"时间码"视频特效的前后效果。

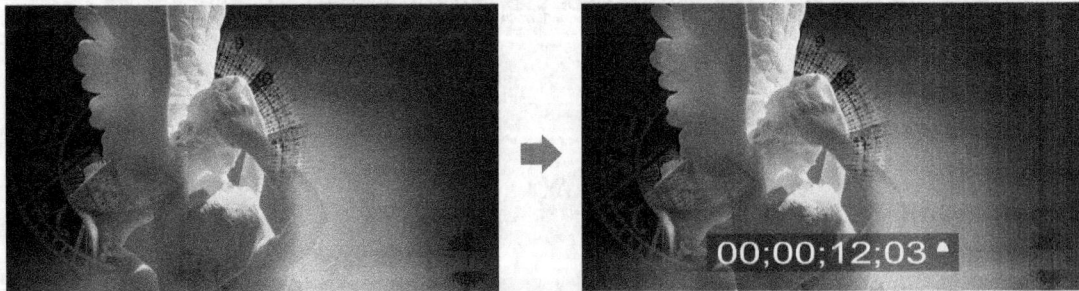

图6-74 添加"时间码"视频特效的前后效果

6.2.10　调整

"调整"类视频特效是常用的一类特效，主要是用于修复原始素材的偏色或者曝光不足等方面的缺陷，也可以调整颜色或者亮度来制作特殊的色彩效果。该类视频特效包括"卷积内核"、"基本信号控制"、"提取"、"照明效果"、"自动对比度"、"自动色阶"、"自动颜色"、"色阶"和"阴影/高光"9种效果。下面对常用的"调整"类视频特效进行介绍。

1 基本信号控制

"基本信号控制"视频特效用于调整画面中基本的色彩因素，包括"亮度"、"对比度"、"色相"、"饱和度"等。在"特效控制台"面板中可以进行相关设置，如图6-75所示。

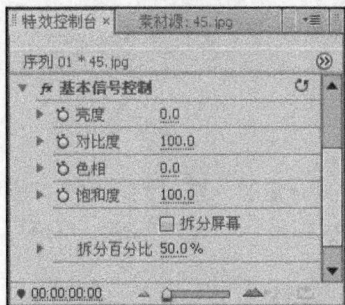

> **专家点拨**
>
> "基本信号控制"视频特效中常用选项的具体含义如下。
> - 亮度：用于调整画面的明暗程度。
> - 对比度：设置画面亮部和暗部的对比程度。
> - 色相：设置画面的颜色。
> - 饱和度：用于增减画面的饱和度。

图6-75　"基本信号控制"视频特效的参数设置

如图6-76所示为调整画面的"亮度"、"对比度"、"色相"、"饱和度"选项的前后效果。

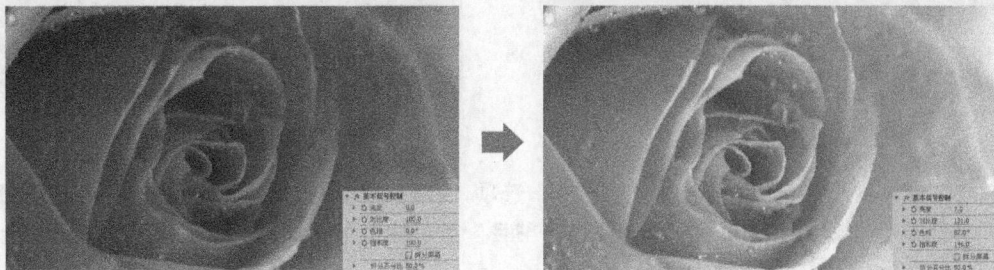

图6-76　使用"基本信号控制"视频特效调整画面色彩的前后效果

2 提取

"提取"视频特效可以去除画面中的彩色信息，将画面处理为灰度画面。在"特效控制台"面板中可以调整画面黑、白、灰的数量。

3 照明效果

"照明效果"视频特效可以为画面添加光源效果。在"特效控制台"面板中可以对"照明效果"视频特效的参数选项进行设置，如图6-77所示。

第6章
第7章
第8章
第9章
第10章

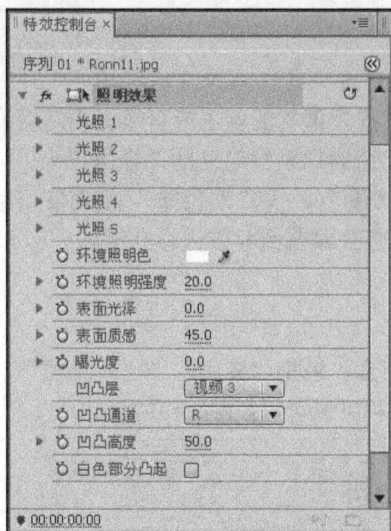

图6-77 "照明效果"视频特效的参数设置

"照明效果"视频特效中常用选项的具体含义如下。

- 环境照明色：设置整个光源的色彩，可通过单击颜色色块或吸管按钮对颜色进行选择。
- 环境照明强度：设置环境照明的光源强度。
- 表面光泽：调整物体高光区域的亮度与光泽度。
- 表面质感：调整光照范围内的中间调，控制光照的细节部分。
- 曝光度：控制画面的曝光强度。

"照明效果"视频特效中提供了5个光源，在默认状态下，只开启了一盏灯光，效果如图6-78所示。单击"照明效果"视频特效中的选项即可在"节目"面板中显示灯光的范围，用户可通过拖动灯光的控制点调整光源范围，如图6-79所示。

图6-78 原素材与默认光照

图6-79 调整光源范围

单击"照明选项"视频特效中的"光照1"选项，在打开的参数选项中可以对光源进行精细的设置，具体参数选项如图6-80所示。选项在"节目"面板中的显示如图6-81所示。

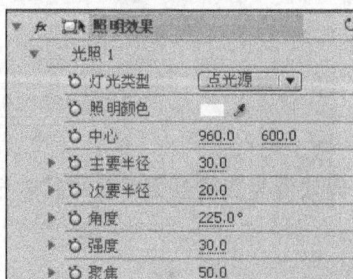

图6-80 "光照1"的参数设置

图6-81 选项在"节目"面板中的显示

在"光照1"选项中，"灯光类型"有"无"、"平行光"、"全光源"、"点光源"4个选项；"强度"用于调整光源照射的强弱；"聚焦"用于设置光晕的范围大小。

4 ┃ 自动对比度、自动色阶、自动颜色

"自动对比度"视频特效用于快速调整画面对比度，可增减画面的对比度。在"特效控制台"面板中有"减少黑色像素"、"减少白色像素"等参数选项可供用户进行设置；"自动色阶"视频特效用于快速调整画面色阶，可以将灰蒙蒙的画面调整清晰；"自动颜色"视频特效用于快速调整画面颜色。

5 ┃ 色阶

"色阶"视频特效是通过调整画面内的阴影、中间调、高光的多少，调整图像的色调范围和颜色平衡。下面介绍通过"色阶"视频特效调整画面色调和色彩的最简单的方法。

为素材添加"色阶"视频特效后，在"特效控制台"面板中单击"色阶"视频特效中的"设置"按钮，弹出"色阶设置"对话框，如图6-82所示。

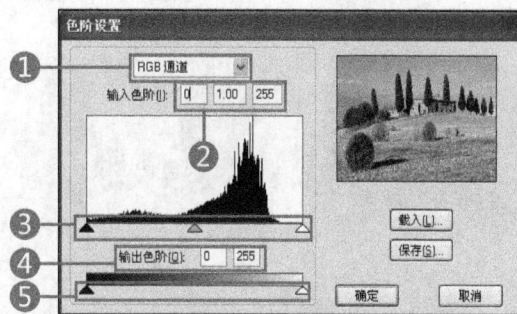
图6-82　"色阶设置"对话框

> **行家提示** 用户可以通过两种方式调整色阶参数值，第一种是在"特效控制台"面板中，通过单击"色阶"视频特效前面的三角形按钮，打开"色阶"视频特效的参数选项，由于参数选项较多，可用于对画面进行的精细设置。如需快速设置就可用第二种方法，单击"色阶"视频特效中的"设置"按钮，在弹出的"色阶设置"对话框中进行设置，两种方法的选项一一对应，控制效果完全相同。

"色阶设置"对话框中各选项的具体含义如下。

❶ 通道：可通过单击"RGB通道"右侧的下拉按钮，在弹出的下拉列表中对需要调整的通道进行选择，有"RGB通道"、"红色通道"、"绿色通道"、"蓝色通道"供用户选择。

❷ 输入色阶：从左到右的文本框依次表示输入阴影文本框、输入中间调文本框、输入高光文本框。

❸ 调整输入色阶：拖动黑色滑块表示调整输入阴影；拖动灰色滑块表示调整输入中将调；拖动白色滑块表示调整输入高光。

❹ 输出色阶：从左到右的文本框依次表示输出阴影文本框、输出高光文本框。

❺ 调整输出色阶：拖动黑色滑块表示调整输出阴影；拖动白色滑块表示调整输出高光。

"色阶设置"对话框中主要包括"输入色阶"、"输出色阶"和通道。"输入色阶"包括输入阴影、输入中间调、输入高光。用户可通过在"输入色阶"文本框中直接输入精确的参数调整色阶，也可通过拖动输入色阶滑块对色阶进行调整。

输入阴影用于控制图像暗调，数值越大画面越暗，调整阴影的前后效果如图6-83所示。输入中间调用于控制画面中中间调部分的分布，数值小于1时图像变暗，数值大于1时图像变亮，不同数值的中间调效果如图6-84所示。输入高光用于控制画面中的高光部分，数值越小画面越亮。

图6-83　调整输入阴影数值的前后效果

图6-84　不同输入中间调数值的前后效果

　　输出阴影用于控制画面中最暗的部分，数值越大阴影越少；输出高光用于控制画面最亮的部分，数值越小亮部越少。

　　通道选项根据素材的颜色模式而改变，可以对不同的颜色通道设置不同的"输入色阶"和"输出色阶"。如图6-85所示为"RGB通道"色阶；如图6-86所示为"红色通道"色阶调整；如图6-87所示为"绿色通道"色阶调整；如图6-88所示为"蓝色通道"色阶调整。

图6-85　RGB通道

图6-86　红色通道

图6-87　绿色通道

图6-88　蓝色通道

6 阴影/高光

"阴影/高光"视频特效可以使画面局部相邻像素的亮度提高或降低。在"特效控制台"面板中可以通过"阴影数量"和"高光数量"选项对画面进行调整。通过此特效能校正逆光的画面。如图6-89所示为添加"阴影/高光"视频特效的前后效果。

图6-89 添加"阴影/高光"视频特效的前后效果

6.2.11 过渡

"过渡"类视频特效主要用于场景过渡（转换），其用法与"视频切换"类似，但是需要设置关键帧才能产生转场效果。该类视频特效包括"块溶解"、"径向擦除"、"渐变擦除"、"百叶窗"、"线性擦除"5种效果。下面对常用的"过渡"类视频特效进行介绍。

1 块溶解

"块溶解"视频特效能使画面产生随机的块状，可在不同轨道中素材重叠的部分进行切换。在"特效控制台"面板中可设置"块溶解"视频特效的参数选项，如图6-90所示。

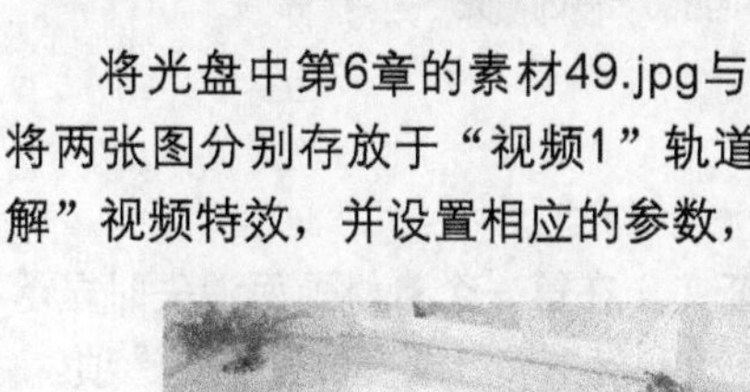

图6-90 "块溶解"视频特效的参数设置

专家点拨

"块溶解"视频特效中常用选项的具体含义如下。

- 过渡完成：用于设置两个画面的切换状态。
- 块宽度、块高度：用于设置块状的宽度和高度。
- 羽化：用于设置块状边缘的羽化程度。

将光盘中第6章的素材49.jpg与50.jpg导入Premiere Pro CS4中，如图6-91和图6-92所示。将两张图分别存放于"视频1"轨道和"视频2"轨道中，为"视频2"轨道中的素材添加"块溶解"视频特效，并设置相应的参数，如图6-93所示。此时"节目"面板中的效果如图6-94所示。

图6-91 49.jpg

图6-92 50.jpg

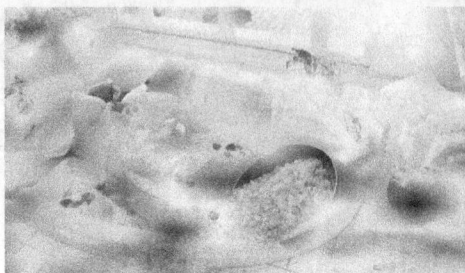

图6-93 设置"块溶解"视频特效的参数　　　　图6-94 "块溶解"效果

2 径向擦除

"径向擦除"视频特效可以制作出围绕指定中心点，以时针旋转的方式旋转出第二张素材。

打开光盘中第6章的素材51.jpg与52.jpg，分别如图6-95和图6-96所示。将两张素材分别存放于"视频1"轨道和"视频2"轨道中，为"视频2"轨道中的素材添加"径向擦除"视频特效，并设置相应的参数，如图6-97所示。播放的效果如图6-98所示。

图6-95 51.jpg

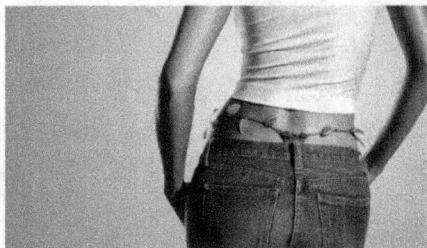

图6-96 52.jpg

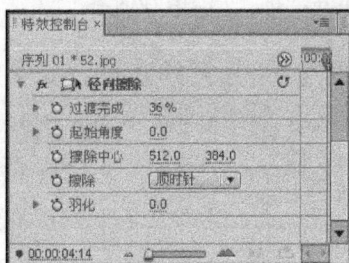

图6-97 设置"径向擦除"视频特效的参数

图6-98 "径向擦除"效果

3 渐变擦除

"渐变擦除"视频特效可根据两个素材的颜色和亮度建立渐变，在第一个素材画面消失时显示出第二个素材的画面。在"特效控制台"面板中可以设置"过渡柔和度"和"渐变位置"等选项。

4 百叶窗

"百叶窗"视频特效能模拟百叶窗张开和闭合时的效果。在"特效控制台"面板中可设置"方向"和"宽度"等选项。导入光盘中第6章的素材53.jpg和54.jpg，分别将素材存放于"视频1"轨道和"视频2"轨道中，如图6-99所示。为"视频2"轨道中的素材添加"百叶窗"视频特效的效果如图6-100所示。

图6-99 导入素材并存放在视频轨道中

图6-100 添加"百叶窗"视频特效的效果

5 线性擦除

"线性擦除"视频特效可以在两个素材画面中以任意角度直线的形式进行擦除。在"特效控制台"面板中可以对擦除的角度进行设置。导入光盘中第6章的素材55.jpg和56.jpg,分别将素材存放于"视频1"轨道和"视频2"轨道中,如图6-101所示。为"视频2"轨道中的素材添加"线性擦除"视频特效的效果如图6-102所示。

图6-101 导入素材并存放在视频轨道中

图6-102 添加"线性擦除"视频特效的效果

6.2.12 透视

"透视"类视频特效主要用于制作三维立体效果和空间效果。该类视频特效包括"基本3D"、"径向放射阴影"、"斜角边"、"斜角Alpha"、"阴影(投影)"5种效果。下面对常用的"透视"类视频特效进行介绍。

1 基本3D

"基本3D"视频特效能对画面进行基本的三维变换,可使素材绕水平轴和垂直轴旋转,还能将画面的镜头拉近或推远,添加"基本3D"视频特效的前后效果如图6-103所示。

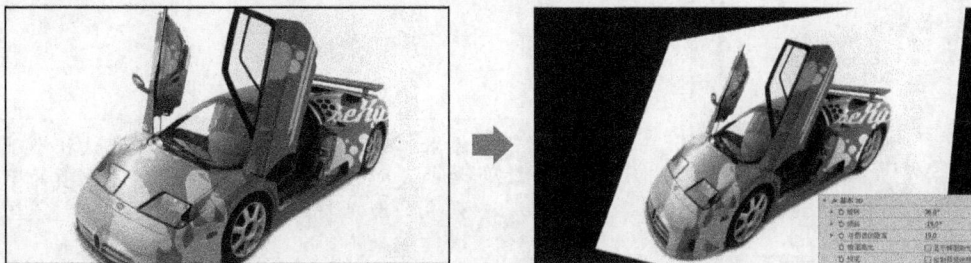

图6-103 添加"基本3D"视频特效的前后效果

143

2 斜角边

"斜角边"视频特效可以在画面边缘产生一种立体效果。该视频特效可以从画面的4个角分出斜角，从而制作出一种边缘倾斜的效果。在"特效控制台"面板可以设置斜角的厚度和一些照明效果。添加"斜角边"视频特效的前后效果如图6-104所示。

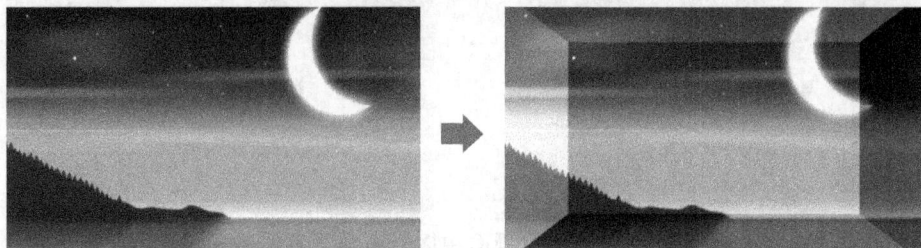

图6-104 添加"斜角边"视频特效的前后效果

3 斜边Alpha

"斜边Alpha"视频特效针对有Alpha通道的素材进行处理，能在Alpha 通道边缘产生立体的边界效果。

4 阴影（投影）

"阴影（投影）"视频特效能为画面添加阴影效果。在"特效控制台"面板中可以设置"阴影颜色"、"透明度"、"方向"、"距离"等参数选项。

6.2.13 通道

"通道"类视频特效主要利用图像通道的转换与插入等方式来改变图像，从而制作出各种特殊效果。该类视频特效包括："反相"、"固态合成"、"复合运算"、"混合"、"算术"、"计算"和"设置遮罩"7种效果。下面对常用的"通道"特效进行介绍。

1 反相

"反相"视频特效可以将素材中的颜色进行反相处理，形成与原素材的颜色相反的效果。在"特效控制台"面板中可以选择不同的通道，如图6-105所示。

> **专家点拨**　添加"反向"视频特效后，在默认状态下选择的是RGB通道。打开"通道"选项的下拉列表，即可将选择的通道进行反相。不同通道的效果不同。

图6-105 "反向"视频特效的选项设置

添加"反向"视频特效的前后效果如图6-106所示。

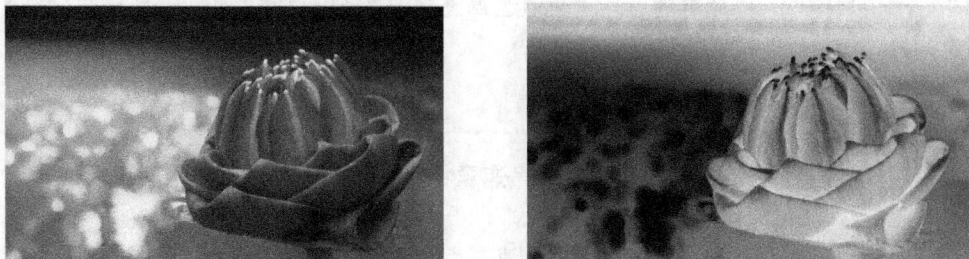

图6-106　添加"反向"视频特效的前后效果

2 固态合成

"固态合成"视频特效可以将两个视频轨道的素材进行合成。在"特效控制台"面板中可以设置素材的"混合模式"和"透明度"等选项。导入光盘中第6章的素材60.jpg和61.jpg,并分别存放于"视频1"轨道和"视频2"轨道中,如图6-107所示。为"视频2"轨道中的素材添加"固态合成"视频特效的效果如图6-108所示。

图6-107　导入素材并存放在视频轨道中

图6-108　添加"固态合成"视频特效的效果

3 复合运算

"复合运算"视频特效可以将素材进行复制,并通过"特效控制台"面板将复制的素材与原素材进行混合,生成一个新的图像。

4 混合

"混合"视频特效是将视频轨道中的图像按指定的方式进行混合,从而达到改变图像色彩的效果。在"特效控制台"面板中可以设置"与图层混合"、"模式"、"与原始图像混合"等参数选项。

6.2.14　键控

"键控"类视频特效主要用于对图像进行抠像操作,通过将不同的抠像方式与不同的画面图层叠加,来合成不同的场景或者制作出各种无法拍摄的画面。使用"键控"类视频特效时,必须分别在视频轨道中存放两个或两个以上的素材,被叠加的素材需要放在其他素材之上。

"键控"类视频特效包括"16点无用信号遮罩"、"4点无用信号遮罩"、"8点无用信号遮罩"、"Alpha调整"、"RGB差异键"、"亮度键"、"图像遮罩键"、"差异遮罩"、"移除遮罩"、"色度键"、"蓝屏键"、"轨道遮罩键"、"非红色键"和"颜色键"14种效果。下面对常用的"键控"类视频特效进行介绍。

1 无用信号遮罩

在"键控"类视频特效中，有3种无用信号遮罩特效，分别为"16点无用信号遮罩"、"4点无用信号遮罩"、"8点无用信号遮罩"。

无用信号遮罩可以在素材画面内设定多个遮罩点，并通过这些遮罩点所连成的封闭区域来确定素材的可见部分。在重叠的画面中，即可通过定位这些点，使下面视频轨道中的素材显示出来。下面对无用信号遮罩的视频特效用法进行讲解。

01 导入光盘中第6章的素材62.jpg和63.jpg，将素材62.jpg存放于"视频1"轨道中，将素材63.jpg存放于"视频2"轨道中，并将素材的位置重叠在一起，如图6-109所示。

02 为"视频2"轨道中的素材添加"16点无用信号遮罩"视频特效。在"特效控制台"面板中单击"16点无用信号遮罩"视频特效的名称，即可在画面中看到16个遮罩点，如图6-110所示。

行家提示 由于素材的原因，有时遮罩点会显示不完整，此时用户可在"节目"面板中将"视图缩放级别"设置为10%即可。

图6-109 导入素材并存放在视频轨道中

图6-110 显示遮罩点

03 将鼠标指针指向任意一个遮罩点，单击并拖动，将该遮罩点向需要抠出的人物边缘拖动，如图6-111所示。

04 依次将其他遮罩点拖动到人物边缘，效果如图6-112所示。

图6-111 拖动遮罩点

图6-112 调整全部遮罩点后的效果

[05] 将遮罩点全部调整完成后，无法一次性将人物完整地抠出，细节部分还存在很多缺陷。此时，可为素材多次添加"16点无用信号遮罩"视频特效并调整遮罩点。调整完成后，在"特效控制台"面板中打开"运动"视频特效，设置相应的选项参数，调整素材的大小和位置，如图6-113所示。调整完"运动"视频特效参数后，素材在"节目"面板中的显示效果如图6-114所示。

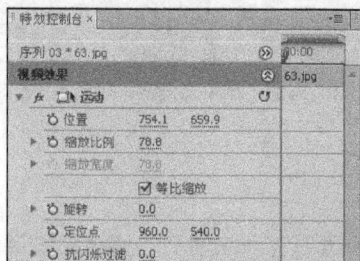

图6-113 "运动"视频特效的参数设置

图6-114 抠图完成后的效果

2 Alpha调整

"Alpha调整"视频特效可以通过前面一个素材的灰度等级来确定两个素材的重叠效果。在"特效控制台"面板中可以设置画面的透明度。

导入光盘中第6章的素材64.jpg和65.jpg，分别将素材存放于"视频1"轨道和"视频2"轨道中，如图6-115所示。为"视频2"轨道中的素材添加"Alpha调整"视频特效的效果如图6-116所示。

图6-115 导入素材并存放在视频轨道中

图6-116 添加"Alpha调整"视频特效的效果

3 RGB差异键

"RGB差异键"视频特效可以通过选择某个颜色或某个范围内的颜色使它变成透明区域，从而使下面视频轨道中的素材显示出来。该视频特效比较适用于亮度较高，没有阴影，不需细致处理的画面。

导入光盘中第6章的素材66.jpg和67.jpg，分别将素材存放于"视频1"轨道和"视频2"轨道中，如图6-117所示。为"视频2"轨道中的素材添加"RGB差异键"视频特效的效果如图6-118所示。

课 堂 问 答

问：　"特效控制台"面板中的吸管是不是用于吸取需要隐藏的颜色？

答：　是的，用户只需单击"颜色"选项后的吸管按钮，再将鼠标指针指向画面中，在需要隐藏的颜色上单击，即可将此颜色附近的区域变为透明。选择颜色后，需适当的调整"相似性"选项的参数值，数值越大颜色范围越广。

图6-117　导入素材并存放在视频轨道中

图6-118　添加"RGB差异键"视频特效的效果

4 亮度键

"亮度键"视频特效可以将画面中的灰阶部分设置为透明色，从而使下面视频轨道中的素材显示出来，适用于对比强烈的画面。

导入光盘中第6章的素材68.jpg和69.jpg，分别将素材存放于"视频1"轨道和"视频2"轨道中，如图6-119所示。为"视频2"轨道中的素材添加"亮度键"视频特效的效果如图6-120所示。

图6-119　导入素材并存放在视频轨道中

图6-120　添加"亮度键"视频特效的效果

5 图像遮罩键

"图像遮罩键"视频特效可以根据画面自身的灰阶值，有选择地隐藏遮罩画面的部分内容。下面进行详细介绍。

01　导入光盘中第6章的素材70.jpg，如图6-121所示。将该素材存放于"视频1"轨道中，为素材添加"图像遮罩键"视频特效。

02　在"特效控制台"面板中单击"图像遮罩键"视频特效中的"设置"按钮，弹出"选择遮罩图像"对话框。选择对话框中的71.jpg遮罩图像，单击"打开"按钮打开此图像，如图6-122所示。

图6-121　素材

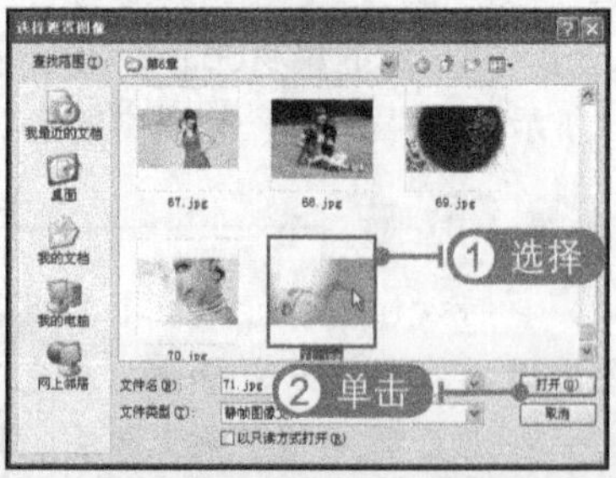

图6-122　在"选择遮罩图像"对话框中选择图像

03 在"特效控制台"面板中展开"图像遮罩键"视频特效选项组,单击"合成使用"选项的下拉按钮,在弹出的下拉列表中选择"luma遮罩"选项,得到的效果如图6-123所示。

04 勾选"反向"复选项,得到效果如图6-124所示。

图6-123 添加"图像遮罩键"视频特效的效果

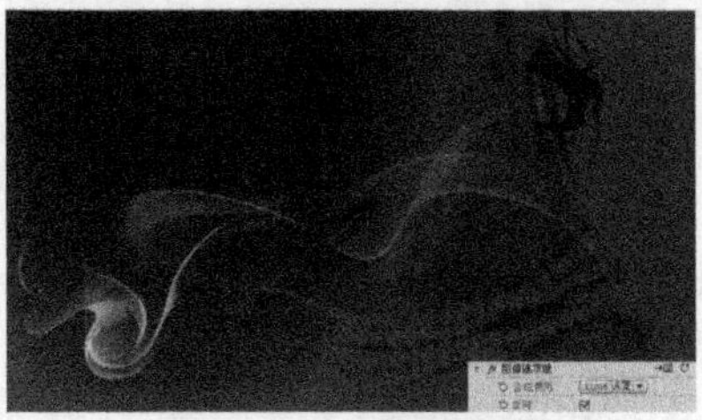

图6-124 反向后的效果

6 差异遮罩

"差异遮罩"视频特效可以叠加两个素材的相同区域,保留不同区域,从而生成一种特殊的效果。在"特效控制台"面板中可以设置"匹配宽容度"和"匹配柔和度"等选项。

导入光盘中第6章的素材72.jpg和73.jpg,分别将素材存放于"视频1"轨道和"视频2"轨道中,如图6-125所示。为"视频2"轨道中的素材添加"差异遮罩"视频特效的效果如图6-126所示。

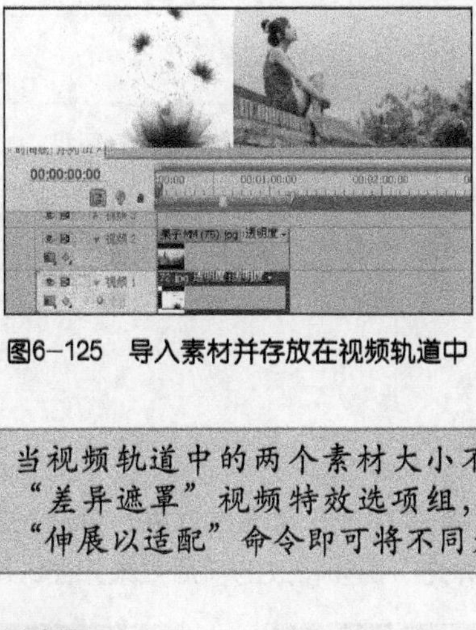

图6-125 导入素材并存放在视频轨道中

图6-126 添加"差异遮罩"视频特效的效果

> **行家提示** 当视频轨道中的两个素材大小不同时,用户可通过在"特效控制台"面板中打开"差异遮罩"视频特效选项组,单击"如果图层大小不同"选项下拉按钮,单击"伸展以适配"命令即可将不同大小的图像进行匹配。

7 移除遮罩

"移除遮罩"视频特效用于移除画面中遮罩的白色区域或黑色区域。

8 色度键

"色度键"视频特效可以将上面素材中的某种颜色及相似的颜色区域设置为透明,从而显示出下面的素材。"色度键"视频特效能单独调整素材的颜色和灰度值。

9 蓝屏键

"蓝屏键"视频特效可以去除画面中蓝色的部分。导入光盘中第6章的素材74.jpg和75.jpg,分别将素材存放于"视频1"轨道和"视频2"轨道中,如图6-127所示。为"视频2"轨道中的素材添加"蓝屏键"视频特效的效果如图6-128所示。

图6-127　导入素材并存放在视频轨道中

图6-128　添加"蓝屏键"视频特效的效果

10 轨道遮罩键

"轨道遮罩键"视频特效的用法和"图像遮罩键"完全相似，都是隐藏遮罩画面的部分内容。如果遮罩图像是黑色，就不会显示下面的素材。

11 非红色键

"非红色键"视频特效的用法与"蓝屏键"视频特效相同，不同的是，该视频特效能够同时去除画面中蓝色和绿色的部分。

6.2.15　风格化

"风格化"类视频特效主要通过改变图像中的像素或者对图像的色彩进行处理，从而产生抽象派或者印象派的效果，也可以模拟其他门类的艺术作品，如浮雕、素描等。该类视频特效包括"Alpha辉光"、"复制"、"彩色浮雕"、"招贴画"、"曝光过度"、"查找边缘"、"浮雕"、"画笔描绘"、"纹理材质"、"边缘粗糙"、"闪光灯"、"阈值"和"马赛克"13种效果。下面对常用的视频特效进行介绍。

1 Alpha辉光

"Alpha辉光"视频特效可以在上面素材的Alpha通道边缘生成一种光的效果。打开光盘中第6章的素材76.prproj，为"视频2"轨道中的素材添加"Alpha辉光"视频特效的前后效果如图6-129所示。

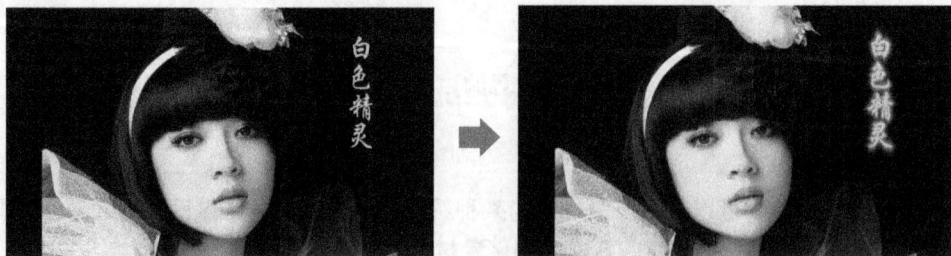

图6-129　添加"Alpha辉光"视频特效的前后效果

2 复制

"复制"视频特效可以对原始素材进行复制，并将其排列在同一个画面中。在"特效控制台"面板中可以设置"复制"画面的个数。添加"复制"视频特效的前后效果如图6-130所示。

图6-130　添加"复制"视频特效的前后效果

3 彩色浮雕

"彩色浮雕"视频特效在不改变原素材颜色的基础上,通过锐化画面中物体的轮廓,使画面产生浮雕效果。在"特效控制台"面板中可设置浮雕的"方向"、"对比度"等选项参数。

4 招贴画

"招贴画"视频特效通过改变画面的色阶模拟招贴画的效果。在"特效控制台"面板中可以设置"色阶"选项。添加"招贴画"视频特效的前后效果如图6-131所示。

图6-131　添加"招贴画"视频特效的前后效果

5 曝光过度

"曝光过度"视频特效是将素材的正片和负片混合,从而模拟底片显影过程中的曝光效果。在"特效控制台"面板中可以设置"阈值"选项。添加"曝光过度"视频特效的前后效果如图6-132所示。

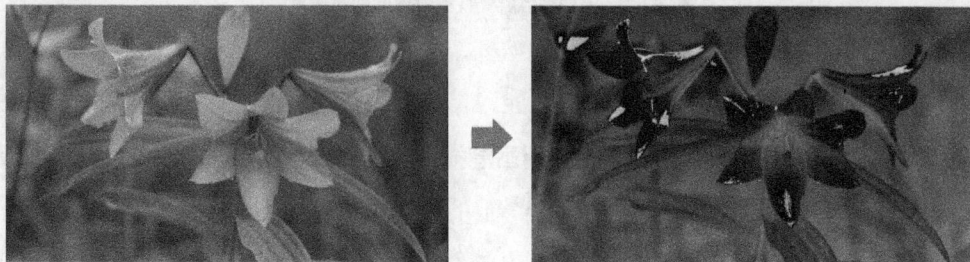

图6-132　添加"曝光过度"视频特效的前后效果

6 查找边缘

"查找边缘"视频特效可通过强化画面中物体的边缘,产生类似素描和底片的效果。添加

第6章

第7章

第8章

第9章

第10章

"查找边缘"视频特效的前后效果。如图6-133所示。

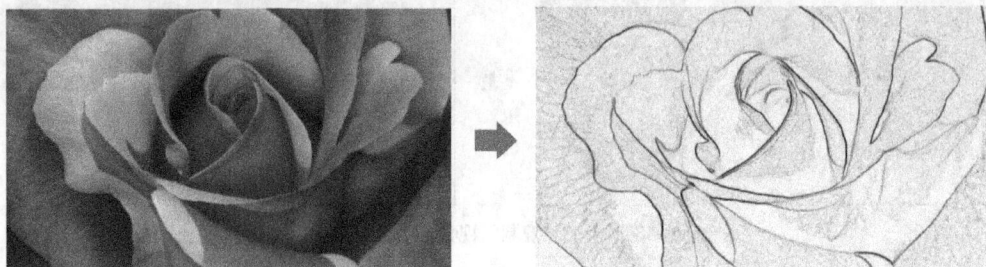

图6-133 添加"查找边缘"视频特效的前后效果

为素材添加"查找边缘"视频特效后，在"特效控制台"面板中打开"查找边缘"视频特效选项组，勾选"反选"复选框，画面会产生反选效果，如图6-134所示。

图6-134 "查找边缘"视频特效的反选效果

7 浮雕

"浮雕"视频特效可以使画面产生单色的浮雕效果。在"特效控制台"面板中可以设置浮雕的"方向"、"凸现"、"对比度"等选项。添加"浮雕"视频特效的前后效果如图6-135所示。

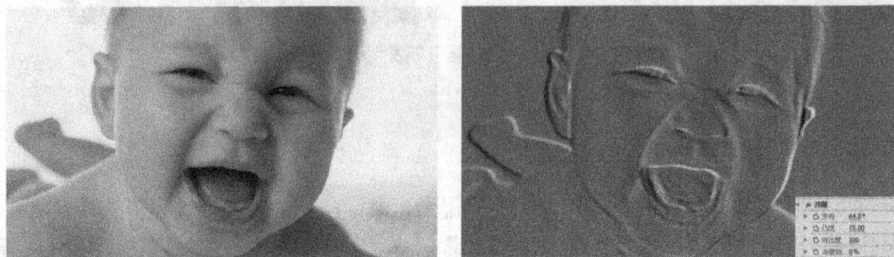

图6-135 添加"浮雕"视频特效的前后效果

8 画笔描绘

"画笔描绘"视频特效会使画面产生使用画笔描绘边缘的效果。在"特效控制台"面板中可以设置画笔的角度、大小、长度、浓度等参数。

9 纹理材质

"纹理材质"视频特效能在一个素材上显示另一个素材的纹理。在"特效控制台"面板中可以设置"纹理图层"、"照明方向"、"纹理对比度"等选项。

导入光盘中第6章的素材82.jpg和83.jpg，分别将素材存放于"视频1"轨道和"视频2"轨道中，如图6-136所示。为"视频2"轨道中的素材添加"纹理材质"视频特效的效果如图6-137所示。

图6-136 导入素材并存放在视频轨道中

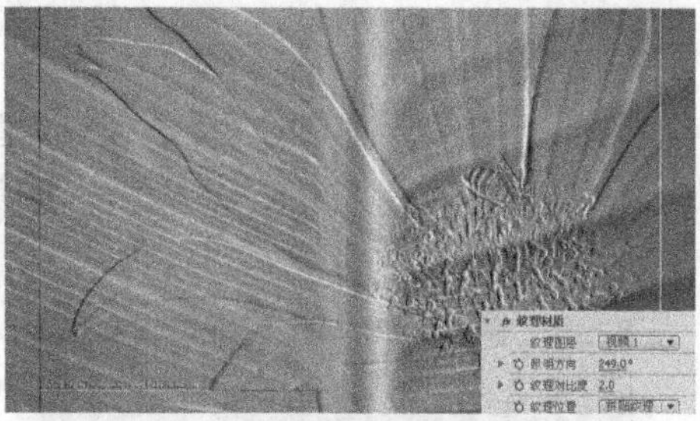

图6-137 添加"纹理材质"视频特效的效果

> **行家提示** 使用"纹理材质"视频效特时,两个相邻轨道上的素材在时间上必须有重合的部分,才会在重合的部分出现效果。添加"纹理材质"视频特效后,需在"特效控制台"面板中选择对应的纹理图层,才会显示效果。

10 边缘粗糙

"边缘粗糙"视频特效可以使画面的边缘产生各种粗糙的效果。在"特效控制台"面板中可以设置"边缘类型"、"边缘颜色"等选项。添加"边缘粗糙"视频特效的前后效果如图6-138所示。

图6-138 添加"边缘粗糙"视频特效的前后效果

11 闪光灯

"闪光灯"视频特效能在画面的播放过程中根据指定的周期出现画面频闪,如每隔几秒出现一次黑屏等效果。在"特效控制台"面板中可以设置闪光灯的颜色与持续时间等参数。

12 阈值

"阈值"视频特效可以将画面转换为高纯度的黑色和白色。在"特效控制台"面板中可以调整"色阶"选项,以更改阈值效果。添加"阈值"视频特效的前后效果如图6-139所示。

图6-139 添加"阈值"视频特效的前后效果

13 马赛克

"马赛克"视频特效是用若干个方块填充画面，模拟马赛克的效果。在"特效控制台"面板中可以设置"水平块"和"垂直块"选项，确定马赛克的大小和多少。添加"马赛克"视频特效的前后效果如图6-140所示。

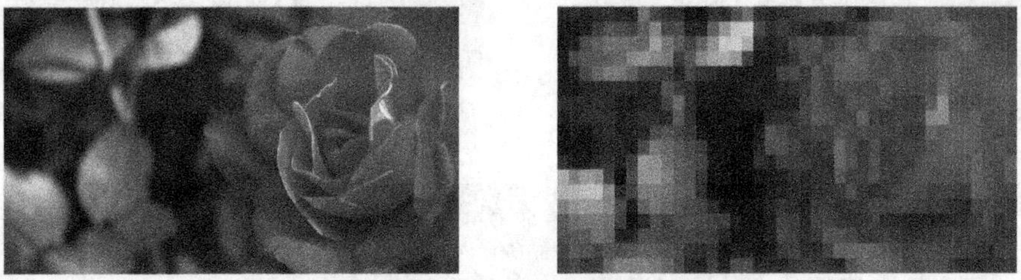

图6-140 添加"马赛克"视频特效的前后效果

6.3 创建运动特效

很多影片中的动态效果都是通过后期合成的，在Premiere Pro CS4中，可以给素材创建移动、变形、缩放等运动特效。本节将介绍如何使用Premiere Pro CS4让静态素材动起来。

6.3.1 设置关键帧

光盘同步文件

原始文件：光盘\素材文件\第6章\87.jpg

结果文件：光盘\结果文件\第6章\6-3-1.prproj

同步视频文件：光盘\同步教学文件\第6章\6-3-1.avi

在Premiere Pro CS4中创建运动特效，是通过"特效控制台"面板和"时间线"面板来实现的，这种运动特效是建立在关键帧基础上的。帧是视频中最小的单位，视频中的第一帧和最后一帧称为关键帧，关键帧与关键帧之间可添加过渡帧和中间帧。合理地为素材添加关键帧，可以使视频特效随着关键帧参数的变化，产生运动的效果。

1 添加关键帧

添加关键帧可以让画面快速动起来。在Premiere Pro CS4中，为素材添加运动特效可通过"特效控制台"面板和"时间线"面板实现。第4章讲解了在"时间线"面板中添加关键帧，下面讲解在"特效控制台"面板中添加关键帧。

在"特效控制台"面板中，可以添加和删除关键帧，还可以对关键帧的参数进行设置，从而实现素材运动的效果。具体操作步骤如下。

01 在"时间线"面板中选择需要添加关键帧的素材，如图6-141所示。此时，在"特效控制台"面板中会显示该素材的"视频效果"，如图6-142所示。

专家点拨 在"特效控制台"面板中，Premiere Pro CS4默认的视频特效有"运动"、"透明度"、"时间重置"，用户可单击"运动"视频特效左侧的三角形按钮，即可打开"运动"视频特效的参数。

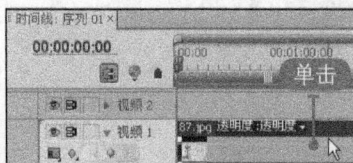

图6-141 选择素材

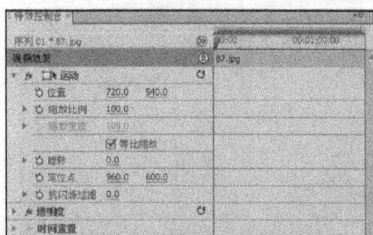

图6-142 显示素材的"视频效果"

02 在"特效控制台"面板中拖动当前时间指示器 到合适的位置，如图6-143所示。在"特效控制台"面板中，展开"运动"视频特效选项组，单击"位置"选项前的"切换动画"按钮，即可在当前位置创建一个关键帧，如图6-144所示。如果用户需要在其他位置上继续添加关键帧，只需将当前时间指示器移动到合适的位置，然后单击"添加/移除关键帧"按钮 即可。

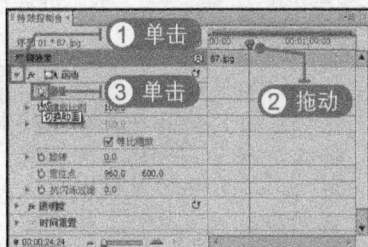

图6-143 在"特效控制台"面板中添加关键帧

图6-144 创建的关键帧

专家点拨 用户添加关键帧后，可以对"运动"视频特效选项组下的所有选项进行参数设置。

2 选择关键帧

当用户添加了多个关键帧后，如果需要对关键帧进行调整，首先需要选择关键帧。第4章讲解了在"时间线"面板中选择关键帧，下面介绍如何在"特效控制台"面板中选择关键帧。

- 在"特效控制台"面板中，用户可将鼠标指针指向关键帧并单击，即可选择关键帧，如图6-145所示。
- 当添加了多个关键帧后，如图6-146所示，用户可以通过单击"添加/移除关键帧"左侧和右侧的"跳转到前一关键帧"按钮 和"跳转到下一关键帧"按钮 快速切换到需要的关键帧。如图6-147所示为单击"跳转到下一关键帧"按钮 的效果。

在"特效控制台"面板中，用户可一次性选择多个关键帧，从而对关键帧进行统一编辑。只需按住【Ctrl】或【Shift】键，再单击关键帧，即可选择多个关键帧，如图6-148所示。

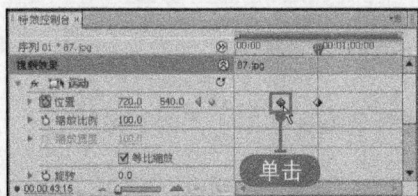

图6-145 单击选择关键帧

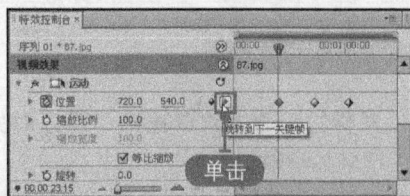

图6-146 多个关键帧

图6-147 跳转到下一关键帧

图6-148 选择多个关键帧

专家点拨 在"特效控制台"面板中，当移动当前时间指示器时按住【Shift】键，编辑线就会自动吸附在关键帧上，非常方便。

当需要一次性将全部关键帧选择时，只需在"特效控制台"面板右侧的时间线视图中拖动鼠标创建选择区域，此时选中的关键帧周围会出现白色的矩形框，选中的关键帧就在白色矩形框内，如图6-149所示。

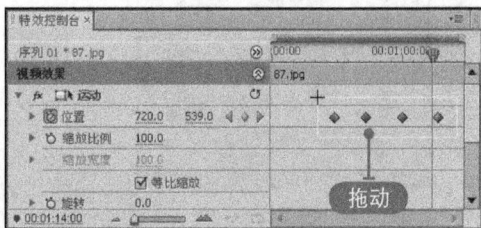

图6-149 全选关键帧

专家点拨 当在时间线视图中通过拖动鼠标创建选择区域的方法选择关键帧时，用户不仅可以将关键帧全部选择，也可自由地选择需要的关键帧，只要掌握好创建的区域即可。区域外为未选中的关键帧，区域内为选中的关键帧。

3 移动关键帧

为素材添加关键帧后，如果需要移动关键帧，只需将鼠标指针指向该关键帧，然后按住鼠标左键不放，此时该关键帧为选中状态，向左拖动关键帧，关键帧下方会出现一条黑色的线条，如图6-150所示。得到效果如图6-151所示。

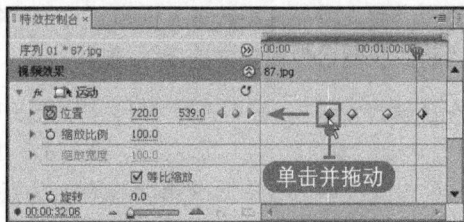

图6-150 选择关键帧

图6-151 移动关键帧后的效果

行家提示 移动关键帧时，用户既可选择一个关键帧进行移动，也可选择多个关键帧，统一进行移动。

4 复制与粘贴关键帧

在设置素材的运动特效过程中，可以对关键帧进行复制和粘贴。复制、粘贴的不止是关键帧，还有关键帧的参数值。

在需要复制的关键帧上右击，在弹出的快捷菜单中单击"复制"命令，即可复制关键帧，如图6-152所示。

将当前时间指示器移动到合适的位置，右击弹出快捷菜单，单击"粘贴"命令，即可将刚才复制的关键帧进行粘贴，如图6-153所示。

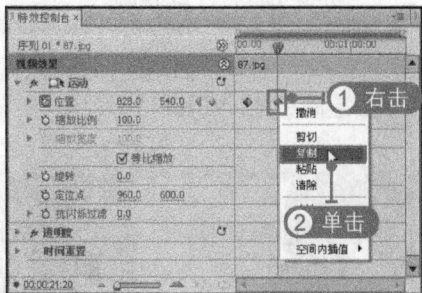

图6-152　复制关键帧

图6-153　粘贴关键帧

5 删除关键帧

当添加的关键帧设置错误或不需要时，可以将该关键帧删除。删除关键帧有两种方法，下面分别对这两种方法进行介绍。

- 在需要删除的关键帧上右击，在弹出的快捷菜单中单击"清除"命令，即可将关键帧删除。
- 选中需要删除的关键帧，按【Delete】键即可快速删除关键帧。

6.3.2 添加水平运动效果

水平运动是Premiere Pro CS4中最简单的运动方式，素材可以从左往右、从右往左、从上往下、从下往上进行运动。下面以从左往右运动为例讲解如何让素材水平运动，其具体操作步骤如下。

光盘同步文件

原始文件：光盘\素材文件\第6章\88.jpg

结果文件：光盘\结果文件\第6章\6-3-2.prproj

同步视频文件：光盘\同步教学文件\第6章\6-3-2.avi

01 导入光盘中第6章的素材88.jpg，将素材存放到"视频1"轨道中，在"节目"面板中单击显示的素材，此时，会出现8个控制点，如图6-154所示。

02 在"特效控制台"面板中，展开"运动"视频特效选项组，单击"位置"选项左侧的"切换动画"按钮，为素材添加一个关键帧，然后在"节目"面板中向左拖动素材中心点，如图6-155所示。

图6-154　显示控制点

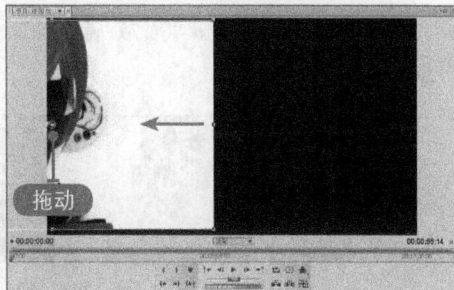

图6-155　移动素材中心点

专家点拨 利用"节目"面板中的控制点，可以快速调整素材在画面中的大小。在调整的过程中，若素材超出"节目"面板中的黑色区域，则超出的部分在播放的过程中不会显示。

03 在"特效控制台"面板中，拖动当前时间指示器到合适的位置，如图6-156所示。在"节目"面板中将素材中心点向右拖动，此时会出现一条运动路径，如图6-157所示。

图6-156　确定当前时间指示器的位置

图6-157　向右拖动素材中心点

04 移动素材中心点以后，"位置"选项中的参数值也随着素材在"节目"面板中的运动发生了变化。此时时间线视图中自动添加了一个关键帧，如图6-158所示。

05 使用相同的方法，分别调整时间线视图中当前时间指示器的位置，然后在"节目"面板中将素材依次向右移动，添加运动特效的其他关键帧，如图6-159所示。

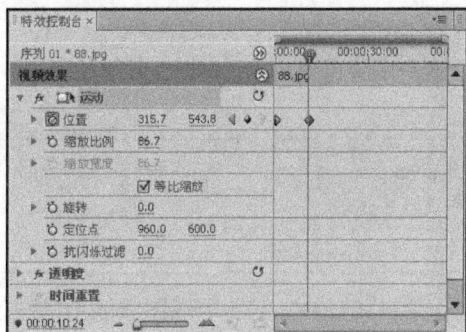

图6-158　自动添加的关键帧

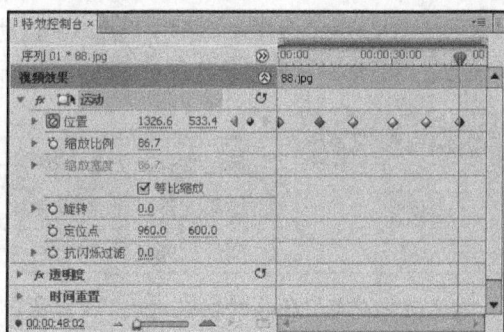

图6-159　添加运动特效的其他关键帧

行家提示 将素材向其他方向进行水平运动的方法是相同的，只是在"节目"面板中拖动素材中心点时，拖动的方向不相同而已。

06 在"节目"面板中单击"播放-停止切换"按钮，即可预览素材从左到右运动的效果，如图6-160所示。

图6-160　水平运动效果

> **专家点拨**
>
> 在Premiere Pro CS4中，除了通过在"节目"面板中快速调整素材的位置，创建运动效果以外，还可以通过在"特效控制台"面板中设置精确的运动参数值使素材运动，但是这种方法比较麻烦。

6.3.3 添加缩放运动效果

前面介绍了如何通过"节目"面板快速将画面进行水平运动，在"节目"面板中，也可以将素材进行缩放。用户只需在时间线视图中调整好当前时间指示器的位置，然后在"节目"面板中按住【Shift】键，向"节目"面板内或向外拖动任一控制点即可完成缩放。下面介绍通过"运动"视频特效选项组下的"缩放"选项使素材进行缩放运动，具体操作步骤如下。

光盘同步文件

原始文件：光盘\素材文件\第6章\89.jpg

结果文件：光盘\结果文件\第6章\6-3-3.prproj

同步视频文件：光盘\同步教学文件\第6章\6-3-3.avi

01 导入光盘中第6章的素材89.jpg，将素材存放到"视频1"轨道中，在"特效控制台"面板中展开"运动"视频特效选项组，单击"缩放比例"选项前的"切换动画"按钮，如图6-161所示。此时，画面中添加了第一个关键帧，如图6-162所示。

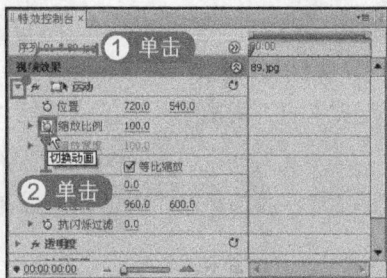

图6-161 单击"切换动画"按钮

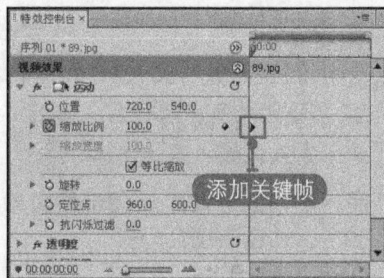

图6-162 添加关键帧

02 将时间线视图中的当前时间指示器拖动到合适的位置，添加第二个关键帧，设置"缩放比例"参数为60，如图6-163所示。

03 使用相同的方法，添加其他关键帧，并依次将"缩放比例"的参数值设置为20、75。此时各关键帧在时间线视图中的显示如图6-164所示。

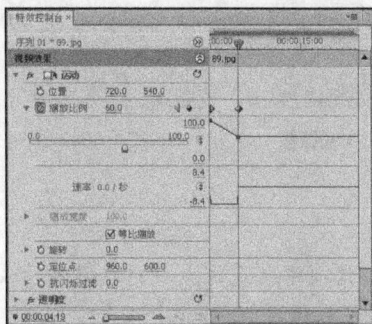

图6-163 添加第二个关键帧

图6-164 添加的关键帧

专家点拨 在"缩放比例"选项中，用户可直接输入参数值调整素材的缩放大小，也可拖动时间线视图中的关键帧调整，还可以通过拖动"缩放比例"选项的滑块进行调整。

所有关键帧的缩放比例设置完成后，在"节目"面板中，单击"播放-停止切换"按钮，即可预览到素材逐渐缩小又放大的效果，如图6-165所示。

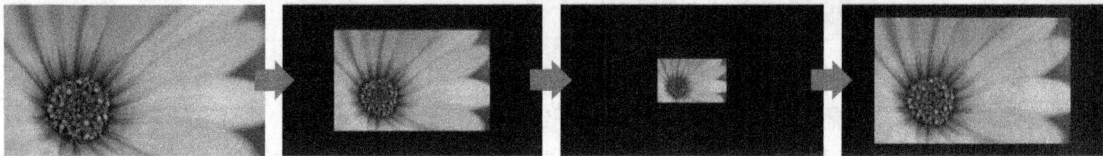

图6-165　缩放运动效果

6.3.4　添加旋转运动效果

旋转运动就是让素材围绕指定的轴线进行运动，最后可恢复到原始状态。下面介绍如何让素材进行旋转运动，其具体操作步骤如下。

光盘同步文件

原始文件：光盘\素材文件\第6章\90.jpg
结果文件：光盘\结果文件\第6章\6-3-4.prproj
同步视频文件：光盘\同步教学文件\第6章\6-3-4.avi

01 导入光盘中第6章的素材90.jpg，将素材存放到"视频1"轨道中。在"特效控制台"面板中展开"运动"视频特效选项组，单击"旋转"选项前的"切换动画"按钮。此时，画面中添加了第一个关键帧，如图6-166所示。

02 将时间线视图中的当前时间指示器拖动到合适的位置，添加第二个关键帧，设置"旋转"参数为50°，如图6-167所示。

03 使用相同的方法，添加其他关键帧，并依次将"旋转"参数值设置为80°、100°、180°。此时，各关键帧在时间线视图中的显示如图6-168所示。

图6-166　添加第一个关键帧　　图6-167　添加第二个关键帧　　图6-168　添加的关键帧

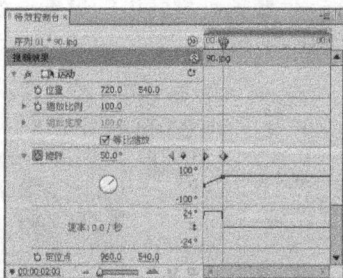

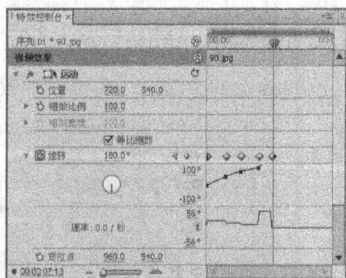

课堂问答

问：在"运动"视频特效选项组中，"旋转"选项中"定位点"的作用是什么？
答："定位点"选项用于设置旋转运动中心轴线的位置。

在"节目"面板中，单击"播放-停止切换"按钮，即可预览素材旋转的效果，如图6-169所示。

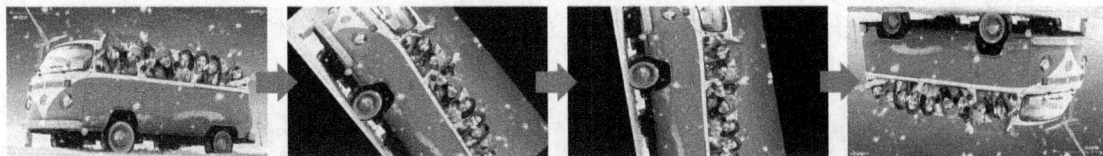

图6-169　旋转运动效果

6.3.5　更改素材的透明度

素材的透明度就是素材在画面中的显示程度。用户可以通过"特效控制台"面板中的"透明度"视频特效选项，为素材添加关键帧，在每一个关键帧上可更改素材的"透明度"参数值。在"透明度"视频特效选项中还可以设置上面的轨道与下面的轨道的"混合模式"。

专家点拨　在"特效控制台"面板中，同时使用"运动"、"缩放比例"、"旋转"、"透明度"视频特效，可制作出多层次多变化的效果。

6.4　上机实战——设置运动路径

实例导读

在Premiere Pro CS4中，素材的运动和路径的设置息息相关。Premiere自动记录关键帧的功能只能为素材添加简单的运动特效，通过设置路径可以制作出比较复杂的运动特效。

知识链接

本实例在制作与设计过程中主要用到以下知识点：

- 关键帧的添加
- 水平运动效果的添加

制作步骤

光盘同步文件

原始文件：光盘\素材文件\第6章\91.jpg

结果文件：光盘\结果文件\第6章\6-4.prproj

同步视频文件：光盘\同步教学文件\第6章\6-4.avi

下面为素材添加垂直运动效果，其具体操作步骤如下。

01　导入光盘中第6章的素材91.jpg，将素材存放到"视频1"轨道中并选中该素材。

02　在"特效控制台"面板中展开"运动"视频特效选项组，单击"缩放比例"选项前面的"切换动画"按钮，为素材添加第一个关键帧，并将"缩放比例"参数设置为60。

03　在"节目"面板中单击素材，此时，素材上会出现素材中心点，如图6-170所示。

04 在时间线视图中移动当前时间指示器到合适的位置，向上拖动素材中心点，从而改变素材的运动路径，如图6-171所示。

图6-170　显示素材中心点　　　　　　　　图6-171　设置垂直运动路径

专家点拨　设置运动路径时，通过改变控制线的方向和角度，不仅可以得到水平运动、垂直运动，还可以得到斜角运动、曲线运动等运动效果。

● 斜角运动：用户只需在时间线视图中移动当前时间指示器到合适的位置，向对角处拖动素材中心点，素材的运动就可以变成斜角运动，如图6-172所示。

● 曲线运动：设置运动路径时，如果希望素材沿平滑的曲线进行运动，就在直线运动路径上添加多个关键帧，并在"节目"面板中调整运动路径，即可得到曲线运动，如图6-173所示。

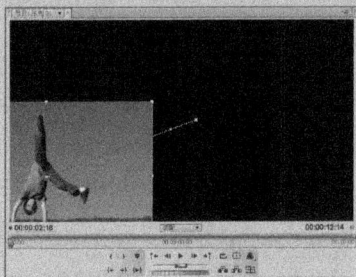

图6-172　斜角运动路径　　　　　　　　图6-173　曲线运动路径

6.5 拓展训练

前面的章节介绍了视频特效的相关知识。为对知识进行巩固和测试，设置了相应的练习题。

6.5.1 笔试测试题

1 选择题

（1）（　　）选项添加视频特效的方法是正确的。

　　A. 通过"特效控制台"面板添加视频特效　　　B. 通过"时间线"面板添加视频特效

　　C. 通过"效果"面板添加视频特效　　　　　　D. 通过"项目"面板添加视频特效

（2）下面（　　　）内容不属于"运动"视频特效的参数选项。

　　　A. 水平运动　　　　　B. 旋转　　　　　　C. 缩放比例　　　　　D. 位置

2 判断题

（1）在 Premiere Pro CS4 中，只能为静止的图像设置运动路径。（　　　　　）

（2）要让画面产生运动，首先要给素材创建运动效果。（　　　　　）

3 简答题

（1）怎么在"特效控制台"面板中编辑视频特效？

（2）Premiere Pro CS4 中的各类视频特效中，哪些特效属于调整画面色彩的特效？

6.5.2 上机练习题

下面结合本章所讲解的知识合成素材，效果如图6-174所示。

图6-174 合成的素材效果

操作提示

在本实例中，使用了"RGB差异键"视频特效。制作本实例的具体操作步骤如下。

01 导入光盘中第6章的素材92.jpg和93.jpg，分别将素材存放于"视频1"轨道和"视频2"轨道中。

02 为"视频2"轨道中的素材添加"RGB差异键"视频特效，使用吸管在"节目"面板中吸取画面中的红色，设置"相似性"参数值为12%。

03 在"运动"视频特效选项组中将"位置"选项的参数值设置为472、742，"缩放比例"参数值设置为70。

04 为"视频1"轨道中的素材添加网格效果。

美妙的音频特效

● 本章导读

一段成功的影视作品必然离不开一段优美的音乐，音乐和声音能够给影视作品带来听觉上的冲击力。通过前面章节的学习，用户了解到视频转场和视频特效的使用方法及产生的效果。本章将介绍音频转场和音频特效的使用方法、效果及应用范围，使画面和声音效果能够更加紧密地结合起来。声音不仅可以传递信息，还可以烘托影片的气氛，可以说声音是影视作品的传神之笔。

● 重点知识

> 音频特效的添加
> 音频特效的编辑

● 难点知识

> 各类音频转场的应用
> 各个音频特效的应用

● 本章重要知识点提示

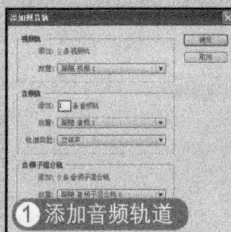
① 添加音频轨道

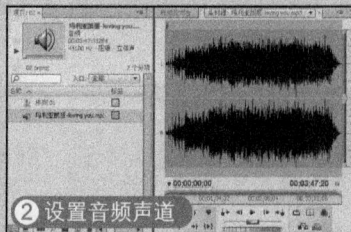
② 设置音频声道

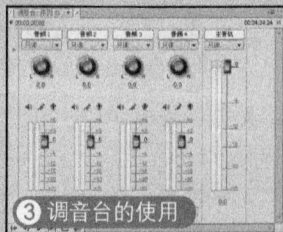
③ 调音台的使用

7.1 音频编辑基础

人类能够听到的所有声音都称之为音频，它可能包括噪音等。声音被录制下来以后，无论是说话声、歌声、乐器声都可以通过数字音乐软件处理。用户把它制作成CD，这时候所有的声音没有改变，音频只是储存在计算机里的声音。

7.1.1 声音的三要素

声音是通过空气传播的一种连续的波，声音在时间和幅度上都是连续的模拟信号。在日常生活中，人们感觉到的声音有音量、音调和音色3个要素，下面分别对3个要素进行讲解。

1 音量

音量表示声音的强弱程度，主要取决于声波振幅的大小，振幅越大音量越大。声波的振幅单位为分贝。

2 音调

人们对声音频率的感觉表现为音调的高低。音调的高低取决于声音的基频，基频越低，给人的感觉越低沉，频率越高则声音越尖锐。频率是指声波每秒钟变化的次数，单位为Hz。人们把频率小于20Hz的声波信号称为亚音信号；频率范围为20Hz～20kHz的声波信号称为音频信号；高于20kHz的声波信号称为超音频信号（也称超声波）。

3 音色

每种声音具有的固定频率和不同音强的泛音，使得它们具有特殊的音色效果。人们能够分辨具有相同音高的钢琴和小号的声音，就是因为具有不同的音色。

7.1.2 音频的声道

下面对音频的声道进行介绍。

1 单声道

单声道只包含一个声道，是比较原始的声音复制形式。当通过两个扬声器回放单声道信息的时候，可以明显感觉到声音是从两个音箱中间传递到耳朵里的。

2 左声道和右声道

在录音的时候，一般会将音频信号分成两个声道，即左声道与右声道。在回放的时候，播放器会把这两个独立的声道通过不同的扬声器播放出来，通过两个声道的回放能营造一种立体的感觉，使声音有方向感。左声道与右声道的区别就在于分别录制了不同方向的声音。听歌的时候区别不大，但是在看电影的时候就能很容易地区分它们。这种技术在欣赏音乐时显得尤为有用，听众可以清晰地分辨出各种乐器声音的方向，从而使音乐更富想象力，更加接近临场感受。

3 立体声

立体声包含左右两个声道，立体声技术彻底改变了单声道缺乏对声音位置的定位这一问题。声音在录制过程中，被分配到两个独立的声道，从而达到了很好的声音定位效果。该技术在欣赏音乐时显得尤为重要，听众可以清晰地分辨出各种乐器声音的来源。

4 5.1声道

5.1声音系统来源于4.1环绕，不同之处在于它增加了一个中置单元。这个中置单元负责传送低于80Hz的声音信号，在欣赏影片时有利于加强人声，把对话集中在整个声场的中部，以增强整体效果。

7.1.3 音频的格式

随着计算机技术的不断发展，音频文件的格式也不断增多。在Premiere Pro CS4中，支持多种音频格式。下面介绍几种比较常用的格式。

1 WAV格式

WAV格式是微软公司开发的一种声音文件格式，可通过增加驱动程序而支持各种各样的编码技术。不适于传播和用作聆听，支持的编码技术大部分只能在Windows平台下使用。因为可以达到较高的音质要求，所以WAV是音乐编辑创作的首选格式，适合保存音乐素材。

2 MP3格式

MP3格式诞生于八十年代的德国，是一种有损压缩格式。相同长度的音乐文件，用MP3格式来储存，一般只有WAV文件的1/10，而音质要次于WAV格式的声音文件。由于其文件尺寸小和音质好，所以成为传播和聆听的主流音频格式。

3 WMA格式

WMA格式由微软开发，针对的不是单机市场，是网络。该格式使用方便，同时支持无失真、有失真、语音压缩的方式。失真压缩方式下的音质不高。该格式必须在Windows平台下才能使用，一般用于聆听和网络音频传播。

7.2 添加和删除音频轨道

在Premiere Pro CS4中，音频轨道与视频轨道相同，可以对其进行添加和删除。本节将对添加和删除音频轨道的具体方法进行详细介绍。

7.2.1　添加音频轨道

在"时间线"面板中，有视频轨道和音频轨道两种轨道。用户即可在轨道中添加视频轨道，也可在轨道中添加音频轨道。对多段音频素材进行编辑，添加音频轨道的具体操作步骤如下。

光盘同步文件

原始文件：无

结果文件：无

同步视频文件：光盘\同步教学文件\第7章\7-2-1.avi

[01] 添加轨道前，"时间线"面板中的视频轨道和音频轨道，如图7-1所示。在"时间线"窗口中的任何一个轨道名上右击，在快捷菜单中单击"添加轨道"命令，如图7-2所示。

图7-1　"时间线"面板中的视音频轨道

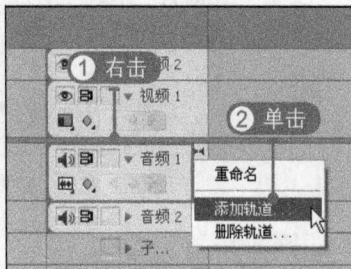

图7-2　执行"添加轨道"命令

[02] 弹出"添加视音轨"对话框，在"视频轨"选项区中设置"添加"的数值为0，在"音频轨"选项区中设置"添加"的数值为1，其他设置保持默认，单击"确定"按钮关闭对话框，如图7-3所示。

[03] 添加音频轨道后，在"时间线"面板中添加了一个名称为"音频3"的音频轨道，如图7-4所示。

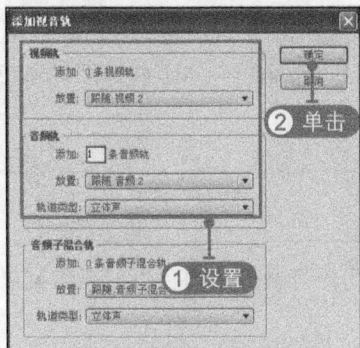

图7-3　"添加视音轨"对话框

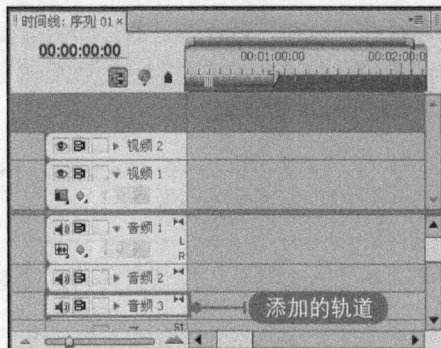

图7-4　添加的"音频3"轨道

7.2.2　删除音频轨道

当音频轨道过多且用不着的时候，用户可对多余的音频轨道进行删除。具体操作步骤如下。

光盘同步文件

原始文件：无

结果文件：无

同步视频文件：光盘\同步教学文件\第7章\7-2-2.avi

第6章　第7章　第8章　第9章　第10章

01 右击"时间线"面板中的任何一个轨道名，在快捷菜单中单击"删除轨道"命令，如图7-5所示。

02 在弹出的"删除轨道"对话框中勾选"删除音频轨"复选框，然后单击"全部空闲轨道"右侧的下拉按钮，在打开的下拉列表中选择需要删除的轨道，如"音频3"轨道，即可将选中的轨道删除，如图7-6所示。

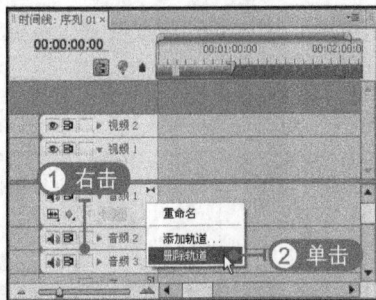

图7-5 执行"删除轨道"命令　　　　　图7-6 选择需要删除的音频轨道

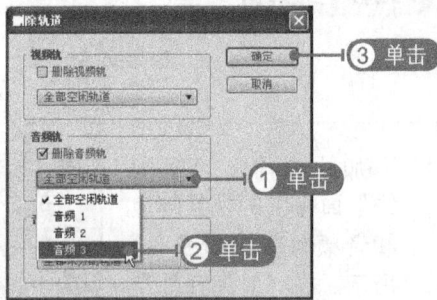

行家提示 在默认情况下，删除的轨道为"全部空闲轨道"。用户若要删除选定的音频轨道，则需要在下拉列表中选择相对应的轨道。

7.3 添加和编辑音频素材

在制作影片的过程中，声音素材的好坏会直接影响到影视节目的质量。在Premiere Pro CS4中，添加音频素材可通过多种方式实现，也可将音频素材进行编辑。本节将详细讲解在Premiere Pro CS4中添加和编辑音频素材。

7.3.1 添加音频素材

添加音频素材的方法与导入视频素材的方法基本相同，可通过"项目"面板和菜单命令添加音频素材，下面进行介绍。

光盘同步文件

原始文件：光盘\素材文件\第7章\三只熊.mp3

结果文件：光盘\结果文件\第7章\7-3-1.prproj

同步视频文件：光盘\同步教学文件\第7章\7-3-1.avi

1 通过"项目"面板添加音频素材

右击"项目"面板，在弹出的菜单中单击"导入"命令，在弹出的"导入"对话框中选中需要导入的音频素材，并单击"导入"对话框中的"打开"按钮，即可将磁盘中的音频素材导入到"项目"面板中。

　　导入音频素材后，可将素材添加到音频轨道中。右击需要添加的音频素材，在弹出的菜单中单击"插入"命令，即可将选中的素材添加到音频轨道中。

2 通过"菜单"命令添加音频素材

　　将素材导入"项目"面板后，打开"素材"菜单，单击"插入"命令，即可将素材添加到音频轨道中。

3 将音频素材直接拖到轨道中

　　在"项目"面板中单击需要添加的素材不放，然后将素材拖动到指定的音频轨道位置，即可完成音频素材的添加。

行家提示　用户在添加音频素材之前，一定要在音频轨道中将需要存放素材的轨道激活，激活后的轨道呈白色。

7.3.2　编辑音频素材

　　在Premiere Pro CS4中，用户可对添加到音频轨道中的素材进行任意的编辑和处理，可对音频素材的播放速度与声道进行调整。下面进行详细介绍。

光盘同步文件

原始文件：光盘\素材文件\第7章\三只熊.mp3
结果文件：光盘\结果文件\第7章\7-3-2.prproj
同步视频文件：光盘\同步教学文件\第7章\7-3-2.avi

1 调整音频素材的持续时间

　　音频素材的持续时间是指它的播放长度。用户可通过菜单命令调整音频素材的持续时间，还可通过更改素材的长度和播放速度对素材的持续时间进行调整。

　　（1）通过菜单命令调整

01　选中音频轨道中的素材，如图7-7所示。打开"素材"菜单，单击"速度/持续时间"命令，弹出"素材速度/持续时间"对话框，如图7-8所示。

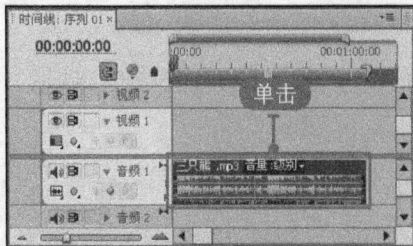

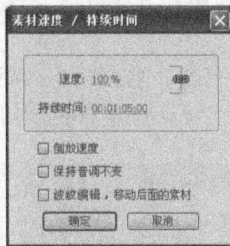

图7-7　选中音频素材　　　　图7-8　"素材速度/持续时间"对话框

02　在对话框中单击"速度"选项后的参数值，此时该处会出现文本框。在文本框内输入修改后的速度参数值，单击"确定"按钮，即可完成对素材持续时间的调整，如图7-9所示。

03 更改素材持续时间后，音频素材整体长度缩短，在轨道中的显示效果如图7-10所示。

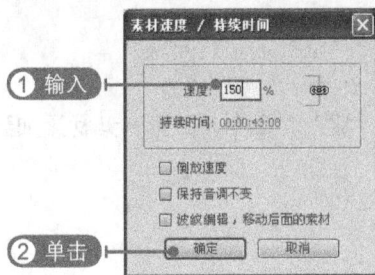

图7-9　调整素材的持续时间

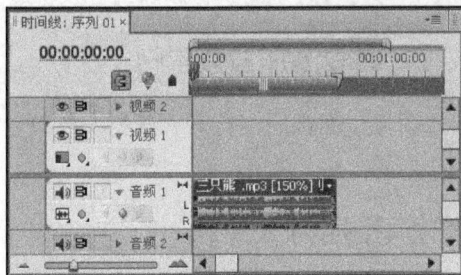

图7-10　更改持续时间后的效果

专家点拨　在"时间线"面板中，选中需要调整持续时间的音频素材后，用户可通过按【Ctrl+R】快捷键快速打开"素材速度/持续时间"对话框。还可通过右击素材，在弹出的菜单中单击"素材速度/持续时间"命令打开"素材速度/持续时间"对话框。在对话框中不仅可通过更改"速度"参数值调整素材持续时间，还可通过修改"持续时间"参数值调整素材持续时间。

（2）通过更改素材长度调整素材的持续时间

通过更改素材长度调整素材的持续时间是很快捷的方法，只需将鼠标指针指向音频素材的终点，当鼠标指针变成 形状时，拖动鼠标即可更改素材的长度。

专家点拨　当调整素材长度时，向内拖动鼠标，素材长度缩短，持续时间变短；向外拖动鼠标，素材长度变长，持续时间变长。当音频素材时间处于最长持续时间时，不能通过向外拖动鼠标的方式更改素材持续时间。

行家提示　由于通过更改素材的长度来减少持续时间，会影响到素材的完整性，所以当需要保持素材的完整性时，不适合使用此方法。

2 重命名音频素材

在Premiere Pro CS4中，可通过"项目"面板更改素材的名称。在"项目"面板中更改素材的名称后，在轨道中不会以更改后的名称显示。当需要使轨道中的素材名称与"项目"面板中的素材名称统一时，就需要再次对轨道中的素材名称进行重命名，具体操作步骤如下。

01 右击音频轨道中的素材，在弹出的菜单中单击"重命名"命令，弹出"重命名素材"对话框，如图7-11所示。

02 在弹出的"重命名素材"对话框中输入修改后的素材名称，并单击"确定"按钮关闭对话框，素材名称即被重命名，如图7-12所示。

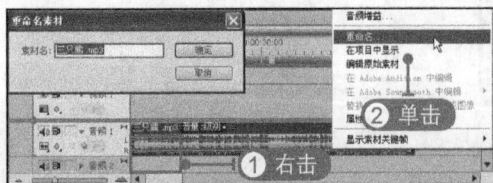

图7-11　执行"重命名"命令

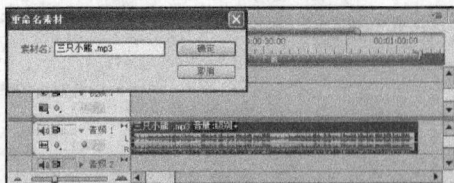

图7-12　重命名素材

专家点拨 用户还可通过单击打开"素材"菜单，单击"重命名"命令，弹出"重命名素材"对话框。

3 调整音频素材的音量

在Premiere Pro CS4中可以进行快速调整音频素材的音量，从而将音量增大或减小。调整的方法有多种，下面进行详细介绍。

（1）通过"特效控制台"面板调整音量

在"特效控制台"面板中，可通过参数的设置调整音频素材的整体音量，单击"音量"音频效果前的展开按钮，如图7-13所示。用户可通过调整"级别"参数调整音量，也可通过拖动"级别"参数下的滑块进行调整，调整后的效果如图7-14所示。

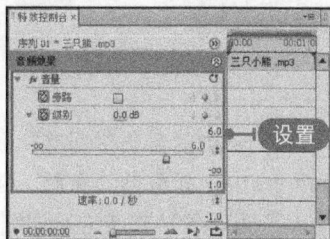

图7-13 "特效控制台"面板中的"音量"音频效果

图7-14 调整音量后的效果

课堂问答

问：在"特效控制台"面板中调整音量时，参数值和音量的大小有什么关系？

答：在"音量"音频效果选项组中调整"级别"选项参数时，负数为减小音量，正数值为增大音量。

（2）通过关键帧调整音量

用户可通过在"特效控制台"面板中设置关键帧调整音量。拖动时间线视图中的当前时间指示器到合适的位置，然后单击"添加/移除关键帧"按钮添加关键帧。向上拖动关键帧即可增大音频素材的声音，向下拖动关键帧即可减小音频素材的声音，如图7-15所示。

用户还可以在"时间线"面板中，单击音频轨道中的"添加-移除关键帧"按钮，在音频素材中添加关键帧，并可以调整关键帧的位置，更改素材的音量大小，如图7-16所示。

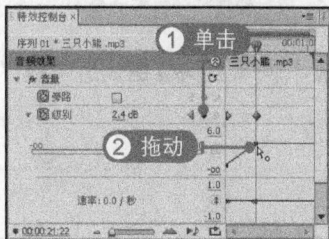

图7-15 在时间线视图中调整音量大小

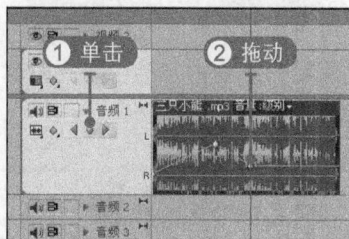

图7-16 在音频轨道中调整音量大小

专家点拨 当调整音频素材音量大小时，为了使音频素材的关键帧在音频轨道中能一目了然，用户可将鼠标指针指向音频轨道并拖动，对音频轨道的高度进行调整。

（3）通过音量调节线调整音量

当音频素材添加到音频轨道后，素材中会出现一条黄色的音量调节线。向上拖动相应的音量调节线，即可增大音频素材的音量；向下拖动音量调节线，即可减小音频素材的音量。如图7-17所示为未拖动音量调节线时音频素材的显示；如图7-18所示为向上拖动音量调节线后的显示效果。

图7-17　未调整音量调节线时的显示效果　　　　图7-18　向上调整音量调节线后的显示效果

4 编辑原始素材

在Premiere Pro CS4中，用户能够对导入Premiere Pro CS4中的素材进行编辑源文件操作。将源文件进行编辑后，不用再次将编辑过的文件导入Premiere中，即可自动更新，从而节省了工作时间。用户可通过多种方法执行"编辑原始素材"命令，下面对各种方法进行详细介绍。

● 在"时间线"面板或在"项目"面板中选中需要编辑的素材，打开"编辑"菜单，单击"编辑原始素材"命令，即可打开与音频素材相关的音频编辑软件，如图7-19所示。

● 在"时间线"面板中右击音频素材，在弹出的菜单中单击"编辑原始素材"命令，也可以在相关的音频编辑应用程序中进行编辑，如图7-20所示。

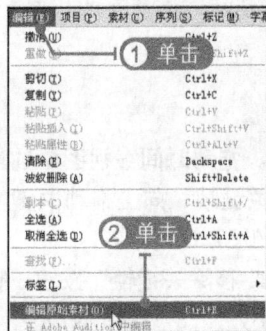

图7-19　通过"编辑"菜单执行命令　　　　图7-20　通过快捷菜单执行命令

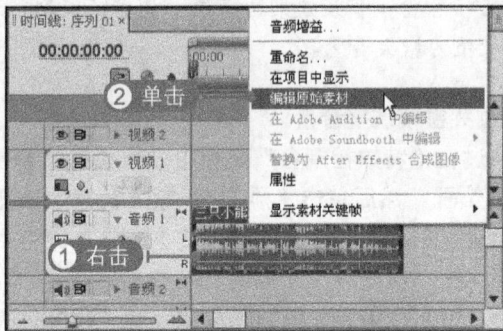

● 在"时间线"面板中，选中需要编辑的素材，按【Ctrl+E】快捷键快速执行"编辑原始素材"命令。

7.3.3 设置音频声道

声道是指录制或播放音频素材时，从不同空间采集或回放的相互独立的音频信号。不同的音频素材具有不同的音频声道。在Premiere Pro CS4中，通过对音频素材声道进行设置，可将音频素材中的不同声道分离出来或转换为单音道。下面详细讲解在Premiere Pro CS4中如何对音频格式进行转换。

光盘同步文件

原始文件：光盘\素材文件\第7章\loving you.mp3

结果文件：光盘\结果文件\第7章\7-3-3.prproj

同步视频文件：光盘\同步教学文件\第7章\7-3-3.avi

1　源声道映射

在导入音频素材时，经常会遇到双声道或者多声道的文件，使用Premiere Pro CS4中的"源声道映射"命令，即可对音频中的声道进行转换。具体操作步骤如下。

01 将需要转换声道的音频素材导入"项目"面板中，双击音频素材，会在"素材源"面板中看到该音频素材存在左右两个声道，如图7-21所示。

02 在"项目"面板选中音频素材后，打开"素材"菜单，指向"音频选项"子菜单，在级联菜单中单击"源声道映射"命令，如图7-22所示。

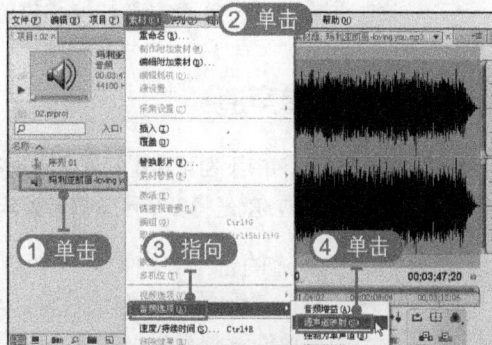

图7-21　原始音频素材

图7-22　执行"源声道映射"命令

03 弹出"源声道映射"对话框，在对话框的左侧显示了音频素材的"轨道格式"，右侧显示了当前音频轨道的"源声道"，如图7-23所示。

课堂问答

问：当需要播放选中的素材时，可以在"源声道映射"对话框中实现吗？

答：可以，用户只需单击"源声道映射"对话框底部的"确定"按钮，即可对所选音频素材进行播放。

04 在"源声道映射"对话框中，取消勾选"左"声复选框，然后单击"确定"按钮，即可使音频素材仅保留一个声道中的声音，如图7-24所示。

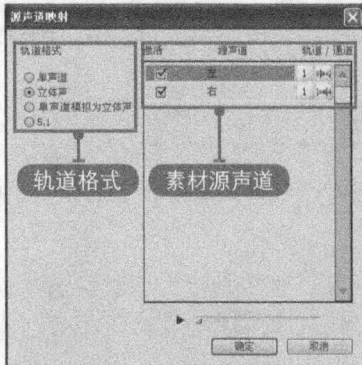

图7-23　"源声道映射"对话框

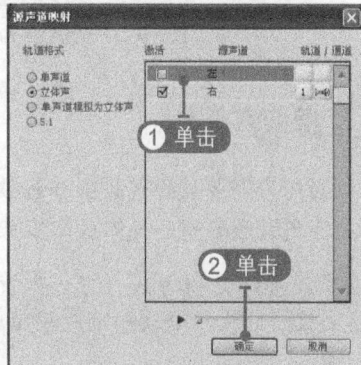

图7-24　设置"源声道"

05 在"源声道映射"对话框中将左声道禁用后，在"素材源"面板中少了左声道的显示，如图7-25所示。如果用户在"源声道映射"对话框中取消勾选"右"声复选框，保留"左"声道，那么在"素材源"面板中的显示如图7-26所示。

图7-25　禁用左声道后的显示　　　图7-26　禁用右声道后的显示

专家点拨 如果导入的音频素材中包括其他声道，在"源声道映射"对话框中就会显示出素材所包含的声道，用户可以根据自己的需要对声道进行设置。

2 强制分离为单声道

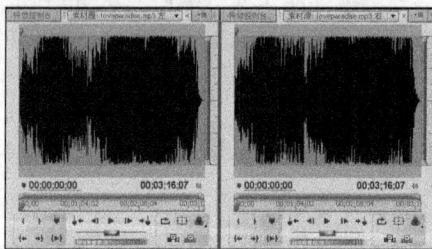

在Premiere Pro CS4中不但可实现将音频素材在各种声道中进行转换，还可以将不同声道的声音文件分离为单独的音频素材，就是将多个声道的音频素材强制分离为多个单声道素材。具体操作步骤如下。

01 将需要转换声道的音频素材导入"项目"面板中，选中需要分离的音频素材，打开"素材"菜单，指向"音频选项"子菜单，单击"强制为单声道"命令，即可将原始素材分离为两个不同声道的音频素材，如图7-27所示。

02 在"项目"面板中分别双击分离后的左、右声道，会在"素材源"面板中显示分离后的左声道和右声道，如图7-28所示。

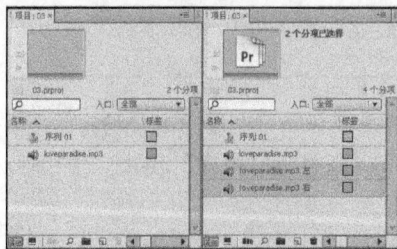

图7-27　强制分离为单声道　　　图7-28　分离后的音频素材

3 提取音频

当用户需要某段视频中的音频素材时，可将视频导入Premiere Pro CS4中，然后提取出视频素材中的音频素材。具体操作步骤如下。

01 将视频素材导入"项目"面板中后，在"项目"面板中选中视频素材，打开"素材"菜单，指向"音频选项"子菜单，单击"提取音频"命令。

02 此时，弹出"提取音频"对话框，用户只需要耐心等待音频提取完成即可。

03 音频提取完成后，在"项目"面板中会显示提取出的音频文件。

7.4 音频增益和均衡

音频素材的增益指的是音频信号的声调高低。在节目中经常要处理声音的声调，特别是当同一个视频同时出现几个音频素材的时候，就要平衡几个素材的增益。否则一个素材的音频信号忽低忽高，会影响浏览。

7.4.1 调整增益

Premiere Pro CS4可为一个音频剪辑设置整体的增益。用Premiere Pro CS4提高素材的增益，有可能增大素材的噪音导致失真。要使输出的效果达到最好，就应按照标准步骤进行操作，以确保每次数字化音频剪辑时有合适的增益级别。其具体操作步骤如下。

光盘同步文件

原始文件：光盘\素材文件\第7章\ love paradise.mp3

结果文件：光盘\结果文件\第7章\7-4-1.prproj

同步视频文件：光盘\同步教学文件\第7章\7-4-1.avi

01 在"时间线"面板中右击需要调整增益的音频素材，在弹出的菜单中单击"音频增益"命令，弹出"音频增益"对话框，默认选中"设置增益为"单选项，如图7-29所示。

02 在"音频增益"对话框中，设置增益的参数值，单击"确定"按钮关闭对话框。此时对音频素材的音频声调进行了调整，在音频轨道中的显示也发生了变化，如图7-30所示。

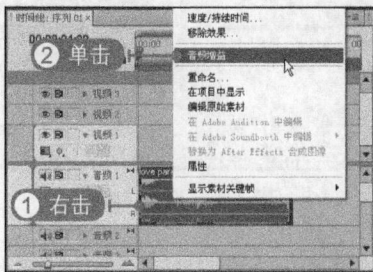

图7-29　执行"音频增益"命令　　　　　图7-30　设置参数

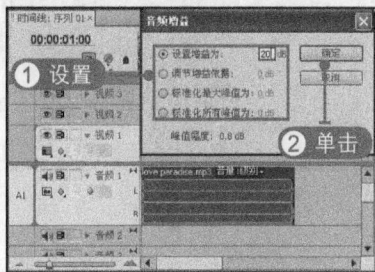

课堂问答

问：在"音频增益"对话框中，怎么判断音频增益的音量大小？

答：在"音频增益"对话框中，用户可输入-96~96之间的任意数值，来调整音频增益的音量大小。当数值大于0dB时，表示增大该音频素材的增益；当数值小于0dB时，表示减小音频素材的增益。

7.4.2 均衡立体声

在Premiere Pro CS4中，通过"工具"面板中的"钢笔工具"可以为音频素材添加关键帧，并可以调整关键帧的位置达到均衡立体声的效果。具体操作步骤如下。

光盘同步文件

原始文件：光盘\素材文件\第7章\love paradise.mp3

结果文件：光盘\结果文件\第7章\7-4-2.prproj

同步视频文件：光盘\同步教学文件\第7章\7-4-2.avi

01 将音频素材添加到音频轨道中后，单击"显示关键帧"展开按钮，在弹出的菜单中单击"显示轨道关键帧"命令，如图7-31所示。

02 单击"轨道：音量"展开按钮，在弹出的菜单中指向"声像器"子菜单，单击"平衡"命令，切换到"平衡"音频效果，如图7-32所示。

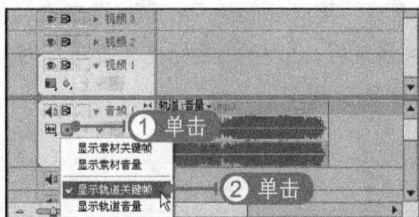

图7-31 执行"显示轨道关键帧"命令　　图7-32 切换到"平衡"音频效果

03 选择"工具"面板中的"钢笔工具"，按住【Ctrl】键单击音频素材中的调节线，即可在素材上添加关键帧，如图7-33所示。

04 在调节线上的关键帧处单击并拖动，即可调整音频素材的立体声均衡效果，如图7-34所示。

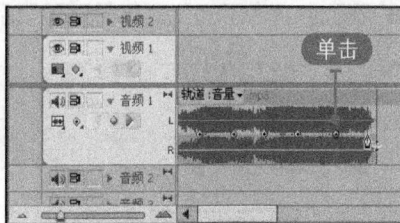

图7-33 添加关键帧　　图7-34 均衡立体声

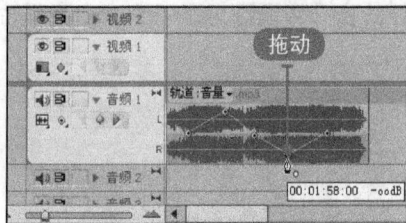

7.5 音频过渡

为音频素材添加音频过渡效果，可以实现从一个声音素材到另一个声音素材的转换，使音频素材之间的连接更加自然。在Premiere Pro CS4中，音频过渡存放于"效果"面板中。下面讲解如何添加音频过渡并介绍Premiere中的每个过渡效果。

7.5.1 添加音频过渡

添加音频过渡特效与添加视频特效的方法基本相同。具体操作步骤如下。

光盘同步文件

| 原始文件：光盘\素材文件\第7章\我们说好的.mp3、Yesterday.mp3 |
| 结果文件：光盘\结果文件\第7章\7-5-1.prproj |
| 同步视频文件：光盘\同步教学文件\第7章\7-5-1.avi |

01 导入光盘中的素材，并将素材添加到音频轨道中，存放位置如图7-35所示。

02 在"效果"面板中单击"音频过渡"文件夹展开按钮，单击"交叉渐隐"文件夹展开按钮，即可显示出Premiere Pro CS4内置的音频过渡效果，如图7-36所示。

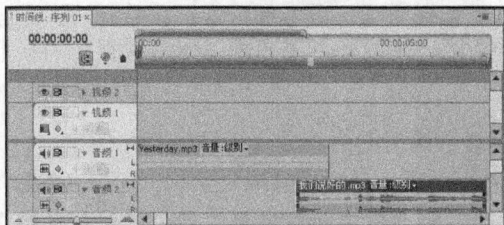

图7-35　素材存放位置　　　　　　图7-36　内置的音频过渡效果

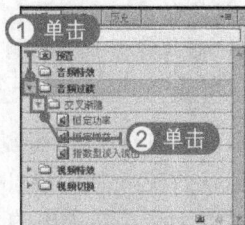

03 在"交叉渐隐"文件夹中选中一个音频过渡效果，如"恒定功率"效果，按住鼠标左键不放将此效果拖动到"音频1"轨道中素材的出点位置，出现转场标记▭后释放鼠标，如图7-37所示。

04 再次拖动"恒定功率"效果到"音频2"轨道中素材的入点位置，并调整长度和素材交叉部分一致，如图7-38所示。

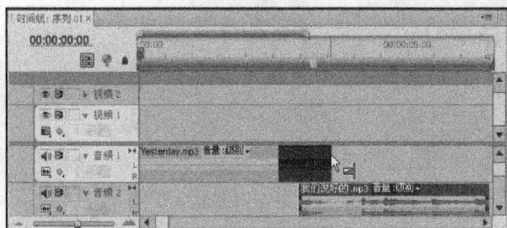

图7-37　为第一段素材添加过渡效果　　　　　　图7-38　为第二段素材添加过渡效果

专家点拨　Premiere Pro CS4默认的音频过渡效果为"恒定功率"效果。如果用户需要将其他音频过渡效果设置为默认效果，只需在"效果"面板中右击需要设置为默认效果的音频过渡效果，然后单击"设置所选为默认切换效果"命令即可。

7.5.2　编辑音频过渡

为音频素材添加音频过渡后，还可以对音频过渡的参数进行设置，从而使音频过渡达到更理想的效果。对参数进行设置有3种方法，下面分别进行介绍。

● 直接单击"节目"面板中的"播放-停止切换"按钮，即可试听所加入的音频过渡效果。如果时间转场时间很短，用户可双击素材上的转场标记恒定功率，如图7-39所示。此时，在弹出的"特效控制台"面板中调整延时的数值，即可改变转场的"持续时间"，如图7-40所示。

图7-39 双击转场标记

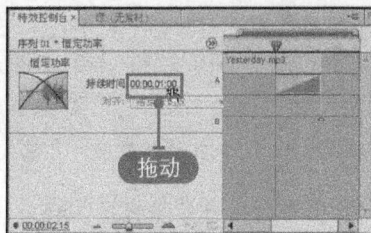

图7-40 调整转场的"持续时间"

专家点拨 用户在"特效控制台"面板中调整音频过渡时，可将鼠标指针指向"持续时间"参数值，通过拖动鼠标指针调整参数，也可通过单击参数值，此时该处变为文本框，直接输入新的参数，即可值调整音频过渡的"持续时间"。

- 直接在素材中拖动转场标记边缘调整过渡时间的长短，如图7-41所示。
- 对系统默认的音频过渡持续时间进行更改。打开"编辑"菜单，指向"参数"子菜单，单击"常规"命令，在弹出的"参数"对话框中即可设置"音频过渡默认持续时间"参数值，如图7-42所示。

图7-41 拖动转场标记调整音频过渡时间

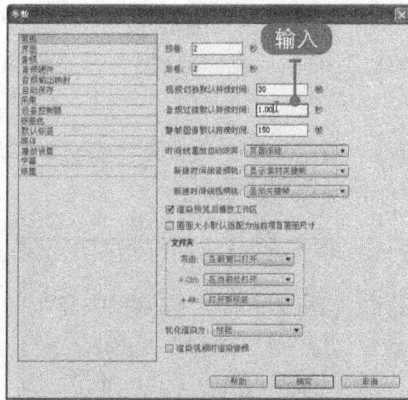

图7-42 通过"参数"对话框设置默认参数

7.5.3 各种音频过渡效果

Premiere Pro CS4中提供了3种音频过渡效果，位于"交叉渐隐"文件夹中，包括"恒定功率"、"恒定增益"、"指数型淡出"音频过渡，如图7-43所示。3种音频效果都可通过"特效控制台"面板对"持续时间"参数和"对齐"选项进行设置，如图7-44所示，下面分别对这三种音频过渡进行介绍。

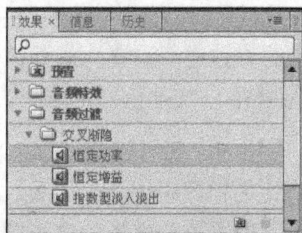

图7-43 音频过渡效果列表

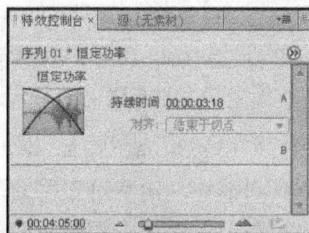

图7-44 "音频过渡"效果的参考设置

1 恒定功率

"恒定功率"音频过渡效果是上一个音频素材以渐弱的方式逐渐过渡到下一个音频素材的效果。

2 恒定增益

"恒定增益"音频过渡效果是上一个音频素材以渐强的方式逐渐过渡到下一个音频素材的效果。

3 指数型淡出

"指数型淡出"音频过渡效果是从上一个音频素材过渡到下一个音频素材时,产生一种淡入淡出的效果。

7.6 音频特效

音频特效主要用于弥补声音素材中的不足或者为音频素材添加一些声音特效,常用于音频素材的转场中,使音频转场更加生动。在Premiere Pro CS4中,提供了大量的音频特效。这些音频特效可对音频素材进行编辑。在音频特效中有3个音频特效组,根据声道类型的不同分为5.1、Stereo、单声道。本节将讲解如何使用音频特效并对常见的音频特效进行介绍。

7.6.1 应用音频特效

在Premiere Pro CS4中,不同类型的音频分别存放于3个声道文件夹中。添加音频特效的方法与添加视频特效相同,下面进行详细介绍。

- 在"时间线"面板中添加音频素材后,在"效果"面板中选中需要添加的音频特效,并拖动到音频素材中即可,如图7-45所示。

行家提示 当用户为音频素材添加音频特效后,在音频素材上会显示出一条绿色的线条,此时就表示音频特效添加成功。

- 通过"特效控制台"面板添加音频特效。只需在"时间线"面板中选中需要添加音频特效的素材,再从"效果"面板选中一个音频特效拖动到"特效控制台"面板中,即可在"特效控制台"面板显示出添加的音频特效,如图7-46所示。

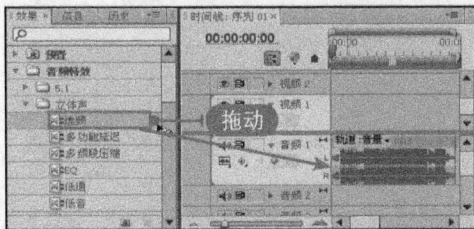

图7-45　通过"时间线"面板添加音频特效　　　图7-46　通过"特效控制台"面板添加音频特效

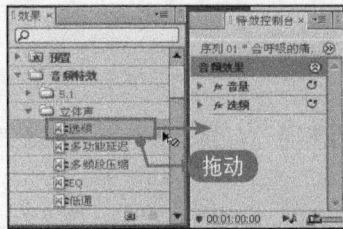

行家提示 使用音频特效时，不同类型的音频素材必须放在与其对应的音频轨道上，才能为素材添加音频特效。当要添加的音频特效与所在轨道不符时，鼠标指针将变为🚫形状，表示不能为此轨道添加音频特效。Premiere Pro CS4中提供了3种音频轨道，分别为5.1音频轨道、Stereo音频轨道、单声道音频轨道。

7.6.2　相同的音频特效

在Premiere Pro CS4中的3类声道中，分别存放着大量的音频特效。这些不同声道的音频特效包含一部分相同的音频特效，这些音频特效的作用也是相同的。下面介绍各声道中常用的相同音频特效。

1　选频

"选频"音频特效用于清除特定频率范围外的一切频率，消除音频中一些难听的声音。"选频"音频特效包括"中置"、Q等选项。"中置"选项用于确定中心频率的范围；Q选项用于确定被保护的频率带宽，参数选项如图7-47所示。

2　多功能延迟

"多功能延迟"音频特效能对音频素材添加声音延迟效果，能够模拟同步、重复的回声效果，并可对多项参数进行设置。"多功能延迟"音频特效的参数选项如图7-48所示。

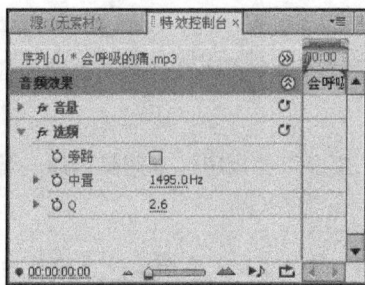

图7-47　"选频"音频特效的参数设置　　图7-48　"多功能延迟"音频特效的参数设置

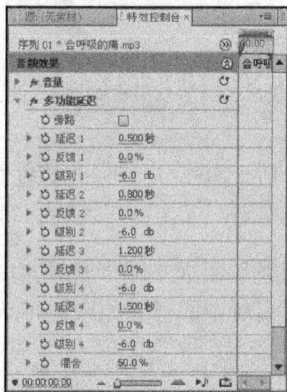

专家点拨 在"多功能延迟"音频特效的参数选项中，延迟选项，用于设置原始音频素材的延迟时间；反馈选项用于设置有多少个延时音频反馈到原始声音中；级别选项用于设置每个回声的音量大小；"混合"选项用于设置各回声之间的融合状况。

3　EQ

EQ音频特效可以制作参数平衡的效果，可以控制声音的频率、波段、多重波段均衡，如图7-49所示。

4　低通

"低通"音频特效可清除高于指定频率的声音，包括"屏蔽度"选项，如图7-50所示。

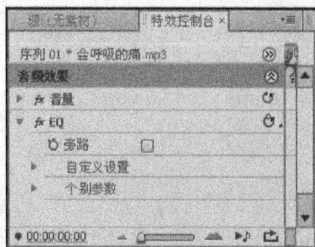

图7-49　EQ音频特效的参数设置　　　　图7-50　"低通"音频特效的参数设置

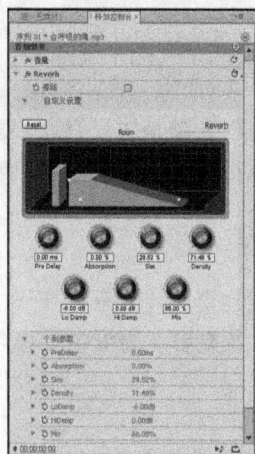

专家点拨 在Premiere Pro CS4中，"高通"音频特效和"低通"音频特效的效果相反，用于清除声音中低频的部分。

5 低音

"低音"音频特效用于调整音频素材的低音部分。其参数选项中的"放大"选项可以对声音进行提升或者降低。正数表示提升低音，负数表示降低低音。其参数选项如图7-51所示。

6 Reverb

Reverb音频特效可以模仿房间内的声音效果。可通过调整"特效控制台"面板中的参数选项对其进行相应的设置，如图7-52所示。

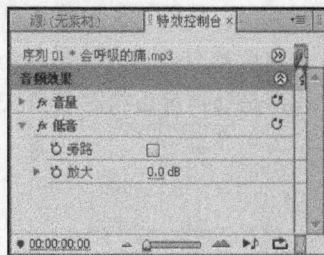

图7-51　"低音"音频特效的参数设置　　　　图7-52　Reverb音频特效的参数设置

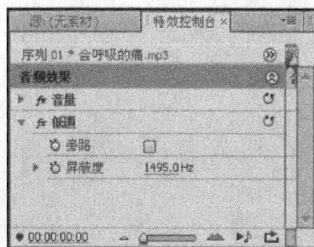

7 音量

"音量"音频特效可以为音频素材设置一个声音的标准。当希望在使用其他音效前渲染音量，就可以用这个音频特效的音量代替固有的音量。"音量"音频特效的参数设置如图7-53所示。

导入到Premiere Pro CS4中的音频素材都有默认的"音量"音频特效。即使不添加该音频特效，在"特效控制台"面板中也会有一个该音频特效的参数选项，与添加的参数选项相同，如图7-54所示。

专家点拨 在"音量"音频特效的参数选项中，如果"级别"选项为负值表示降低音量，正值表示增大音量。

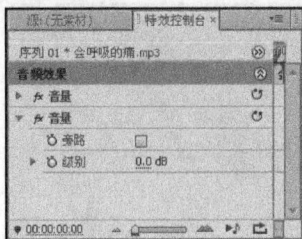
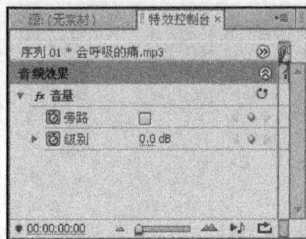

图7-53 "音量"音频特效的参数设置　　图7-54 默认"音量"音频特效的参数设置

7.6.3 不同的音频特效

由于各声道不同，必然会有一些不同的音频特效。接下来讲解不同的音频特效，从而让用户更加清楚地认识音频特效。

1 平衡

"平衡"音频特效只存在于Stereo中，可以控制左右声道中相关联的声音，平衡音频素材的左右声道。参数设置中包括"平衡"等选项，如图7-55所示。

> **行家提示** 当"平衡"选项的参数值为正值时，调整右声道的平衡值；参数值为负值时，调整左声道的平衡值。

2 使用右音道

"使用右音道"音频特效只存在于立体声道中，作用是让声音回放时只在右声道中进行。此音频特效在"特效控制台"面板中没有选项可设置。

3 使用左音道

"使用左音道"音频特效只存在于立体声道中，作用是让声音回放时只在左声道中进行。此音频特效在"特效控制台"面板中没有选项可设置。

4 互换声道

"互换声道"音频特效存在于立体声道中，可以将立体声音的左右声道进行交换，此音频特效没有选项可设置。

5 声道音量

"声道音量"音频特效存在于5.1和Stero中，作用是控制音频素材中每个声道的音量大小。在"声道音量"音频特效的参数选项中可调整各通道的声音大小，如图7-56所示。

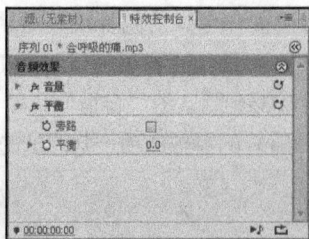
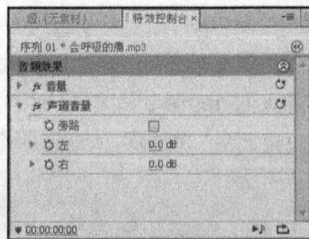

图7-55 "平衡"音频特效的参数设置　图7-56 "声道音量"音频特效的参数设置

7.7 调音台的使用

调音台是各种播送和录制节目的重要设备，利用Premiere Pro CS4中的"调音台"面板能将多个轨道中的声音合成到一个主音轨中，还可对音频素材的音色、声音大小、渐变效果、录制旁白等进行操作。

7.7.1 认识"调音台"面板

为了轻松地使用"调音台"面板创建复杂的音频特效，需要对"调音台"面板进行认识。打开"窗口"菜单，单击"调音台"命令，打开"调音台"面板，如图7-57所示。

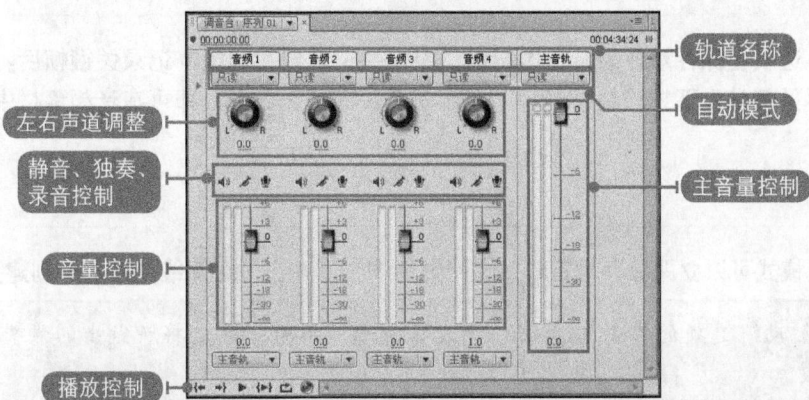

图7-57 "调音台"面板

> **专家点拨** "调音台"面板中的音频轨道数目是由"时间线"面板中的音频轨道数决定的。在"时间线"面板中添加相应的音频轨道，在"调音台"面板中也会自动添加一个与其相对应的音频轨道。

7.7.2 轨道名称

轨道名称与"时间线"面板中的各个音频轨道对应，如果"时间线"面板中增加了一条音频轨道，在"调音台"面板中也会显示出相应的音频轨道名称。

7.7.3 自动模式

在Premiere Pro CS4中，自动模式的设置影响着混合音频特效的制作。单击"自动模式"下拉按钮，在弹出的下拉列表中包括"关"、"只读"、"锁存"、"触动"、"写入"5个选项，如图7-58所示。

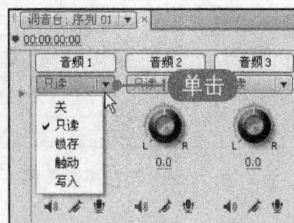

图7-58 "自动模式"下拉列表

默认状态下，选择"只读"选项。用户可从下拉列表中选择其他选项，下面对每个选项的作用进行相应的介绍。

1 关

打开"自动模式"下拉列表，选择"关"选项，系统会忽略当前音频轨道中的音频特效，只按默认设置进行播放。

2 只读

"只读"选项为Premiere Pro CS4默认选项。该选项可以在回放期间按每个轨道的自动模式设置播放声音。

3 锁存

"锁存"选项会保存对音频素材做出的调整，并记录到关键帧。记录关键帧后，单击音频轨道前的"显示关键帧"下拉按钮，选择"显示轨道关键帧"命令，即可在音频素材中看到记录的关键帧效果。

4 写入

"写入"模式可以立即保存对音频轨道所做的调整，并在"时间线"面板中创建关键帧。

> **专家点拨** "触动"选项的作用与"锁存"选项的作用相同，也是将所做出的调整记录到关键帧。

7.7.4 左右声道调节

使用"调音台"中的左右声道调节滑轮或其下方的文本框，可以调整立体声的左右声道。将滑轮向左转用于控制左声道，向右转用于控制右声道，也可以在滑轮下面的文本框中直接输入数值来控制左右声道。声道参数范围为-100~100，当值为-100时表示只有左声道；值为100时表示只有右声道；值为0时表示混合声道，如图7-59所示。

7.7.5 静音、独奏、录音控制

单击"静音轨道"按钮🔊，可以控制该轨道上剪辑的静音效果；单击"独奏轨"按钮，可以使其他音轨上的片段成静音效果，只播放该音轨片段；单击"激活录制轨"按钮，可控制录音，如图7-60所示。

图 7-59 左右声道调整　　　　图 7-60 "静音轨道"、"独奏轨"、"激活录制轨"按钮

7.7.6　音量控制器

可以直接拖动"调音台"面板中的"音量"滑块，也可以直接在滑块下方的文本框中输入数值，来调整音量的大小。将"音量"滑块上下拖动，可以调节音量的大小，旁边的刻度用来显示音量值，单位是dB，如图7-61所示。

7.7.7　播放控制

这些按钮包括"跳转到入点"、"跳转到出点"、"播放-停止切换"、"播放入点到出点"、"循环"、"录制"按钮，如图7-62所示。

图7-61　音量控制器

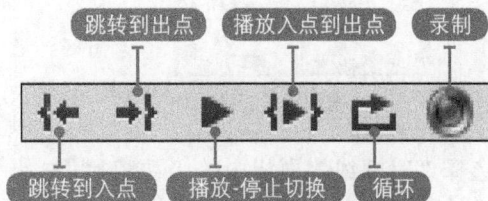

图7-62　播放控制按钮

7.8　上机实战——使音频和视频同步对齐

实例导读

本实例主要是对音频素材和视频素材的"速度"和"持续时间"进行调整，使音频素材与视频素材达到同步对齐的效果。还讲解了如何将分开的音频素材和视频素材链接到一起。链接音频和视频素材后，移动其中一个素材时，另一个素材也会跟着移动。

知识链接

本实例在制作与设计过程中主要用到以下知识点：

- 音频素材的添加
- 音频素材的编辑
- 素材速度/持续时间的更改

制作步骤

光盘同步文件

原始文件：光盘\素材文件\第7章\同步对齐.MOV、人群.WAV

结果文件：光盘\结果文件\第7章\7-8.prproj

同步视频文件：光盘\同步教学文件\第7章\7-8.avi

完成本实例的具体操作步骤如下。

01 运行Premiere Pro CS4后，新建项目及序列，进入Premiere Pro CS4界面。

02 将光盘中的素材"同步对齐.MOV"、"人群.WAV"导入"项目"面板中，如图7-63所示。

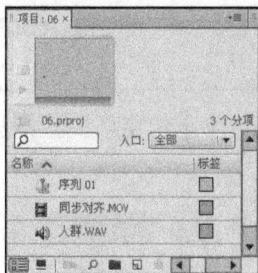

图7-63　导入素材

03 选择"时间线"面板中的"视频1"与"音频1"轨道，此时，这两个轨道呈白色，如图7-64所示。

图7-64　选择视频轨道与音频轨道

04 在"项目"面板中右击视频素材"同步对齐.MOV"，在弹出的菜单中单击"插入"命令，如图7-65所示。

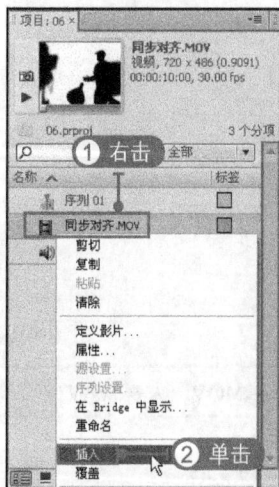

图7-65　执行"插入"命令

05 在"项目"面板中右击音频素材"人群.WAV"，在弹出的菜单中单击"插入"命令，将素材添加到"时间线"面板中的效果如图7-66所示。

图7-66　添加素材后的效果

06 右击"音频1"轨道中的音频素材，在弹出的菜单中单击"速度/持续时间"命令，如图7-67所示。

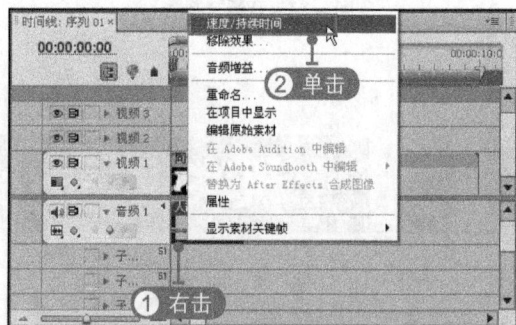

图7-67　执行"速度/持续时间"命令

07 在弹出的"素材速度/持续时间"对话框中，可看到音频素材的"持续时间"为00:00:02:10，单击"确定"按钮关闭对话框，如图7-68所示。

图7-68　查看音频素材的"持续时间"

第6章 第7章 第8章 第9章 第10章

由于导入的音频素材与视频素材的"持续时间"不一致，所以需要利用"速度/持续时间"命令对素材的"持续时间"进行调整。本实例是通过查看音频素材的"持续时间"，然后调整视频素材的"持续时间"，从而更改视频的播放速度。用户可根据素材的不同情况对音频和视频进行适当的调整。

08 右击"视频1"轨道中的视频素材，在弹出的菜单中单击"速度/持续时间"命令。弹出"素材速度/持续时间"对话框，如图7-69所示。

图7-69 视频素材的"持续时间"

09 在"素材速度/持续时间"对话框中将视频的"持续时间"设置为00:00:02:10，单击"确定"按钮关闭对话框，如图7-70所示。

图7-70 设置视频素材的"持续时间"

10 调整视频素材的"持续时间"后，在"时间线"面板中可看到视频素材与音频素材的长度相同，如图7-71所示。

图7-71 更改"持续时间"的效果

11 拖动鼠标创建选择范围，将视频素材与音频素材全部选中，如图7-72所示。

图7-72 选中素材

12 右击选中的素材，在弹出的菜单中单击"链接视音频"命令，完成对音频和视频的链接，如图7-73所示。

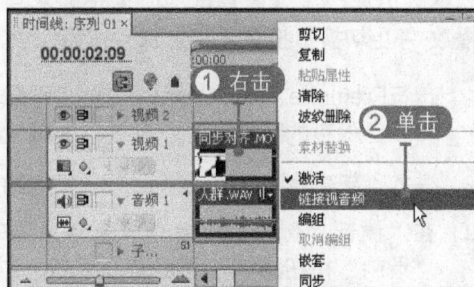

图7-73 链接音频和视频

再次将音频和视频素材选中并右击，在弹出的菜单中单击"解除视音频链接"命令，即可将音频和视频进行分离。

187

7.9 拓展训练

本章介绍了音频编辑和音频特效的相关知识。为对知识进行巩固和测试，设置了相应的练习题。

7.9.1 笔试测试题

1 选择题

（1）下面（　　）不属于 Premiere Pro CS4 中的特效选项。

　　　A. 单声道　　　B. Stereo　　　C. 5.1 声道　　　D. 右声道

（2）在 Premiere Pro CS4 中，下面（　　）不属于音频过渡效果。

　　　A. 多功能延迟　　B. 指数型淡出　　C. 恒定功率　　D. 恒定增益

2 判断题

（1）"使用左声道"音频特效存放于每个声道的音频特效中。（　　　）

（2）改变"素材速度／持续时间"对话框中的"速度"值时，音频素材的内容也将被改变。（　　　　）

3 简答题

（1）声道是指什么？

（2）音频过渡与音频特效的主要作用是什么？

7.9.2 上机练习题

结合本章所讲解的知识，讲述如何使用"调音台"面板录制音频。

操作提示

本实例使用了"调音台"面板中的录音控制和播放控制按钮，包括"激活录制轨"按钮、"播放-停止切换"按钮、"录制"按钮。录制声音文件的具体操作步骤如下。

01 运行Premiere Pro CS4后，在欢迎界面单击"新建项目"按钮，在"新建项目"对话框中选择项目保存的路径，对项目名称进行设置，单击"确定"按钮。

02 进入"新建序列"对话框，进行相关的设置并单击"确定"按钮进入操作界面。

03 在"调音台"面板中单击"激活录制轨"按钮 ，然后分别单击"调音台"面板底部的"录制"按钮 和"播放-停止切换"按钮 ，开始记录声音。此时，用户即可对着麦克风进行录音。

04 录制完成后，单击"调音台"面板底部的"播放-停止切换"按钮 ，即可停止录音。此时，在相应的轨道上会出现录制完成的音频，录音会保存到场景所在的文件夹。

创建艺术字幕和图形

● **本章导读**

字幕对于视频编辑来说是非常重要的。它是表现时代背景、刻画人物、叙述故事情节等不可缺少的表现手段，可以对画面起到解释和说明的作用。漂亮的字幕可以使影片更具吸引力和感染力，在Premiere Pro CS4中，有单独的字幕设计窗口制作字幕，从中可以制作出各种常用字幕，不但可以制作普通的文本字幕，还可以制作简单的图形字幕。

● **重点知识**

▶ 字幕和图形的创建
字幕模板的应用
字幕模板的创建

● **难点知识**

▶ 字幕编辑面板的应用

● **本章范例效果展示**

① 创建运动字幕（一）　② 创建运动字幕（二）　③ 创建运动字幕（三）

8.1 字幕创作的基础知识

在Premiere Pro CS4中，字幕包括文字和图形，用字幕窗口中的绘图工具可以绘制一些基本的图形，使字幕效果多样化。

8.1.1 认识字幕窗口

启动Premiere Pro CS4软件后，打开"文件"菜单，单击"新建"子菜单，单击"字幕"命令，在弹出的"新建字幕"对话框中可以设置字幕的"名称"，设置后单击"确定"按钮，弹出字幕窗口，如图8-1所示。使用窗口中的各种文字工具可以把字幕制作得多姿多彩。

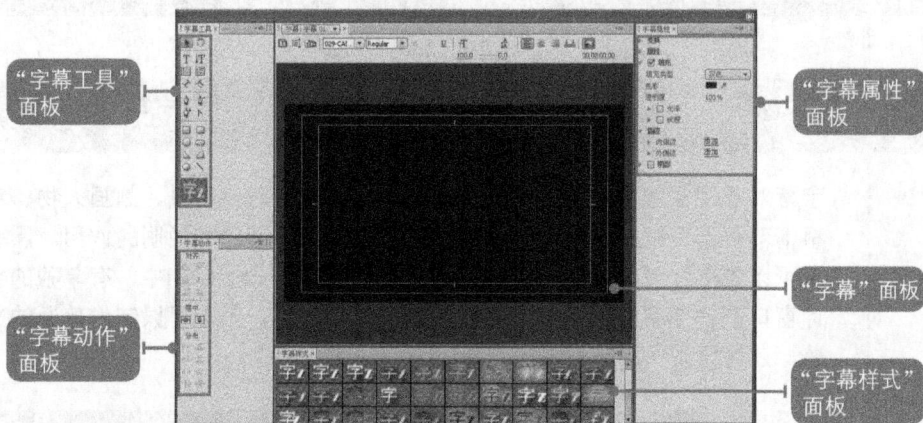

图8-1 字幕窗口初始状态

专家点拨 用户还可通过按【Ctrl+T】快捷键快速弹出"新建字幕"对话框；通过右击"项目"面板，在弹出的菜单中指向"新建分类"命令，单击"字幕"命令，即可弹出"新建字幕"对话框；通过单击"项目"面板底部的"新建分项"按钮，在弹出的菜单中单击"字幕"命令，即可弹出"新建字幕"对话框。

8.1.2 创建文本

打开字幕窗口后，选择"字幕工具"面板中的"文字工具"按钮，将鼠标指针移动到"字幕"面板中，鼠标指针将变为形状。按住鼠标左键不放拖动出一个矩形框或直接单击，就会出现跳动的光标。此时，在"字幕属性"面板中，展开"属性"选项，选择合适的字体并输入文字，然后调整字体大小。勾选"填充"复选项，单击"彩色"色块即可设置文字颜色。勾选"阴影"复选项并设置相应参数，即可为文字添加阴影效果，如图8-2所示。

专家点拨 输入文字后，单击"字幕工具"面板中的"选择工具"按钮，即可退出文字输入状态。此时文字处于选中状态，拖动文字上出现的矩形控制点，即可对文字进行缩放。如果需要修改所输入的文字，只需再次单击"文字工具"按钮，即可返回到输入状态，从而对输入的文字进行修改。确定文字的属性后，单击字幕窗口中的"关闭"按钮，创建的字幕就会以独立的文件默认存放于"项目"面板中，用户可将字幕与其他图像、视频、音频片段进行合成，也可将字幕在"时间线"面板中进行编辑。

① 单击
② 输入文字
③ 设置字体和大小
④ 填充文字
⑤ 添加阴影

图8-2 在字幕窗口中设置文字

8.2 应用字幕编辑面板

学会如何在字幕窗口中输入文字后,可通过字幕窗口中的各个面板,使简单的文字变得丰富多彩。下面对字幕窗口中的各个面板进行详细的介绍。

1 "字幕"面板

"字幕"面板是用户创建、编辑字幕的主要区域。用户可将存放于"项目"面板中的字幕拖动到"时间线"面板的视频轨道中,放于其他影片素材之上的轨道中,如图8-3所示。在"项目"面板中双击字幕,打开字幕窗口时,就可以在"字幕"面板中观察到字幕应用于图像、视频的画面效果,还可以对字幕进行修改,如图8-4所示。

图8-3 存放字幕

图8-4 字幕应用在素材上的效果

"字幕"面板可分为属性栏和编辑窗口两部分,编辑窗口是用户创建和编辑字幕的显示区域,属性栏可用于快速设置文字的字体、字体样式等常见属性,从而提高创建和修改字幕的工作效率。如图8-5所示为"字幕"面板的属性栏。

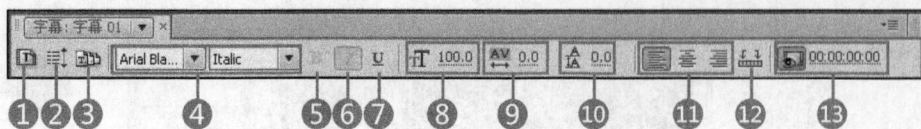

图8-5 "字幕"面板的属性栏

① 基于当前字幕新建字幕：单击该按钮，可新建一个字幕。

② 滚动/游动选项：单击该按钮会弹出"滚动/游动选项"对话框，通过设置该对话框中可以创建动态字幕。

③ 模板：单击该按钮可创建字幕模板。

④ 文字字体：在下拉列表中可以快速设置文字的字体。

⑤ 粗体：选中文字后，单击此按钮可以使文字变粗。

⑥ 斜体：选中文字后，单击此按钮可以使文字倾斜。

⑦ 下划线：单击此按钮，可以为文字添加下划线。

⑧ 大小：将鼠标指针指向此处，可通过拖动鼠标快速调整字体大小，也可单击此处，此时该处将变为文本框，可以直接在文本框中输入数值，来调整字体大小。

⑨ 字距：将鼠标指针指向此处，可拖动鼠标快速调整字与字之间的距离，也可单击此处，将其变为文本框后，直接输入字体间距的参数值。

⑩ 行距：将鼠标指针指向此处，可拖动鼠标快速调整行与行之间的距离，也可单击此处，将其变为文本框后，直接输入行间距的参数值。

⑪ 对齐方式：可以设置文字在窗口中的对齐方式，包括"左对齐"、"居中"、"右对齐" 3个选项。

⑫ 停止跳格：单击此按钮可弹出"跳格停止"对话框。通过在该对话框中进行设置可以非常方便地调整对象内部各个部分的位置。

⑬ 显示背景视频：单击此按钮，可以在"字幕"面板中控制字幕视频轨道下方的视频轨道中素材画面的显示或者隐藏。

2 "字幕工具"面板

"字幕工具"面板提供了制作文字和图像的基本工具。利用这些工具，用户可以输入文字，还可以绘制简单的几何图形。下面对各个工具进行介绍。

（1）选择工具 🗝

用于选择某个对象，然后更改选中对象的大小、位置和旋转角度。只需在"字幕"面板中单击文本或图形，即可选择这些对象。选中后，对象周围会出现控制点。

> **专家点拨** 使用"选择工具"选择对象时，按住【Shift】键，可以选择多个文本或图形对象。

（2）旋转工具 🔄

可以对当前所选择的对象进行旋转操作。使用此工具前必须先使用"选择工具"选中对象，出现控制点，如图8-6所示。然后选择"旋转工具"，将鼠标指针指向需要调整的控制点，拖动鼠标即可将对象旋转，如图8-7所示。

第6章　第7章　第8章　第9章　第10章

图8-6　选中对象

图8-7　使用"旋转工具"旋转对象

（3）文字工具 T

　　用于创建水平方向上的文字，或者对已存在的横排文字进行修改。选择此工具后，在编辑窗口单击，会出现一个跳动的光标，此时即可在光标所在的位置输入文字或对文字进行修改，使用"文字工具"创建的文字如图8-8所示。

（4）垂直文字工具 IT

　　用于创建垂直方向上的文字，或者对已存在的竖排文字进行修改。与"文字工具"用法相同，只是文字的方向不同。使用"垂直文字工具"创建的文字如图8-9所示。

图8-8　使用"文字工具"创建的文字

图8-9　使用"垂直文字工具"创建的文字

（5）文本框工具

　　用于创建一段横排文字。选择此工具后，在编辑窗口中按住鼠标左键不放并拖动即可创建一个文本框，用来限定文字的显示区域。此时在文本框中会出现一个跳动的光标，在光标所在位置即可输入文字或对已有的文字进行修改。使用"文本框工具"创建的文字如图8-10所示。

（6）垂直文本框工具

　　用于创建一段竖排文字，其使用方法与"文本框工具"相同。使用"垂直文本框工具"创建的文字如图8-11所示。

图8-10　使用"文本框工具"创建的文字

图8-11　使用"垂直文本框工具"创建的文字

（7）路径输入工具

沿路径输入的文字垂直于路径。选择此工具后，在编辑窗口中单击创建一个文字切入点，然后拖动鼠标创建一条曲线路径，最后在文字切入点处单击并沿路径输入文字，效果如图8-12所示。

（8）垂直路径输入工具

沿路径输入的文字平行于路径。首先使用此工具创建一条路径，然后沿着路径输入文字，如图8-13所示。

图8-12 使用"路径输入工具"创建的文字效果　　图8-13 使用"垂直路径输入工具"创建的文字效果

（9）钢笔工具

用于创建一条路径或调整使用"路径输入工具" 和"垂直路径输入工具" 创建的文字路径。使用此工具在某个定位点上单击，便可放大该定位点，此时可调整定位点的位置和路径的形状。创建路径的效果如图8-14所示。

（10）添加定位点工具

用于在已完成的路径上添加定位点。使用此工具在已有的路径上单击即可添加定位点。在图8-13的基础上，使用"添加定位点工具"添加定位点后的效果如图8-15所示。

图8-14 使用"钢笔工具"创建的路径　　　　图8-15 在路径上添加定位点

行家提示 添加定位点时，如果在路径的转角处添加，会改变路径的平滑程度。

（11）删除定位点工具

可以在路径上删除定位点。选择此工具后，在已创建的路径上单击定位点，即可将多余的定位点删除。在图8-15的基础上，使用"删除定位点工具"删除定位点后的效果如图8-16所示。

（12）转换定位点工具

可以调整路径的形状，将平滑定位点转化为角定位点，或者将角定位点转换为平滑定位点。如图8-17所示为转化后的路径效果。

专家点拨 按住【Shift】键可以按45°角倍数的方向进行调整；按住【Ctrl】键可以快速选择并移动路径。

图8-16 在路径上删除定位点

图8-17 将角定位点转换为平滑定位点

（13）绘图工具▣、▣、▢、▢、◣、◢、◯、◺

"字幕工具"面板中的绘图工具包括"矩形工具"▣、"圆角矩形工具"▣、"切角矩形工具"▢、"圆矩形工具"▢、"三角形工具"◣、"圆弧工具"◢、"椭圆工具"◯、"直线工具"◺8种。下面介绍如何使用绘图工具。

光盘同步文件

> 原始文件：光盘\素材文件\第8章\08.jpg
> 结果文件：光盘\结果文件\第8章\8-2-2.prproj
> 同步视频文件：光盘\同步教学文件\第5章\8-2-2.avi

01 在"字幕工具"面板中选择任意绘图工具后，在编辑窗口中拖动鼠标即可创建图形。如图8-18所示为使用"矩形工具"创建的矩形效果。

02 创建图形后，右击图形，在弹出的菜单中指向"绘图类型"子菜单，在弹出的级联菜单中单击"弧形"命令，即可将图形的形状进行转换，如图8-19所示。

图8-18 创建的矩形效果

图8-19 单击"弧形"命令

行家提示 在默认情况下，Premiere Pro CS4会将之前创建的字幕对象的属性应用于新创建的图形对象上。

03 矩形转换为弧形后的效果如图8-20所示。

04 用户可通过调整"字幕属性"面板中的参数值，改变图形的属性。如图8-21所示为在"字幕属性"面板中更改"透明度"和"色彩"后的效果。

图8-20 转换为弧形的效果

图8-21 更改图形属性后的效果

05 右击图形，指向"转换"子菜单，在弹出的级联菜单中单击"旋转"命令，可以快速更改图形的角度。如图8-22所示为更改旋转角度后的效果。

专家点拨 在"转换"级联菜单中，除了"旋转"命令，还包括"位置"、"比例"、"透明度"命令，可供用户调整图形。

06 右击图形，指向"标志"子菜单，单击"插入标志"命令，在弹出的"导入图形为标志"对话框中选择一张图像并导入，即可将静帧图像载入到编辑窗口中。如图8-23所示为导入图像后的效果。

图8-22　旋转图形后的效果

图8-23　载入图像后的效果

行家提示 用户可对载入到编辑窗口中的图像进行编辑，如放大、旋转等。

▫ 课·堂·问·答

问：使用"字幕工具"面板中的绘图工具创建的图形对象，可以应用"字幕属性"面板中的属性吗？

答：可以，虽然创建的是图形对象，但是可以应用"字幕属性"面板中的属性，因为"字幕属性"面板中的选项参数是根据当前对象的不同而不同的。

3 "字幕属性"面板

如果想让创建的字幕更加精美和别致，可以对文字的字体、大小、颜色等进行调整和设置，在字幕窗口右侧的"字幕属性"面板中，包括"变换"、"属性"、"填充"、"描边"、"阴影"5个选项区。不同的对象所对应的控制参数不同。选择"字幕工具"面板中的"文字工具"，在编辑窗口单击确定文字切入点后，"字幕属性"面板中的文字属性即可被激活。

（1）变换

"字幕属性"面板中的文字属性被激活后，单击"变换"选项区的展开按钮，即可展开"变换"选项区，如图8-24所示。单击各选项后的参数值或者将鼠标指针指向参数值并拖动都可以对参数值进行调整。单击后直接输入参数来更改"透明度"参数值，使用将鼠标指针指向参数值并拖动的方式来调整"Y位置"参数值，如图8-25所示。

"变换"选项区中包括"透明度"、"X位置"、"Y位置"、"宽度"、"高度"、"旋转"6个选项。用户可自由进行设置。

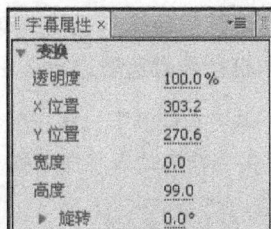

图8-24　"变换"选项区的参数选项　　　图8-25　调整参数值

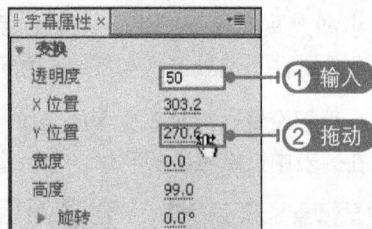

如图8-26所示为未更改任何"变换"选项参数的效果；如图8-27所示为更改文字对象"透明度"后的效果；如图8-28所示为更改文字对象"X位置"和"Y位置"后的效果；如图8-29所示为更改文字对象"宽度"后的效果；如图8-30所示为更改文字对象"高度"后的效果。如图8-31所示为更改文字对象"旋转"角度后的效果。

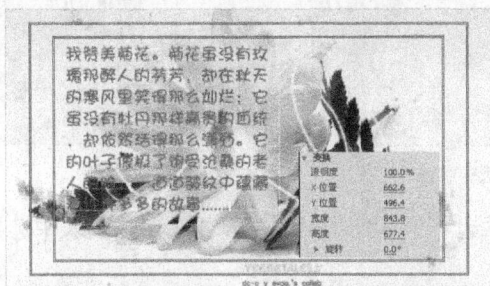

图8-26　未更改任何"变换"选项参数的效果

图8-27　更改文字"透明度"后的效果

图8-28　更改文字"X位置"和"Y位置"后的效果

图8-29　更改文字"宽度"后的效果

图8-30　更改文字"高度"后的效果

图8-31　更改文字"旋转"角度后的效果

（2）属性

"字幕属性"面板中的"属性"选项区，可以设置文字的"字体"、"字体样式"、"文字大小"、"纵横比"、"行距"、"字距"、"跟踪"、"基线位移"、"倾斜"、"小型大写字母"、"小型大写字母尺寸"、"下划线"、"扭曲"13个参数选项。单击"属性"展开按钮，即可展开"属性"选项区，如图8-32所示。下面对这些参数选项进行介绍。

● 字体：用于设置当前输入文字的字体。单击"字体"右侧的下拉按钮就会弹出字体列表。用户可在列表中选择相应的字体，也可直接在字体列表框内输入字体名称，如图8-33所示。

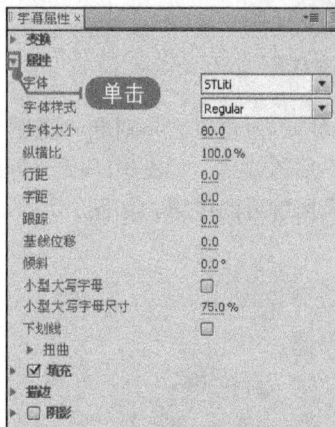

专家点拨 Premiere Pro CS4中字体列表不支持中文显示，用户可以根据字体名称所对应的字母来找到所要的中文字体。

图8-32　"属性"选项区的参数选项　　　图8-33　选择字体

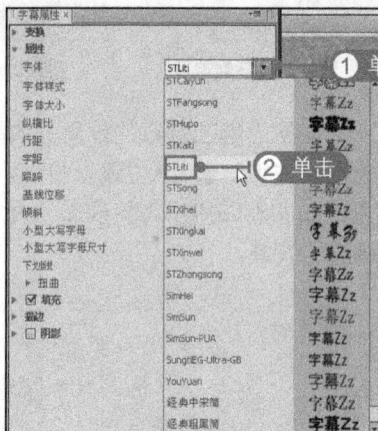

选择不同的字体，在编辑窗口中显示的字体样式也不同。如图8-34所示为在字体列表中选择的字体，如图8-35所示为所选字体所对应的样式。

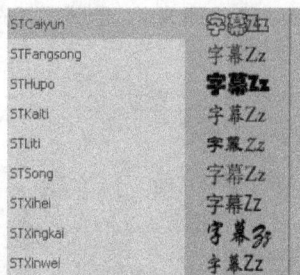

图8-34　选择的字体　　　　　　　图8-35　对应的字体样式

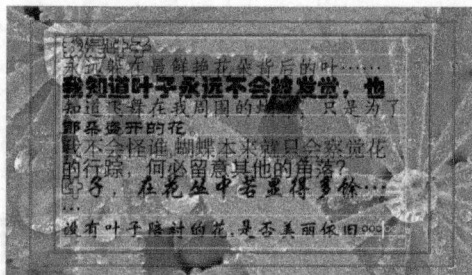

专家点拨 设置文字的字体，还可以在"字幕"面板属性栏中的文字字体下拉列表中进行设置。

● 字体大小：用于设置文字的大小。将鼠标指针指向参数值，当鼠标指针变为手形时，拖动鼠标即可改变文字的大小。如图8-36所示为原文字的字体属性，如图8-37所示为更改"文字大小"后的效果。

图8-36　原文字属性　　　　　　　图8-37　更改"文字大小"后的效果

- 纵横比：设置字体的长宽比例。当数值大于100%时，字体加宽；当数值小于100%时，字体变窄。如图8-38所示为在图8-37的基础上设置字体长宽比例的效果。
- 行距：调整字体的行间距。数值为正时，行间距加大；数值为负时，行间距缩小。如图8-39所示为将"行距"调大后的效果。

图8-38　更改文字"纵横比"后的效果　　　图8-39　更改文字"行距"后的效果

- 字距：设置相邻文字间的距离。如图8-40所示为将文字字间距调大后的效果。
- 跟踪：设置所选范围内文本对象之间的距离。如图8-41所示为将所选文字距离缩小后的效果。

图8-40　更改文字"字距"后的效果　　　图8-41　更改所选对象"跟踪"后的效果

- 基线位移：设置文字偏离基线的距离。基线是文字下白色的线条。如图8-42所示为调整基线前的效果；如图8-43所示为调整基线后的效果。

图8-42　调整"基线位移"前的效果　　　图8-43　调整"基线位移"后的效果

- 倾斜：设置文字的倾斜程度，默认状态下文字不会产生倾斜。如图8-44所示为设置文字"倾斜"后的效果。
- 下划线：勾选此选项，会在文字下方产生一条下划线，效果如图8-45所示。
- 小型大写字母、小型大写字母尺寸：勾选"小型大写字母"选项前，首先需要输入小写英文字母，如图8-46所示。勾选此选项后，即可把输入的小写字母转换为大写字母，如图8-47所示，并可以在"小型大写字母尺寸"后设置字母的尺寸大小。

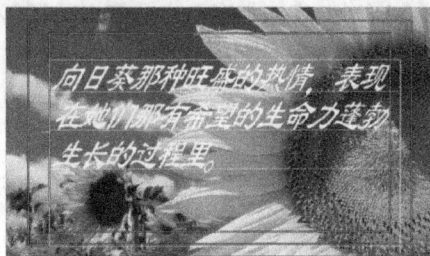
图8-44 设置文字"倾斜"后的效果

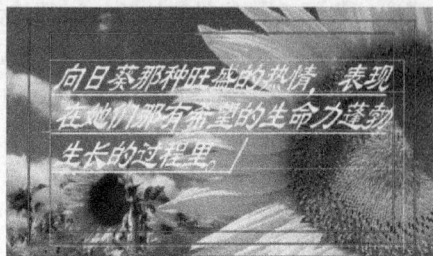
图8-45 为文字添加下划线的效果

图8-46 输入小写字母

图8-47 小写字母转换为大写字母

- 扭曲：可以将文字分别向X轴和Y轴方向变形。如图8-48所示为在X轴上变形后的效果；如图8-49所示为在Y轴上变形后的效果。

图8-48 在X轴上变形后的效果

图8-49 在Y轴上变形后的效果

（3）填充

在使用"填充"选项区中的选项时，需要使用"文字工具"或"选择工具"选中一个需要填充的对象，然后勾选"填充"复选框，即可对"填充类型"、"色彩"、"透明度"、"光泽"、"纹理"进行设置。

- 填充类型：该选项提供了"实色"、"线性渐变"、"放射渐变"、"4色渐变"、"斜角边"、"消除"、"残像"7种填充类型。
  - "实色"是使用颜色进行填充。可以设置填充的"颜色"和"透明度"，效果如图8-50所示。
  - "线性渐变"是使用两种颜色的渐变进行填充。可以设置填充的"色彩"、"角度"等参数值，效果如图8-51所示。
  - "放射渐变"是用两种颜色之间的过渡填充，填充后产生放射性的渐变效果。可设置"色彩"、"角度"等参数值，效果如图8-52所示。
  - "4色渐变"是4种颜色之间的放射性渐变填充，每种颜色占据文本的一个角。可设置"色彩"和"色彩到透明度"等选项，效果如图8-53所示。

图8-50 "实色"填充效果

图8-51 "线性渐变"填充效果

图8-52 "放射渐变"填充效果

图8-53 "4色渐变"填充效果

➢ "斜角边"可以使文字产生一个斜面，可设置高亮和阴影的颜色与透明度，效果如图8-54所示。

➢ "消除"是将文字实体消除，只留边框和阴影框。

➢ "残像"也是将文字实体消除，只留边框，而阴影为实体。如图8-55所示，图中的两行文字分别为"消除"和"残像"的效果。

图8-54 "斜角边"填充效果

图8-55 "消除"和"残像"填充效果

● 光泽：勾选此选项会为对象添加一条光线。可设置光线"色彩"、"透明度"、"大小"、"角度"参数值。如图8-56所示。为设置"光泽"选项后的效果。

● 纹理：可为对象添加纹理效果，勾选此选项后，单击"纹理"后面的方框，可以在弹出的"选择一个纹理图像"对话框中选择需要的图像，然后单击"打开"按钮即可将选择的图像运用到对象中，如图8-57所示为设置"纹理"后的效果。

图8-56 "光泽"效果

图8-57 "纹理"效果

（4）描边

用于为文字对象添加描边效果，可设置内描边和外描边。展开"描边"选项区后，即可单击"内侧边"或"外侧边"后面的"添加"激活描边参数值，此时便可对描边的"类型"、"大小"、"色彩"、"透明度"等进行设置。如图8-58所示为没有添加效果的文字；如图8-59所示为添加"内侧边"的效果，如图8-60所示为添加"外侧边"的效果。

（5）阴影

用于为文字添加阴影效果。勾选此选项后，可设置阴影的"色彩"、"透明度"、"角度"、"距离"、"大小"、"扩散"参数值。如图8-61所示为添加"阴影"的效果。

图8-58　原文字效果

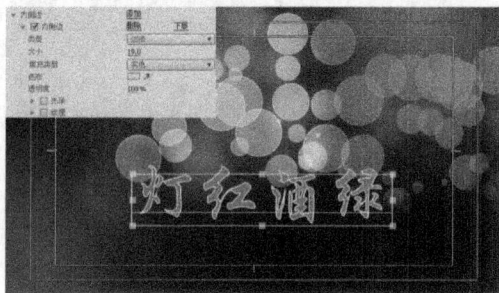
图8-59　添加"内侧边"的效果

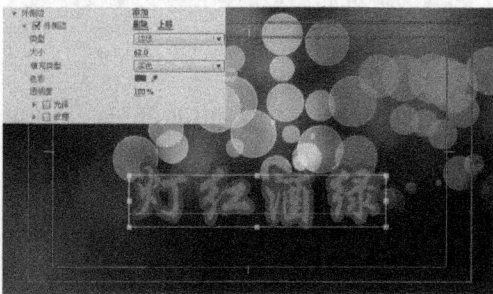
图8-60　添加"外侧边"的效果

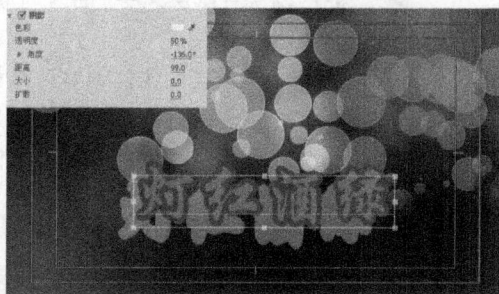
图8-61　添加阴影效果

4 "字幕样式"面板

"字幕样式"面板提供了多种字体模板，如图8-62所示。这些样式可以直接应用于文字对象，让用户可以快速为字幕添加样式，不用在"字幕属性"面板中进行设置。

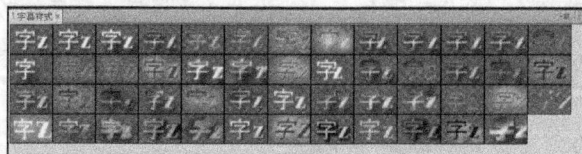
图8-62　"字幕样式"面板

（1）应用字幕样式

字幕样式的应用方法非常简单，用户只需输入相应的文字，如图8-63所示，在"字幕样式"面板中单击需要的字幕样式图标，即可将选择的样式应用于文字上，如图8-64所示。

> **行家提示** 在为文字添加字幕样式后，还可以在"字幕属性"面板中设置字幕文本的各项属性，从而获得新的字幕样式效果。

图8-63 输入文字

图8-64 应用字幕样式

（2）创建字幕样式

为了提高编辑字幕属性的工作效率，用户可将在"字幕属性"面板中设置的文字效果进行保存，便于以后使用。下面讲解如何创建字幕样式。

光盘同步文件

原始文件：光盘\素材文件\第8章\19.jpg

结果文件：光盘\结果文件\第8章\8-2-4.prproj

同步视频文件：光盘\同步教学文件\第8章\8-2-4.avi

01 使用"文字工具"在字幕窗口中输入文字，如图8-65所示。

02 在"字幕属性"面板中调整文字的字体、字号、颜色、填充效果、描边效果、阴影，如图8-66所示。

图8-65 输入文字

图8-66 设置文字属性

行家提示 用户也可以应用已有的字幕样式，在"字幕属性"面板中修改并保存修改后的字幕效果。

03 在"字幕样式"面板中单击面板菜单按钮，在弹出的菜单中单击"新建样式"命令，如图8-67所示。

04 在弹出的"新建样式"对话框中，输入字幕"名称"，单击"确定"按钮即可以输入的字幕名称保存字幕样式。此时，在"字幕样式"面板中可查看到所创建字幕样式的预览图，如图8-68所示。

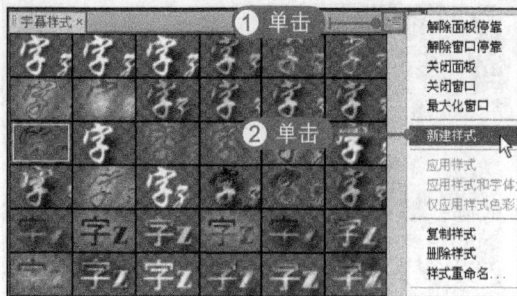

图8-67　执行命令

图8-68　保存自定义字幕样式

（3）导出和载入字幕样式库

在"字幕样式"面板中，所有的字幕样式称为字幕样式库，可以将自定义的字幕样式进行保存，也可以将已有的字幕样式导出。

单击"字幕样式"面板中的面板菜单按钮，然后单击"保存样式库"命令，即可在弹出的"保存样式库"对话框中，将当前"字幕样式"面板中的所有字幕样式保存为一个字幕样式库。

在"字幕样式"面板中，单击面板菜单按钮，然后单击"追加样式库"命令，在弹出的"打开样式库"对话框中选择字幕样式库文件，单击"打开"按钮即可将该文件内的样式追加到当前字幕样式库内。

单击"字幕样式"面板中的面板菜单按钮，在弹出的菜单中，单击"替换样式库"命令，在弹出的"打开样式库"对话框中选择字幕样式库，单击"打开"按钮，则当前"字幕样式"面板内的字幕样式将被所选的样式库文件所替换。

5　"字幕动作"面板

"字幕动作"面板主要用于调整编辑窗口中的文字对象和图形对象的排列位置，如图8-69所示。该面板包括"对齐"、"居中"、"分布"3类动作。选中对象后，单击"字幕动作"面板中的动作按钮，即可将对象的位置进行调整，具体操作步骤如下。

01　使用"文字工具" T 在字幕窗口中的不同位置输入多个文字，如图8-70所示。

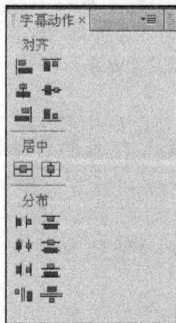

图8-69　"字幕动作"面板

图8-70　输入文字

行家提示　用户在输入文字时，当输入第一个文字对象后，需单击"选择工具"按钮 ，取消文字编辑状态后，再输入第二个文字对象。

02　使用"选择工具" 在字幕窗口中选中需要设置位置的对象，如图8-71所示。

03 单击"字幕动作"面板中的"水平-左对齐"按钮▣，即可将窗口中的文字左对齐，如图8-72所示。

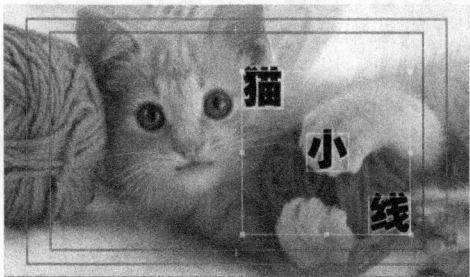

图8-71 选择文字对象

图8-72 单击"水平-左对齐"按钮▣后的效果

按【Ctrl+Z】快捷键可返回前一步操作，此时可单击"字幕动作"面板中的其他动作按钮。如图8-73所示为单击"垂直-顶对齐"按钮▣后的效果。

继续返回前一步操作，单击其他动作按钮，即可预览其他动作效果。如图8-74所示为单击"水平居中"按钮▣后的效果。

图8-73 单击"垂直-顶对齐"按钮▣后的效果

图8-74 单击"水平居中"按钮▣后的效果

如图8-75所示为单击"垂直居中"按钮▣后的效果；如图8-76所示为单击"水平-右对齐"按钮▣后的效果；如图8-77所示为单击"垂直-底对齐"按钮▣后的效果。

图8-75 单击"垂直居中"按钮▣后的效果

图8-76 单击"水平右对齐"按钮▣后的效果

接下来是"居中"类的动作按钮，如图8-78所示为单击"垂直居中"按钮▣后的效果；如图8-79所示为单击"水平居中"效果▣。

最下面的为"分布"类动作按钮，该类动作可以将文字对象重新分布。"字幕动作"面板也可对图形对象进行控制，如图8-80所示为使用动作按钮设置图形对象后的效果。

图8-77 单击"垂直-底对齐"按钮 后的效果

图8-78 单击"垂直居中"按钮 后的效果

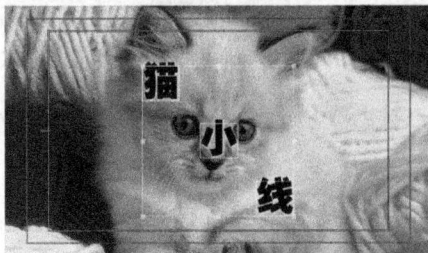

图8-79 单击"水平居中"按钮 后的效果

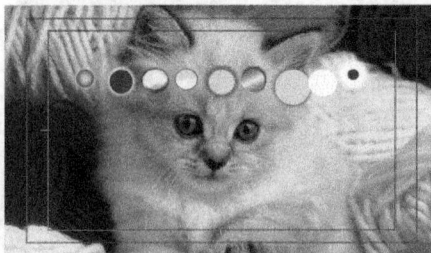

图8-80 将字幕动作应用于图形对象后的效果

8.3 字幕模板

Premiere Pro CS4中预置有很多精美的字幕模板，使用这些模板可以快速完成创建字幕的工作，减少设计字幕模板的时间，提高工作效率。下面介绍如何创建和使用字幕模板。

8.3.1 应用字幕模板

用户可通过菜单命令应用字幕模板，也可通过"字幕"面板应用字幕模板。下面分别对两种应用字幕模板的方法进行讲解。

1 通过菜单命令应用字幕模板

在Premiere Pro CS4中，可通过菜单命令快速添加字幕模板。这种创建方法是基于模板创建文字。添加模板后再在模板上创建文字，其具体操作步骤如下。

光盘同步文件

原始文件：光盘\素材文件\第8章\22.bmp

结果文件：光盘\结果文件\第8章\8-3-1(1).prproj

同步视频文件：光盘\同步教学文件\第8章\8-3-1(1).avi

01 导入光盘中的图像素材22.bmp，并存放于"视频1"轨道中，素材效果如图8-81所示。

02 打开"字幕"菜单，指向"新建字幕"子菜单，单击"基于模板"命令，如图8-82所示。

图8-81 素材效果

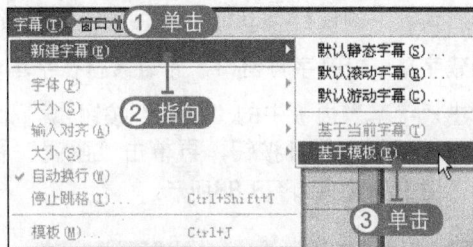

图8-82 执行"基于模板"命令

[03] 在弹出的"新建字幕"对话框中，从左侧的"用户模板"中选择某一字幕模板后，在右侧的预览区便查看此模板的效果，如图8-83所示。

[04] 选择好合适的模板后，在"新建字幕"对话框中输入字幕模板的名字，单击"确定"按钮即可使用选定的模板。应用选定字幕模板后的效果如图8-84所示。

图8-83 选择并查看字幕模板

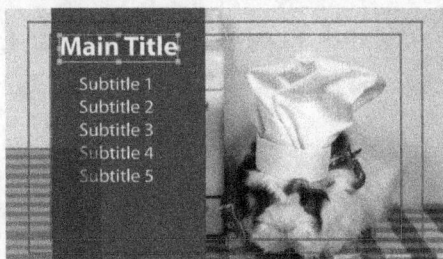

图8-84 应用字幕模板的效果

[05] 应用模板后，可以直接使用模板，也可以对模板进行编辑。如图8-85所示为编辑文字对象后的效果；如图8-86所示为编辑图形对象后的效果。

图8-85 编辑文字对象后的效果

图8-86 编辑图形对象后的效果

2 通过"字幕"面板应用字幕模板

除了通过菜单命令应用字幕模板，用户还可以通过"字幕"面板应用字幕模板，具体操作步骤如下。

光盘同步文件

原始文件：光盘\素材文件\第8章\23.jpg

结果文件：光盘\结果文件\第8章\8-3-1(2).prproj

同步视频文件：光盘\同步教学文件\第8章\8-3-1(2).avi

01 导入光盘中的素材23.bmp，并存放于"视频1"轨道中。

02 创建字幕，打开字幕窗口，此时素材在字幕窗口中的效果如图8-87所示。

03 单击"字幕"面板中的"模板"按钮，即可弹出"模板"对话框。在"模板"对话框中单击"娱乐"展开按钮，再单击"蓝调"展开按钮，单击"蓝调 边框"模板。应用模板后，图像的效果如图8-88所示。

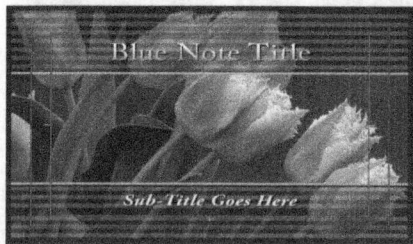

图8-87　素材效果　　　　　　　　图8-88　应用模板后的效果

专家点拨　用户可通过按【Ctrl+J】快捷键快速打开"模板"对话框。

8.3.2　创建字幕模板

用户可对文字和图形对象应用默认的模板，也可自定义模板，进行保存，以便在以后的编辑工作中使用这些模板。

1 将当前文字保存在模板中

在编辑窗口中完成对字幕的编辑后，可以将当前创建的文字和图形对象保存为模板。具体操作步骤如下。

01 在编辑窗口中完成对文字、图形对象的编辑后，单击属性栏中的"模板"按钮，即可打开"模板"对话框。单击"模板"对话框右上角的三角按钮，在弹出的菜单中单击"导入当前字幕为模板"命令，如图8-89所示。

02 在弹出的"另存为"对话框中输入模板"名称"，这里输入"小男孩"，单击"确定"按钮关闭对话框。此时所保存的模板就会显示在"用户模板"的下方，如图8-90所示。

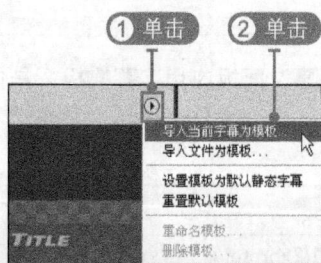

图8-89　执行"导入当前字幕为模板"命令　　　　图8-90　显示模板

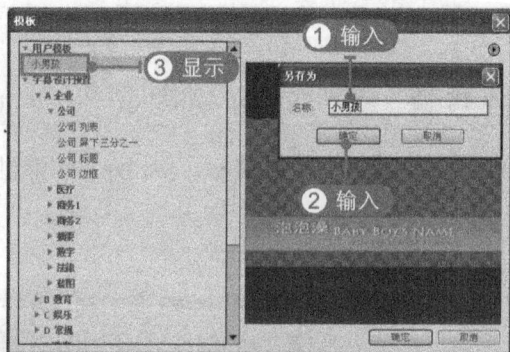

2 将字幕文件保存为模板

除了将字幕保存为模板，用户还可以将字幕属性与布局方式等内容的字幕文件保存为模板。用户只需在创建好对象后，打开"模板"对话框，单击"模板"对话框右上角的三角按钮，在弹出的菜单中单击"导入文件为模板"命令，按提示即可将文件保存为模板。

8.4 上机实战——创建运动字幕

根据素材类型的不同，Premiere Pro CS4中可以将字幕素材分为静态字幕和动态字幕两类。动态字幕又分为游动和滚动两种，下面讲解如何创建一个运动字幕。

实例导读

字幕是表现素材内容最直接的方式，而运动的字幕会让素材充满灵活性，产生一种动感的效果。制作时，需要先创建一个静态字幕，然后通过"字幕"面板中的属性栏进行设置，从而完成沿路径创建运动字幕的操作。

知识链接

本实例在制作与设计过程中主要用到以下知识点：

- "字幕"面板属性栏的应用
- "字幕工具"面板中工具的使用

制作步骤

光盘同步文件

原始文件：光盘\素材文件\第8章\25.jpg

结果文件：光盘\结果文件\第8章\8-4.prproj

同步视频文件：光盘\同步教学文件\第8章\8-4.avi

制作本实例的具体操作步骤如下。

01 导入光盘中第8章的图像文件25.jpg，然后存放到"视频1"轨道中，按【Ctrl+T】快捷键打开"新建字幕"对话框，输入字幕"名称"为"夜幕"，单击"确定"按钮关闭对话框，如图8-91所示。

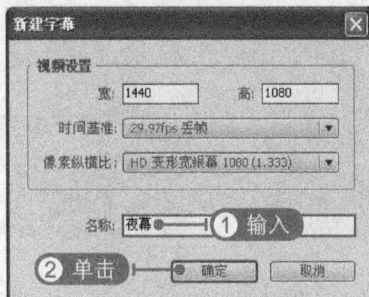

图8-91　"新建字幕"对话框

02 在弹出的字幕窗口中，单击"字幕工具"面板中的"文本框工具"按钮，在编辑窗口中拖动鼠标创建文本框，如图8-92所示。

图8-92　创建文本框

03 在文本框中输入文字内容，如图8-93所示。

图8-93　输入文字内容

04 单击"字幕样式"面板中的"方正彩云"字幕样式，如图8-94所示。

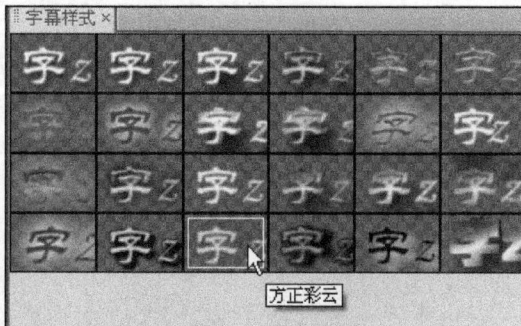

图8-94　选择字幕样式

05 添加字幕样式后的效果如图8-95所示。

图8-95　字幕效果

06 单击"滚动/游动选项"按钮，在弹出的"滚动/游动选项"对话框中，单击"滚动"单选项，勾选"开始于屏幕外"、"结束于屏幕外"复选项，单击"确定"按钮关闭对话框，如图8-96所示。

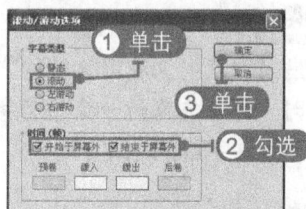

图8-96　设置"滚动"选项

07 单击字幕窗口右上角的"关闭"按钮，将"项目"面板中的"夜幕"字幕拖到"视频2"轨道中，如图8-97所示。

图8-97　添加字幕素材到视频轨道中

08 单击"节目"面板中的"播放-停止切换"按钮，即可观察到字幕滚动的效果，如图8-98所示。

图8-98　字幕运动效果

专家
点拨
"滚动/游动选项"对话框中的各个选项的作用如下。

- 字幕类型："静态"是将字幕设置为静态字幕；"滚动"是将字幕设置为滚动字幕；"左游动"是将字幕从右往左运动；"右游动"是将字幕从左往右运动。
- 时间（帧）："开始于屏幕外"是将字幕运动的起始位置设于屏幕外；"结束于屏幕外"是将字幕运动的结束位置设于屏幕外；"预卷"是指字幕在运动之前的静止帧数；"缓入"是指字幕到达正常播放速度之前，逐渐加速的帧数；"缓出"是指字幕结束时，逐渐减速的帧数；"后卷"是指字幕在运动之后保持静止的帧数。

8.5 拓展训练

前面的章节介绍了创建字幕的相关知识。为对知识进行巩固和测试，设置了相应的练习题。

8.5.1 笔试测试题

1 选择题

（1）在 Premiere Pro CS4 中创建字幕时，可通过多个方式弹出"新建字幕"对话框，下面操作不正确的是（　　　）。

A. 单击打开"文件"菜单，指向"新建"子菜单，单击"字幕"命令，弹出"新建字幕"对话框

B. 通过按【Ctrl+T】快捷键弹出"新建字幕"对话框

C. 通过右击"项目"面板，在弹出的菜单中单击"字幕"命令，弹出"新建字幕"对话框

D. 通过单击"项目"面板底部的"新建分项"按钮，在弹出的菜单中单击"字幕"命令，弹出"新建字幕"对话框

（2）下面关于字幕的错误描述的是（　　　）。

A. 字幕可以表现时代背景、刻画人物、叙述故事情节，对画面起到解释和说明的作用

B. 在字幕窗口中，可以使用"字幕工具"面板中的绘图工具绘制一些基本图形，使文字效果多样化

C. 在"字幕"面板中，分为属性栏和编辑窗口两个部分

D. 在"字幕样式"面板中可以创建及应用字幕样式

2 填空题

（1）用户可通过＿＿＿＿＿、＿＿＿＿＿两种方法应用字幕模板。

（2）"字幕工具"面板中的动作可应用于文字，还可应用于＿＿＿＿＿。

3 简答题

"字幕"面板中包括哪些面板？分别有什么作用？

8.5.2 上机练习题

结合本章所讲解的知识，制作游动文字的实例，效果如图8-99所示。

图8-99　游动字幕的效果

操作提示

本实例制作游动字幕的具体操作步骤如下。

01 导入光盘中第8章的素材26.jpg，并将素材拖动到"视频1"轨道中。

02 按【Ctrl+T】快捷键快速弹出"新建字幕"对话框，单击"确定"按钮打开字幕窗口。

03 单击"字幕工具"面板中的"文字工具"按钮，在编辑窗口中输入文字"阿凡达AVATAL"。

04 单击"字幕样式"面板中的"方正粗宋"样式。

05 单击"字幕"面板属性栏中的"滚动/游动选项"按钮，在弹出的"滚动/游动选项"对话框中选择"左游动"单选项，勾选"开始于屏幕外"复选项，单击"确定"按钮关闭对话框。

06 将"项目"面板中的游动字幕拖动到"视频2"轨道中，与"视频1"轨道中的素材对齐，单击"节目"面板中的"播放-停止切换"按钮，即可在"节目"面板中显示字幕的游动效果。

第 9 章

蓝色畅想

Premiere Pro CS4中文版基础入门与范例提高（全新第二版）

输出完整影片

● 本章导读

通过前面几章的学习，用户对Premiere Pro CS4 软件的理论知识、操作方法及应用技巧有了全面的认识，大致的工作流程已经掌握。完成了对素材的组织和剪辑，本章将讲解如何将素材输出为视频文件，以及使用媒体播放器进行播放和存储，从而最终完成一个完整的视频文件。

● 重点知识

- ▶ 输出的基本设置
- ▶ 输出内容的设置
- ▶ 输出画面的设置
- ▶ 通过Adobe Media Encoder输出影片

● 难点知识

- ▶ 视频设置
- ▶ 音频设置

● 本章重要知识点提示

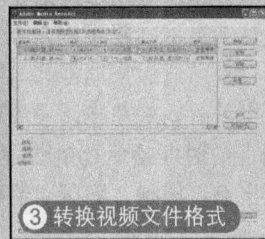

❶ 影片输出设置　　　❷ 通过 Adobe Media Encoder 输出影片　　　❸ 转换视频文件格式

9.1 影片输出设置

9.1.1 输出基本设置

在Premiere Pro CS4中输出视频文件时，用户首先需要选定所要输出的序列，然后打开"文件"菜单，指向"导出"子菜单，单击"媒体"命令，即可弹出"导出设置"对话框，如图9-1所示。下面将介绍如何在"导出设置"对话框中对输出进行基本设置。

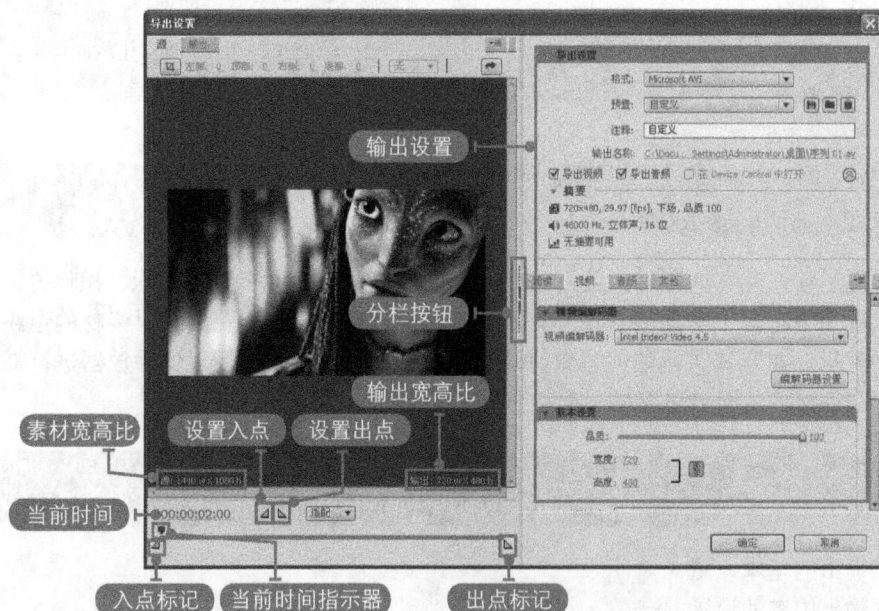

图9-1 "导出设置"对话框

专家点拨 用户还可通过按【Ctrl+M】快捷键快速弹出"导出设置"对话框。

1 设置输出的内容

在Premiere Pro CS4中，用户可以在"时间线"面板中对素材内容进行调整后直接输出视频，也可在"导出设置"对话框中对输出内容进行设置。在"导出设置"对话框中，左侧为视频预览区域，用户可单击对话框中间的分栏按钮，将预览区最大化，如图9-2所示。

默认情况下，视频的入点与出点标记分别位于序列的起始与结束位置。在"导出设置"对话框中，用户可通过拖动当前时间指示器设置输出内容的起始时间与结束时间。

在当前时间处单击，设置时间为00:00:30:00，然后单击"设置入点"按钮，则入点标记会自动跳到当前时间指示器的位置；在当前时间处拖动鼠标，将时间调整到00:03:30:00，然后单击"设置出点"按钮，即可对输出的内容进行设置，如图9-3所示。

图9-2　最大化视频预览区

图9-3　设置输出内容

专家点拨　用户还可通过拖动当前时间指示器对当前时间进行设置。

---

2 设置输出画面

在视频预览区中，用户可对视频输出的画面大小进行设置，从而达到调整画面大小的目的。具体操作步骤如下。

光盘同步文件

原始文件：光盘\素材文件\第9章\01.jpg

结果文件：光盘\结果文件\第9章\01.prproj

同步视频文件：光盘\同步教学文件\第9章\9-1-1.avi

01　单击"切换到输出"按钮 ➡，即可查看当前设置状态下的视频播放效果，可看到画面上下有黑边，如图9-4所示。

专家点拨　用户还可以通过单击"导出设置"对话框中的"输出"选项卡，将预览区切换到输出效果。

02　单击"源"选项卡，将预览区切换到"源"面板，单击"裁剪"按钮，此时在画面中会显示4个可调整的控制点，如图9-5所示。

输出设置

图9-4　在"输出"面板查看视频

图9-5　出现裁剪控制点

03 拖动裁剪控制点，可快速调整画面的大小，如图9-6所示。

**行家
提示** 用户拖动裁剪控制点调整画面大小时，按住【Shift】键拖动控制点，可按比例缩放画面大小。

04 单击"输出"选项卡，切换到"输出"面板，此时的画面内容为调整后的效果，如图9-7所示。

图9-6 调整画面输出大小

图9-7 调整画面后的输出效果

**专家
点拨** 用户可通过在"源"选项卡的属性栏中输入精确的参数值调整画面大小。

9.1.2 视频设置

单击分栏按钮，即可缩小视频预览区，此时会显示输出设置，如图9-8所示。单击"导出设置"选项区中的"格式"下拉按钮，即可在弹出的下拉列表中选择需要输出的文件格式，如图9-9所示。

图9-8 显示输出设置

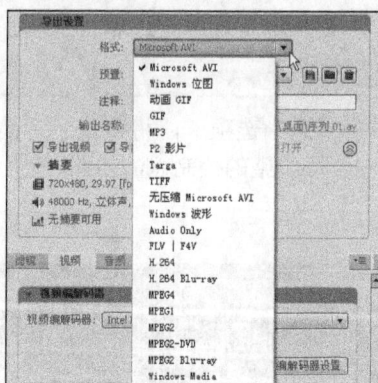

图9-9 选择文件格式

1 Microsoft AVI

在"导出设置"选项区的"格式"下拉列表中选择Microsoft AVI选项时，"视频"输出设置选项如图9-10所示。

专家点拨 选择Microsoft AVI选项后，"视频"选项中的各个选项的具体含义如下。

● 视频编解码器：用于压缩程序，缩小数字视频文件的体积。单击"视频编码器"下拉按钮，可看到Microsoft AVI格式的很多编解码器。

● 场类型：用于选择视频文件播放时的扫描方式。"逐行"选项以逐行扫描的方式播放；"上场优先"和"下场优先"采用隔行扫描方式播放。

● 以最大深度渲染：用于确定视频文件的色彩渲染深度。深度越大，质量越高。在默认状态下，Premiere Pro CS4采用8位深度进行渲染，勾选"以最大深度渲染"复选项后，将采用24位深度进行渲染。

2 WMV

在"导出设置"选项区中的"格式"下拉列表中选择Windows Media选项后，"视频"输出设置选项如图9-11所示。

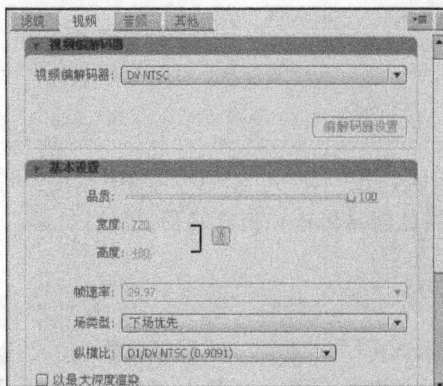

图9-10 Microsoft AVI视频设置选项 图9-11 WMV"视频"设置选项

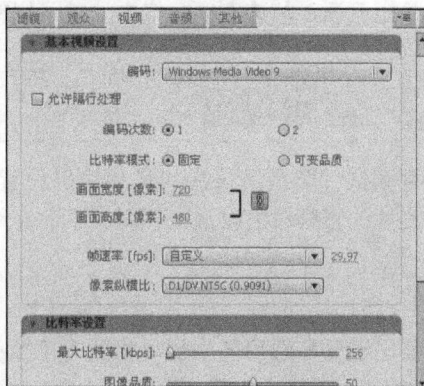

专家点拨 选择Windows Media选项后，"视频"选项中各个选项设置的具体含义如下所示。

● 1次编码设置

当设置"编码次数"为1时，在渲染WMV格式的视频文件时，编码解码器只对视频画面进行1次编码分析，速度快但无法获得最优化的编码设置。

"比特率模式"有两种选项，"固定"模式是指整个影片从头到尾采用相同的比特率设置，编码方式简单、文件渲染速度快，还可通过拖动"最大比特率"滑块来设置视频文件能够采用的最大比特率；使用"可变品质"模式渲染文件时，系统会根据画面的内容自动调整编码比特率，此时，可通过拖动"VBR质量"滑块调整渲染文件的质量，数值越大，质量越好，如图9-12所示。

● 2次编码设置

当设置"编码次数"编码次数为2时，能够通过第1次编码时所采集到的视频信息，在第二次编码时调整和优化编码设置，并以最佳的编码设置来渲染视频，各个选项如图9-13所示。

设置2次编码后，"比特率模式"选项下拉列表中的"固定"模式可以根据视频内容确定合适的比特率设置；"可变约束"和"可变无约束"选项都可以通过多种比特率来渲染文件，减小视频的体积。不同的是，"可变约束"需要用户设定比特率的变动范围，"可变无约束"模式比特率为Premiere Pro CS4的自动设置。

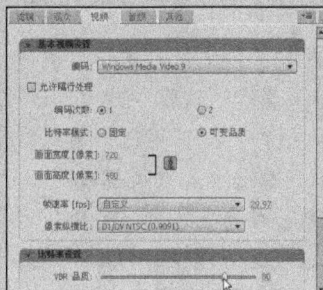

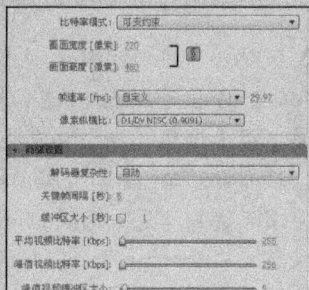

图9-12 优化视频设置　　　　图9-13 设置"编码次数"为2时的选项

3 | Quick Time

Quick Time视频文件的输出设置比较简单，只需选择相应的编码解码器，然后调整视频的尺寸大小、输出品质、帧速率、扫描方式就可以输出视频。

9.1.3 音频设置

不同视频文件类型所采用的音频输出设置也不同。在Premiere Pro CS4中包括多种视频格式，每种格式的音频输出设置也不同。下面介绍几种比较常见视频格式的音频输出设置。

1 | AVI

在"导出设置"选项区中的"格式"下拉列表中选择Microsoft AVI视频格式后，"音频"选项设置如图9-14所示。音频采用"无压缩"的"音频编码"设置，能最大限度地保存音频的细节部分，文件体积很大，但是质量很高。

专家点拨 在AVI"音频"设置选项中各个选项的作用如下。
- 采样率：用于定义每秒从连续信号中提取并组成离散信号的采样个数。"采样率"越高，输出的音频质量越高。
- 声道：用于设定播放声音时的通道数量。通道越多，声音的定位效果越好。在"单声道"与"立体声"通道中，选择"立体声"通道，声音效果会比较好。
- 采样类型：用于设定采样数据的位数。位数越高，数据越详细，音频效果越真实。

2 | WMV

在"导出设置"选项区中的"格式"下拉列表中选择Windows Media视频格式后，用户只需在"音频格式"下拉列表中选择一个合适的音频输出标准即可，如图9-15所示。

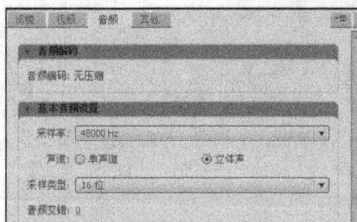

图9-14 AVI"音频"选项设置　　　　图9-15 选择音频输出标准

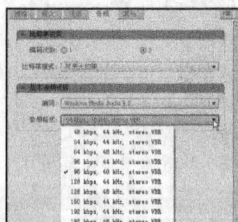

3 Quick Time

Quick Time的音频输出设置比较简单，"音频"选项设置如图9-16所示。Quick Time有很多音、视频编码解码器，单击"音频编码"下拉按钮后，可在下拉列表中对音频编码器进行选择，如图9-17所示。

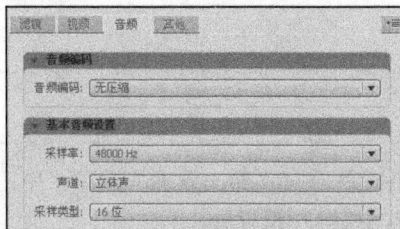

图9-16　Quick Time "音频"设置选项

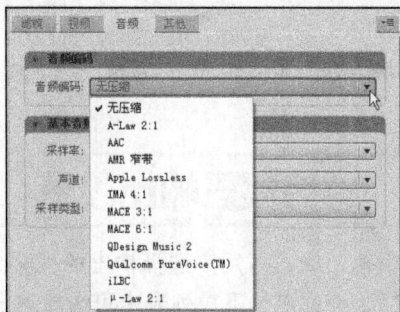

图9-17　选择Quick Time音频编码器

4 MPEG

在多种MPEG视频文件中，所采用的音频输出格式有几种类型，每一种类型的参数设置各不相同。下面对常用的几种格式进行介绍。

（1）MPCG

MPCG音频编码是MPEG视频文件所独有的音频输出方式，设置比较简单，仅支持双声道，多用于对音频要求不高的视频。在"导出设置"选项区中选择MPEG1视频格式后，"音频"选项设置如图9-18所示。在"导出设置"选项区中选择MPEG2视频格式后，"音频"选项设置如图9-19所示。

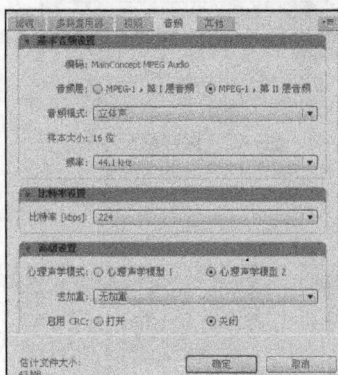

图9-18　MPCG1 "音频"设置选项

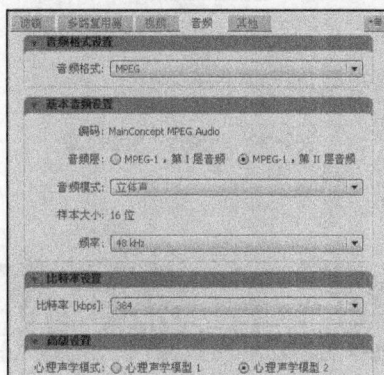

图9-19　MPCG2 "音频"设置选项

（2）PCM

PCM是早期常用的音频输出格式，只需指定输出通道，采样的频率大小即可。在"导出设置"选项区中选择MPEG2-DVD视频格式，"音频"选项设置如图9-20所示。

（3）杜比数字

"杜比数字"是一种应用于音频领域的5.1声道音频技术。"杜比数字"能输出高品质的音频效果。在"导出设置"选项区中选择MPEG2 Blu-ray视频格式，并在"音频格式"设置选项中选择"杜比数字""音频"格式，"音频"选项设置如图9-21所示。

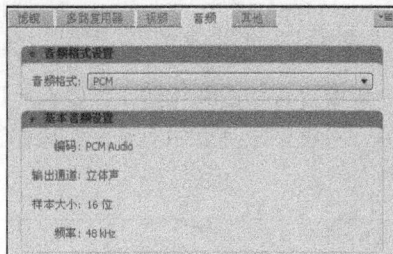

图9-20　MPEG2-DVD"音频"设置选项　　图9-21　MPEG2 Blu-ray-DVD"音频"设置选项

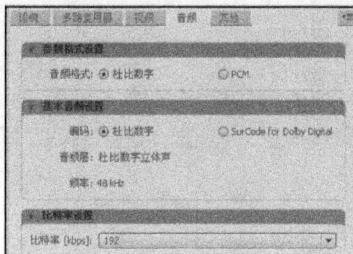

9.1.4　使用预置输出设置

设置视频输出时，当用户选择输出的视频文件格式后，在"导出设置"选项区中，单击"预置"下拉按钮，在弹出的下拉列表中可选择输出设置，如图9-22所示。

专家点拨　在"预置"下拉列表中选择"自定义"选项，然后根据需要调整某种预置的输出设置，单击"预置"右侧的"保存预置"按钮，在弹出的对话框中设置预置方案名称后，即可对当前设置的输出方案进行保存，如图9-23所示。

单击"预置"右侧的"导入预置"按钮，可在弹出的对话框中导入预设方案文件，并可以在对话框中输入预设输出方案的名称。

单击"预置"右侧的"删除预置"按钮，即可将当前使用的预设输出方案进行删除。

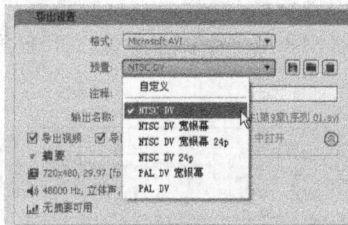

图9-22　"预置"输出设置　　图9-23　保存预设方案

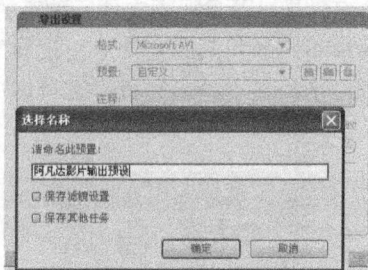

9.2　通过Adobe Media Encoder输出影片

Adobe Media Encoder是Premiere Pro附带的编码输出终端，可将素材与"时间线"面板中的序列编码作为其他视音频格式。在Premiere Pro CS4中，Adobe Media Encoder可独立运行，支持队列输出、后台编码等功能，本节将进行详细讲解。

9.2.1　启动Media Encoder

当用户在"导出设置"对话框中对序列的输出设置完成后，单击"导出设置"对话框中的

"确定"按钮即可启动Media Encoder，如图9-24所示。启动Media Encoder后的默认效果如图9-25所示。

图9-24　启动Media Encoder

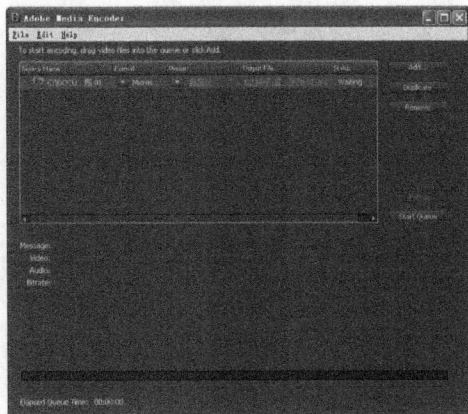

图9-25　Media Encoder的默认效果

9.2.2　设置Media Encoder 的界面

默认情况下，Media Encoder采用英文界面，而且界面颜色比较深。启动Media Encoder CS4后，用户可对界面的语言和界面亮度进行调整，具体操作步骤如下。

光盘同步文件

原始文件：无

结果文件：无

同步视频文件：光盘\同步教学文件\第9章\9-2-2.avi

01　启动Media Encoder后，打开Edit菜单，单击Preferences命令，如图9-26所示，此时，弹出Preferences对话框，如图9-27所示。

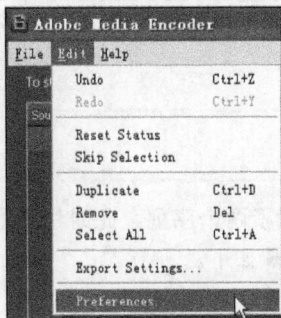

图9-26　执行Preferences命令

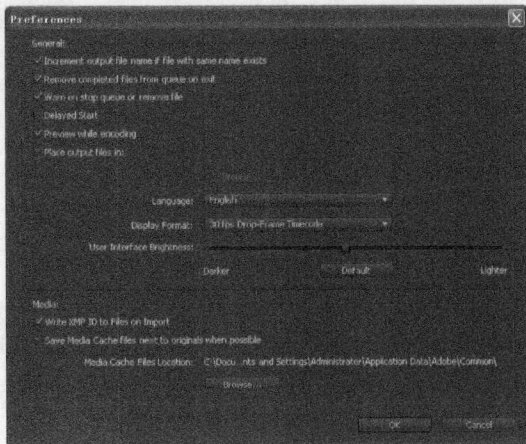

图9-27　Preferences对话框

02　此时，单击Language下拉按钮，在下拉列表中选择"简体中文"选项，如图9-28所示。

03 向右拖动User Interface Brignthess选项的滑块，可将Media Encoder的界面调亮，如图9-29所示。

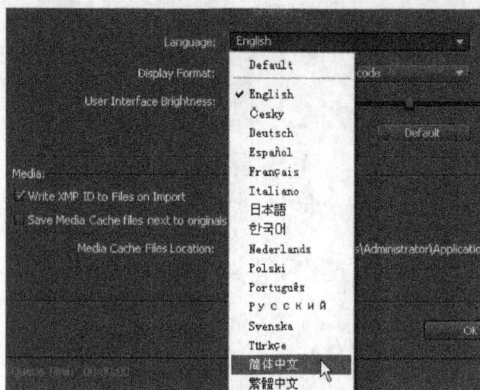

图9-28 选择界面的显示语言

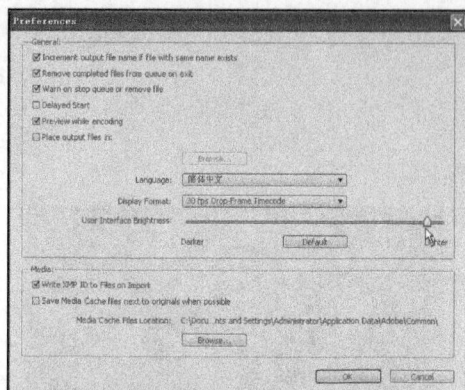

图9-29 调整Media Encoder的界面亮度

04 单击Preferences对话框中的OK按钮，关闭Preferences对话框。然后单击Adobe Media Encoder对话框中的"关闭"按钮，退出Media Encoder，如图9-30所示。

05 打开Premiere Pro CS4的"文件"菜单，指向"导出"子菜单，单击"媒体"命令，然后单击"导出设置"对话框中的"确定"按钮，重新启动Adobe Media Encoder，此时可看到Adobe Media Encoder的界面以中文显示，界面也比较亮，如图9-31所示。

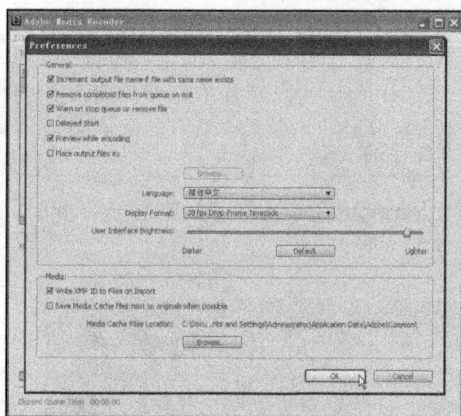

图9-30 退出Adobe Media Encoder

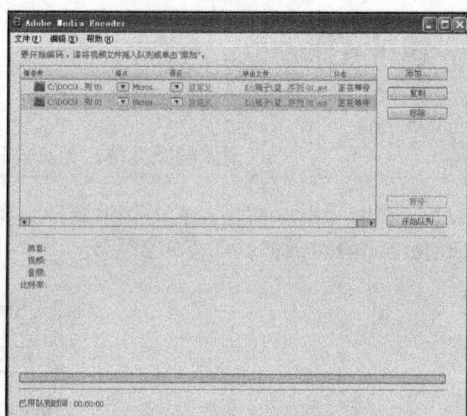

图9-31 设置界面后的效果

9.2.3 输出完整影片

　　重新启动Adobe Media Encoder后，可看到编码窗口中存放了两个序列。此时用户需要移除多余的序列文件，并对保留的序列文件输出为视频，具体操作步骤如下。

光盘同步文件

原始文件：光盘\素材文件\第9章\01.jpg

结果文件：光盘\结果文件\第9章\01.avi

同步视频文件：光盘\同步教学文件\第9章\9-2-3.avi

01 单击对话框中的"移除"按钮，如图9-32所示，在弹出的对话框中单击"是"按钮，如图9-33所示。

图9-32 移除多余序列

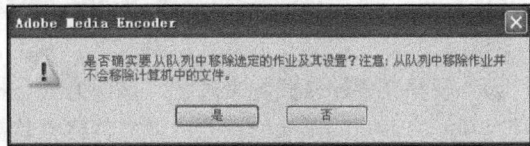

图9-33 确定移除序列

02 单击Adobe Media Encoder对话框中的"开始队列"按钮，如图9-34所示。进入输出状态时，对话框中会显示出输出的视频画面，如图9-35所示。

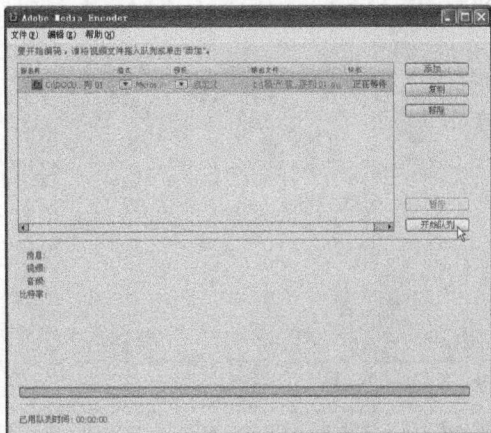

图9-34 开始输出视频

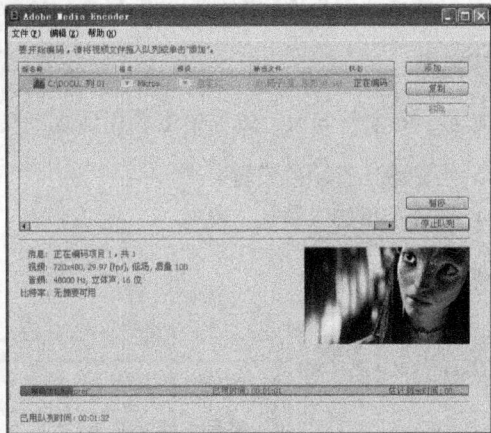

图9-35 进入输出视频状态

03 视频输出完成后，在Adobe Media Encoder对话框中，输出文件的"状态"选项中有一个绿色的勾，单击对话框中右上角的"关闭"按钮，即可退出Adobe Media Encoder，如图9-36所示。

04 打开存放输出视频的文件夹，即可看到输出的"序列01"视频文件，如图9-37所示。

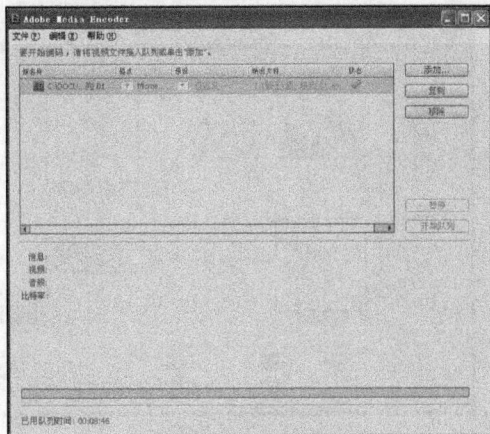

图9-36 完成视频输出

图9-37 查看输出的视频文件

9.3 上机实战——转换视频文件格式

如今视频文件的格式越来越多，编码方式、播放程序、文件体积也各不相同。下面将讲解通过使用Adobe Media Encoder的媒体文件格式转换功能，将各种不同格式的视频文件转换为相同的视频文件格式。

实例导读

本实例主要讲解如何将不同视频格式的文件转换为相同格式的视频文件，并可以将一些大体积的文件格式换为小体积的视频文件格式，以减轻磁盘的负担。

知识链接

本实例在制作与设计过程中主要用到以下知识点：

- 视频输出选项的设置
- 影片输出的设置

制作步骤

光盘同步文件

原始文件：光盘\素材文件\第9章\动态素材.mov、花边.mov

结果文件：光盘\结果文件\第9章\动态素材.avi、花边.avi

同步视频文件：光盘\同步教学文件\第9章\9-3.avi

制作本实例的具体操作步骤如下。

01 启动Adobe Media Encoder后，在界面中单击"添加"按钮，如图9-38所示。

02 此时弹出"打开"对话框，在该对话框中选择需要转换的文件，并单击"打开"按钮，如图9-39所示。

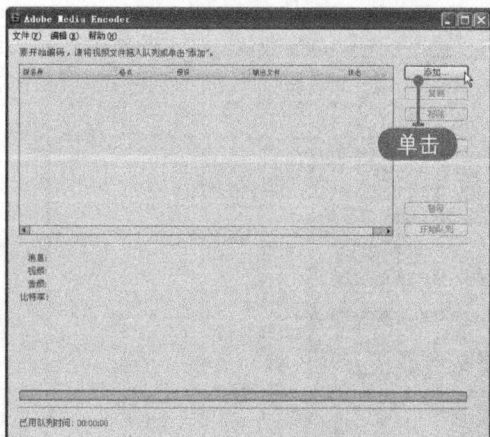
图9-38 单击"添加"按钮

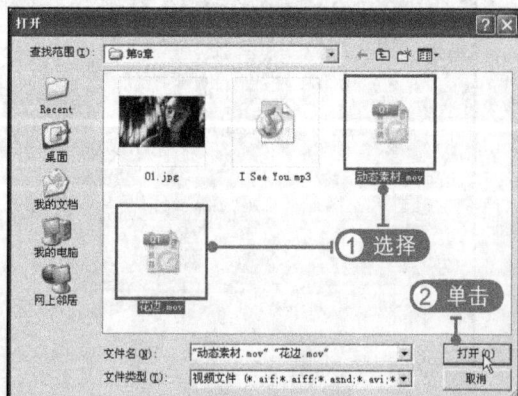
图9-39 添加文件

03 在对话框中选择需要转换格式的文件，然后单击"设置"按钮，如图9-40所示。

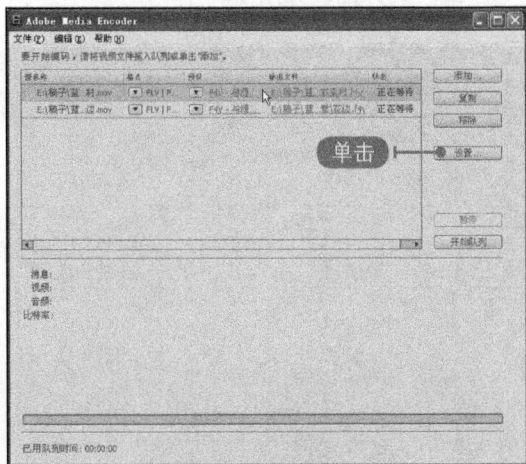

图9-40　选择转换的文件

04 此时弹出"导出设置"对话框，在此，以将视频文件格式转换为Q格式为例进行讲解。

05 单击"导出设置"选项区中的"格式"下拉按钮，在弹出的下拉列表中单击Quick Time命令，如图9-41所示。

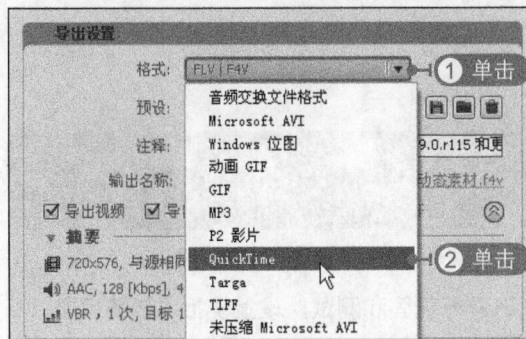

图9-41　选择转换后的文件格式

06 设置"输出名称"，勾选"导出音频"复选项，如图9-42所示。

图9-42　设置相关选项

07 选择"视频"选项卡，单击"视频编解码器"下拉按钮，在下拉列表中选择DVCPRO-PAL编解码器，单击"编解码器设置"按钮，如图9-43所示。

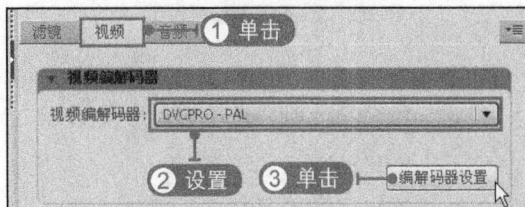

图9-43　设置视频编解码器

08 在弹出的"DV选项"对话框中，设置"扫描方式"为"逐行"，单击"确定"按钮关闭对话框，如图9-44所示。

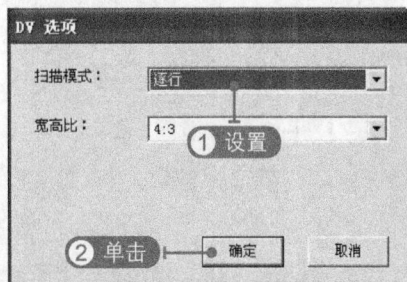

图9-44　设置扫描模式

09 在"视频"选项区中的"基本设置"选项中，将"质量"设置为100，如图9-45所示。

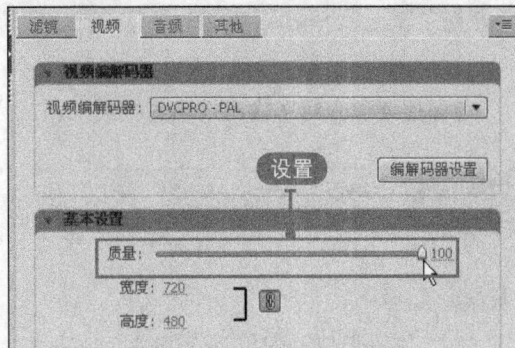

图9-45　调整"基本设置"

10 在"导出设置"选项区中单击"保存预置"按钮，在弹出的"选择名称"对话框中输入预设名称，然后单击"确定"按钮关闭对话框，如图9-46所示。

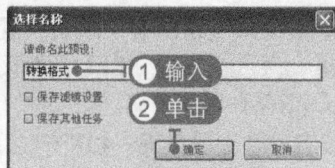

图9-46 设置预设名称

11 单击"导出设置"对话框中的"确定"按钮。此时，返回到Adobe Media Encoder对话框。

12 单击导出序列的"格式"下拉按钮，选择Quick Time视频格式，如图9-47所示。

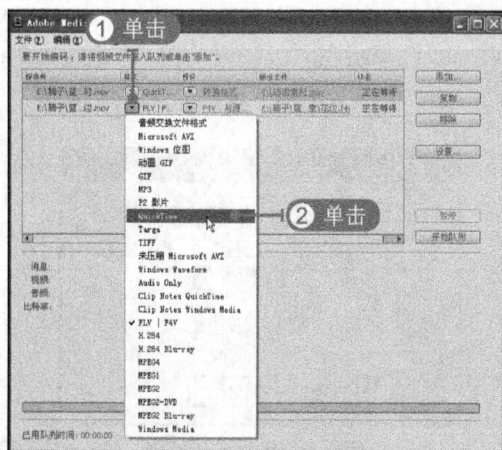

图9-47 选择视频格式

13 单击导出序列的"预设"下拉按钮，在下拉列表中选择新建的预设"转换格式"，如图9-48所示。

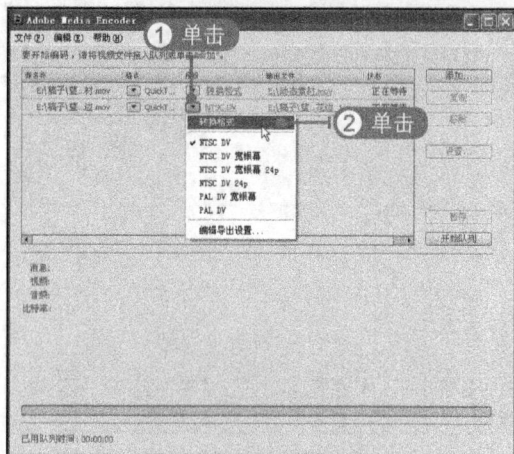

图9-48 选择预设输出方案

14 此时，单击Adobe Media Encoder对话框中的"开始队列"按钮，即可转换音频格式。

9.4 拓展训练

前面的章节介绍了输出视频的相关知识。为对知识进行巩固和测试，设置了相应的练习题。

9.4.1 笔试测试题

1 选择题

（1）Premiere Pro CS4 不能输出（　　）。

　　A. 数据类型的 Date 格式

　　B. Microsoft AVI 格式

　　C. Windows Media 格式

　　D. Quick Time 格式

（2）打开"文件"菜单，指向"导出"子菜单，单击"媒体"命令，在弹出的"导出设置"对话框中，
（　）不属于"视频"选项卡中的选项设置。

    A. 视频编解码器　　　　B. 场类型

    C. 关键帧间隔　　　　　D. 采样率

2 填空题

（1）在 Premiere Pro CS4 中输出视频文件时，用户首先需要选定_____。

（2）设置视频输出时，当用户选择输出的视频文件格式后，在"导出设置"选项区中可选择预置输出方案，也可对预置输出进行各种管理，包括_____、_____、_____。

3 简答题

（1）输出视频时，将导出格式设置为 Microsoft AVI 视频格式后，"视频"选项中各个选项设置的具体含义是什么？

（2）Adobe Media Encoder 的作用是什么？

9.4.2 上机练习题

结合本章所讲解的知识，介绍音频文件的输出。

操作提示

本实例需要在"导出设置"对话框中进行设置，具体操作步骤如下。

01 启动Adobe Media Encoder单击对话框中的"添加"按钮，在弹出的"打开"对话框中选择需要输出的文件，单击"打开"按钮添加文件。

02 单击"设置"按钮，弹出"导出设置"对话框，在"导出设置"选项区中取消勾选"导出视频"复选项，保留"导出音频"复选项。

03 单击"导出设置"对话框中的"确定"按钮关闭对话框。

04 返回到Adobe Media Encoder对话框，单击"开始队列"按钮即可导出音频。

制作情侣照电子相册

● 本章导读

随着数码相机在家庭中的普及，当人们拍摄了很多照片却又不需要把拍摄的照片全部冲印的时候，就选择了保存在计算机或光盘中。电子相册制作软件在这一过程中就充当了非常重要的角色。

Premiere是一款专业的、具有高级编辑功能的电子相册制作软件。将照片制作成电子相册后，照片可以、更加多姿多彩的展现。通过Premiere将照片打包，可以更方便地以一个整体分发给亲朋好友，还可以将其刻录在光盘上，以便于在影碟机上播放。

● 重点知识

▶ 电子相册的概念
▶ 相册模板

● 难点知识

▶ 在Premiere中制作电子相册

● 本章范例效果展示

① 制作情侣照电子相册（一）

② 制作情侣照电子相册（二）

③ 制作情侣照电子相册（三）

10.1　电子相册必知必会

电子相册是当今社会很流行的一种照片保存方式。用户将照片制作成电子相册后，可用于在网络中传播，也可以保存在计算机磁盘中，方便日后欣赏。

10.1.1　电子相册的概念

电子相册是指可以在计算机上观赏的，区别于CD／VCD中静止图片的特殊文档，其内容不局限于摄影的照片，也可以包括各种艺术创作的图片。电子相册具有传统相册无法比拟的优越性：图、文、声、像并茂的表现手法，随意修改编辑的功能，快速的检索方式，永不褪色的恒久保存特性，以及复制分发的优越手段。

10.1.2　相册模板

在电子相册制作的过程中，会因为烦琐的操作而烦恼。对一些用户来说，因为缺乏制作经验和条件而无法制作专业的电子相册，现在简单了，只需要利用电子相册模板即可轻松制作。不需要苦思冥想，不需要精心策划，只需将模板内的照片换成自己的照片，十多分钟的时间，一段精美、专业的电子相册即可呈现在眼前。用刻录机刻成光盘，即可与家人、朋友或客户共同分享自己的快乐。

在Premiere中进行合成时，可以为电子相册添加一段情意绵绵的音乐，从而让大家在享受视觉效果的同时，也能在听觉上享受到效果。

10.2　制作前的分析

制作情侣照片的电子相册主要是将情侣在生活中拍摄的甜蜜、浪漫的照片制作成电子相册，从而记录生活中的点点滴滴，用于以后欣赏。

10.2.1　效果展示

本实例将完成的最终效果如图10-1所示。

图10-1 最终效果

10.2.2 设计分析

很多时候拍摄的照片，不同的环境、不同的时间拍出的照片会有多种风格，在视觉上也会给人不同的感受。本实例主要将不同风格的照片组合在一起，从而形成一个完整的相册。在制作的过程中主要采用二维与立体空间相结合的方式打造立体照片效果，再配上舒缓的音乐，从而在视觉和听觉上同时得到享受。

10.2.3　知识链接

本实例在制作与设计过程中主要用到以下知识点：

- 字幕的创建与编辑
- 图形的创建及应用
- 视频切换效果的应用
- 视频特效的应用

10.3　制作步骤

本实例分为6个部分进行讲解，分别为素材的导入、制作开场效果、创建字幕、创建图形、组合图形、添加背景音乐和输出。具体操作步骤如下。

10.3.1　素材的导入

在Premiere Pro CS4中，不仅可以将素材单独导入，还可将素材以整个文件夹导入的方式导入。下面导入制作情侣照电子相册的素材，具体操作步骤如下。

光盘同步文件

原始文件：光盘\素材文件\第10章

结果文件：光盘\结果文件\第10章\电子相册.prproj

同步视频文件：光盘\视频文件\第10章\10-3-1.avi

01　启动Premiere Pro CS4软件，单击"新建项目"选项，弹出"新建项目"对话框，单击"浏览"按钮确定项目的存储位置，然后输入项目"名称"，最后单击"确定"按钮关闭对话框，如图10-2所示。

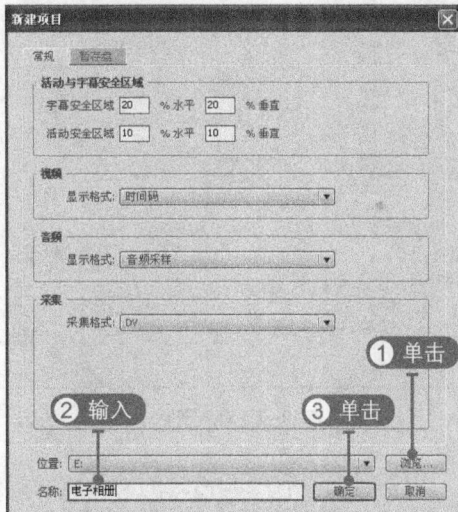

图10-2　设置项目

02 在弹出的"新建序列"对话框中，对"序列预置"选项卡中的选项参数进行相应的设置，并输入"序列名称"，单击"确定"按钮关闭对话框，如图10-3所示。

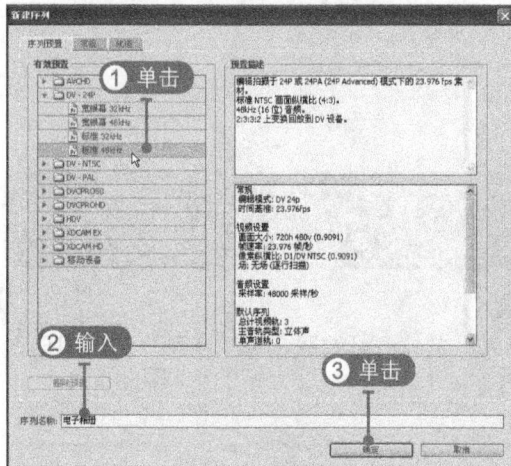

图10-3　设置序列

03 进入Premiere Pro CS4程序窗口后，按【Ctrl+I】快捷键弹出"导入"对话框，单击"查找范围"下拉按钮，从中找到光盘中的素材文件，选择"第10章"文件夹，单击"导入文件夹"按钮导入素材，如图10-4所示。

图10-4　导入素材

04 由于素材中有PSD格式的文件，此时会弹出"导入分层文件：渐变01"对话框，如图10-5所示。

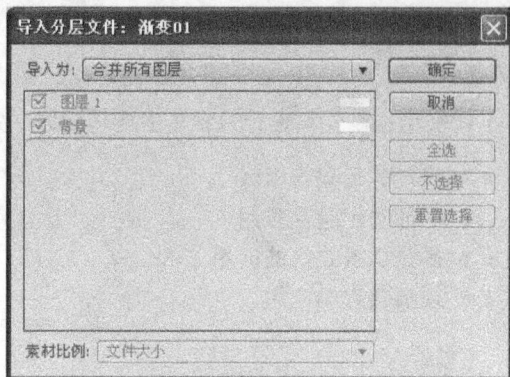

图10-5　"导入分层文件：渐变01"对话框

05 在"导入分层文件：渐变01"对话框中，单击"导入为"下拉按钮，在下拉列表中选择"单个图层"选项，单击"确定"按钮关闭对话框，如图10-6所示。

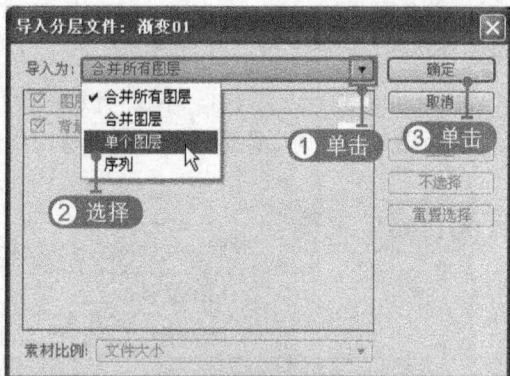

图10-6　设置分层文件

06 导入后的素材存放于"项目"面板中，如图10-7所示。

图10-7　素材显示

07　导入素材后，打开"序列"菜单，单击
"添加轨道"命令，在弹出的"添加视
音轨"对话框中，设置"添加"为"11
条视频轨"，单击"确定"按钮关闭对
话框，如图10-8所示。

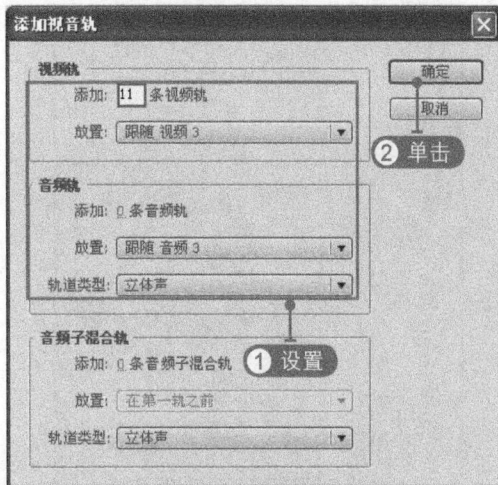

图10-8　添加视频轨道

10.3.2　制作开场效果

　　在制作电子相册时，最开始出现的画面可以不是照片，用户可在电子相册的开始部分制作一
些开场效果，从而为制作电子相册做铺垫，慢慢引入照片。下面以制作情侣照电子相册为例介绍
一种开场效果的制作，具体操作步骤如下。

光盘同步文件

原始文件：光盘\素材文件\第10章
结果文件：光盘\结果文件\第10章\电子相册.prproj
同步视频文件：光盘\视频文件\第10章\10-3-2.avi

01　打开"文件"菜单，指向"新建"子菜
单，单击"彩色蒙板"命令，弹出"新
建彩色蒙板"对话框，单击"确定"按
钮关闭对话框，如图10-9所示。

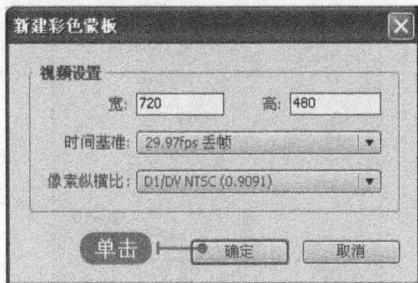

图10-9　"新建彩色蒙板"对话框

02　在弹出的"颜色拾取"对话框中，将蒙
板颜色设置为白色，单击"确定"按钮
关闭对话框，如图10-10所示。

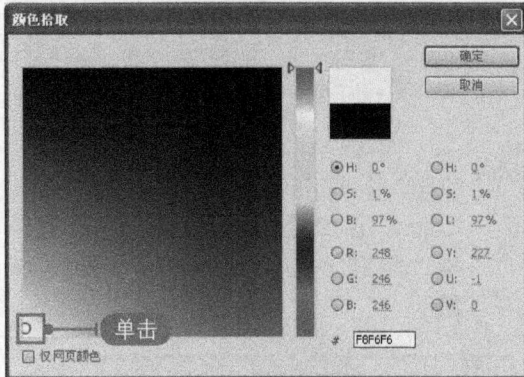

图10-10　设置彩色蒙板颜色

03　在弹出的"选择名称"对话框中，可为
彩色蒙板自定义名称，设置后单击"确
定"按钮关闭对话框。此时，完成新建
彩色蒙板，新建的彩色蒙板位于"项
目"面板中，如图10-11所示。

图10-11　完成新建彩色蒙板

04 在"时间线"面板中设置当前时间为
00:00:26:15，将新建的"彩色蒙板"添
加到"视频1"轨道中，调整"彩色蒙
板"的结尾处与编辑线对齐，如图10-12
所示。

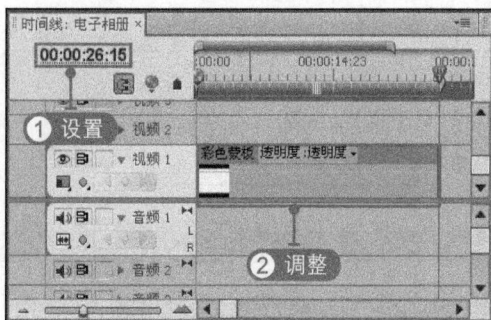

图10-12　调整"彩色蒙板"

05 设置当前时间为00:00:01:23，将素材"爱
心.jpg"添加到"视频2"轨道中，调整
素材的结尾处与编辑线对齐，如图10-13
所示。

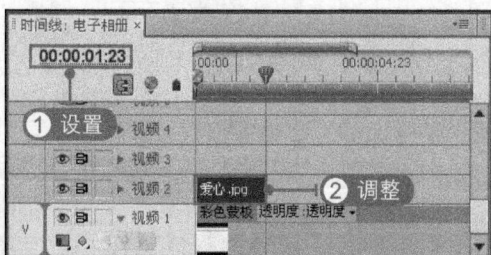

图10-13　调整"爱心.jpg"

06 在"时间线"面板中选中"爱心.jpg"
素材，在"特效控制台"面板中展开
"运动"选项，设置"位置"为263.9、
267.0，"缩放比例"为100，如图10-14
所示。

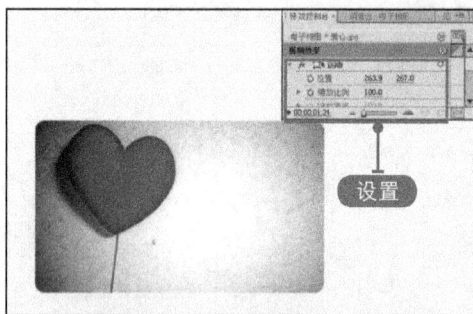

图10-14　设置"运动"属性

07 为"爱心.jpg"开始处添加"卷走"视频
切换效果，如图10-15所示。

图10-15　添加"卷走"视频切换

08 双击"卷走"标记，在"特效控制台"
面板中将视频切换的"持续时间"设置
为00:00:01:20，并勾选"反转"复选
项，如图10-16所示。

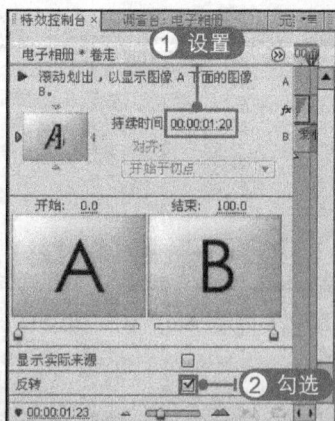

图10-16　设置"卷走"视频切换的参数

09 设置当前时间为00:00:01:23，将素材"背景.jpg"添加到"视频3"轨道中，调整其结尾处与编辑线对齐，如图10-17所示。

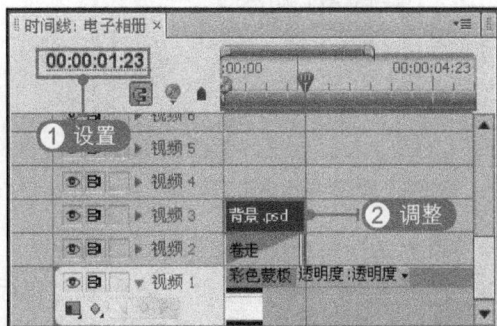

图10-17 调整"背景.psd"

10 右击"背景.psd"素材，在弹出的菜单中单击"适配为当前画面大小"命令，如图10-18所示。

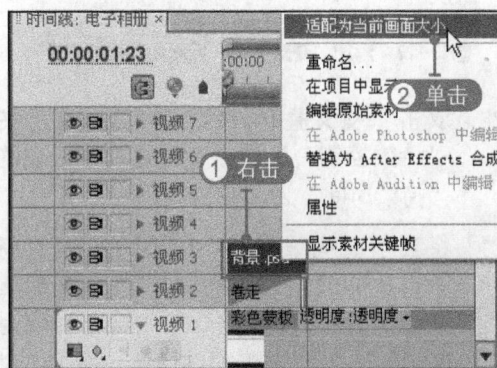

图10-18 单击"适配画面大小"命令

11 适配当前画面大小后，在"节目"面板中的显示效果如图10-19所示。

图10-19 适配画面大小的效果

12 为"背景.psd"素材开始处添加"卷走"视频切换效果，双击"背景.psd"素材上的"卷走"标记，如图10-20所示。

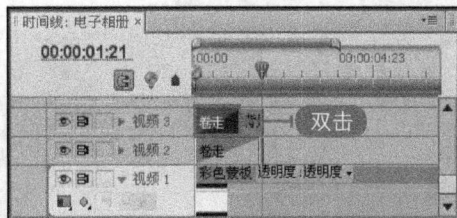

图10-20 添加"卷走"视频切换

13 在"特效控制台"面板中将视频切换的"持续时间"设置为00:00:01:20，并勾选"反转"复选项，如图10-21所示。

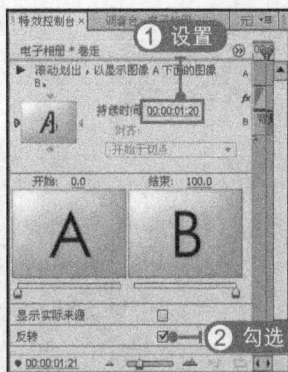

图10-21 设置"卷走"视频切的参数

14 设置当前时间为00:00:01:14，将素材01.jpg添加到"视频4"轨道中，将开始处与编辑线对齐，如图10-22所示。

图10-22 调整01.jpg

15 设置时间为00:00:02:03，选中素材01.jpg，在"特效控制台"面板展开"运动"选项，设置"位置"为363、496。单击"位置"与"缩放比例"前的"切换动画"按钮，如图10-23所示。

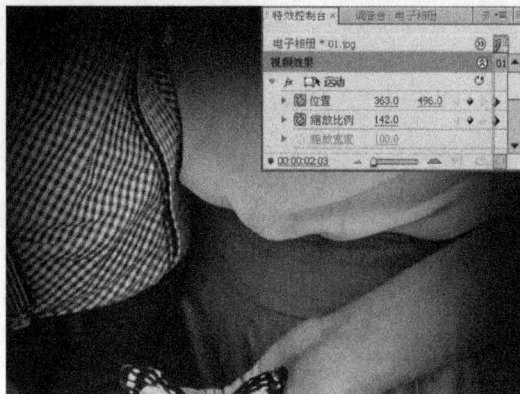

图10-23　设置01.jpg的"运动"属性

16 设置时间为00:00:03:20，设置"位置"为363、142，如图10-24所示。

图10-24　再次设置01.jpg"运动"属性

17 设置当前时间为00:00:04:08，展开"透明度"选项，单击"切换动画"按钮添加"透明度"关键帧，如图10-25所示。

图10-25　添加"透明度"关键帧

18 设置当前时间为00:00:05:12，设置"透明度"为0%，如图10-26所示。

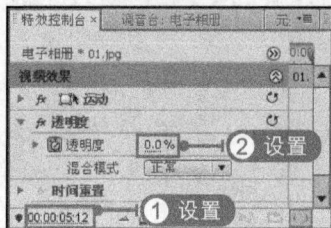

图10-26　设置"透明度"

19 将01.psd素材的结尾处与编辑线对齐，并在素材开始处添加"交叉叠化（标准）"视频切换效果，如图10-27所示。

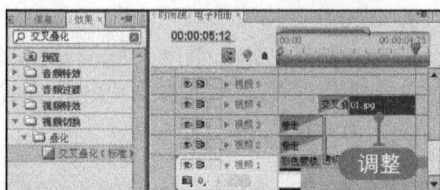

图10-27　添加"交叉叠化（标准）"视频切换

20 双击"交叉叠化（标准）"标记，在"特效控制台"面板中设置视频切换的"持续时间"为00:00:00:20。

21 将当前时间设置为00:00:04:08，将02.jpg添加到"视频5"轨道中，将素材开始处与编辑线对齐。设置当前时间为00:00:08:20，将素材结尾处与编辑线对齐，如图10-28所示。

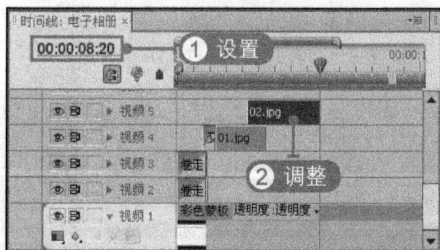

图10-28　调整02.jpg

22 选中素材02.jpg，设置当前时间为00:00:05:07，将"位置"设置为197、240，"缩放比例"为75，并单击"位置"与"缩放比例"前的"切换动画"按钮，如图10-29所示。

图10-29 设置02.jpg"运动"属性

[23] 设置当前时间为00:00:06:21,设置"位置"为311、244,"缩放比例"为125,如图10-30所示。

图10-30 再次设置02.jpg"运动"属性

[24] 在02.jpg开始处添加"交叉叠化(标准)"视频切换效果,如图10-31所示。

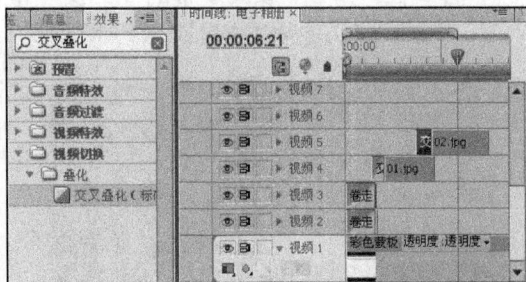

图10-31 添加"交叉叠化(标准)"视频切换

[25] 双击02.jpg素材上的"交叉叠化(标准)"标记,在"特效控制台"面板中将视频切换的"持续时间"设置为00:00:01:00。

10.3.3 创建字幕

在各种视频文件的组合中,字幕是不可缺少的元素。用户可导入已做好的字幕,也可在Premiere Pro CS4中重新进行创建。下面创建字幕,具体操作步骤如下。

光盘同步文件

原始文件:光盘\素材文件\第10章

结果文件:光盘\结果文件\第10章\电子相册.prproj

同步视频文件:光盘\视频文件\第10章\10-3-3.avi

[01] 按【Ctrl+T】快捷键弹出"新建字幕"对话框,输入"名称"为"文字01",单击"确定"按钮关闭对话框,如图10-32所示。

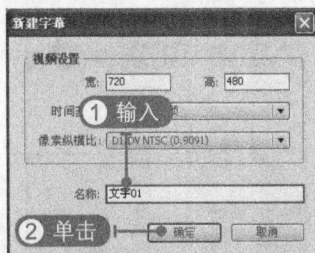

图10-32 新建"文字01"字幕

02 使用"字幕工具"面板中的"文字工具" T 在字幕编辑窗口中输入文字，并在"字幕属性"面板中设置字幕的"变换"和"属性"选项参数，如图10-33所示。

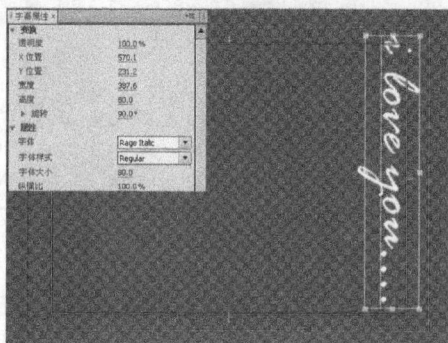

图10-33 设置字幕的"变换"和"属性"参数

03 勾选"填充"复选项，单击"色彩"色块，设置颜色为R:255、G:10、B:3。单击"外侧边"右侧的"添加"选项，将"类型"设置为"凸出"，"大小"设置为3，"色彩"为黑色，如图10-34所示。

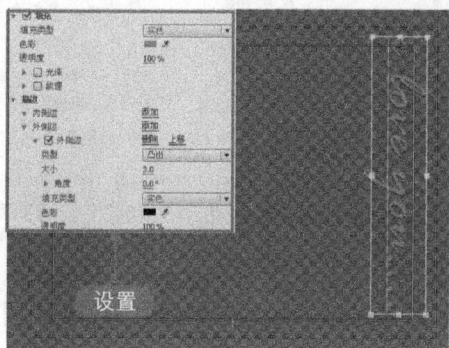

图10-34 设置"填充"和"外侧边"参数

04 单击"基于当前字幕新建字幕"按钮 D，弹出"新建字幕"对话框，输入字幕名称为"文字02"，单击"确定"按钮关闭对话框，如图10-35所示。

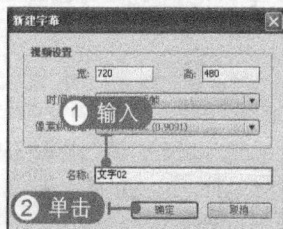

图10-35 新建"文字02"字幕

05 使用"选择工具"将编辑窗口中的"文字01"字幕选中，然后将其删除，使用"文字工具" T 输入"第一次听到你对我说'我爱你'"，并在"字幕属性"面板设置字幕的相关属性，如图10-36所示。

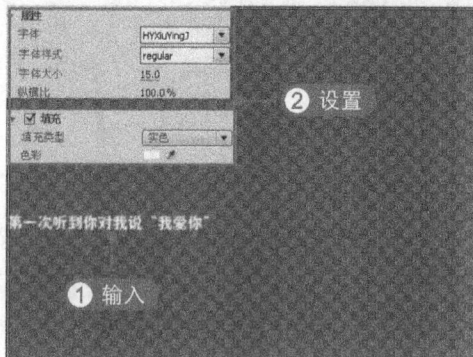

图10-36 输入并设置"文字02"字幕

06 再用"文字工具"输入"我的世界一瞬间鲜花盛开"，然后并调整文字的位置，如图10-37所示。

图10-37 再次输入文字并调整位置

07 单击"基于当前字幕新建字幕"按钮 D，弹出"新建字幕"对话框，输入字幕"名称"为"文字03"，单击"确定"按钮关闭对话框，如图10-38所示。

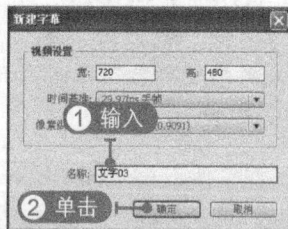

图10-38 新建"文字03"字幕

08　使用"选择工具"将编辑窗口中的
"文字02"字幕选中,然后将其删
除,使用"文字工具"T输入"I love
you……",并在"字幕属性"面板设置
字幕的相关属性,如图10-39所示。

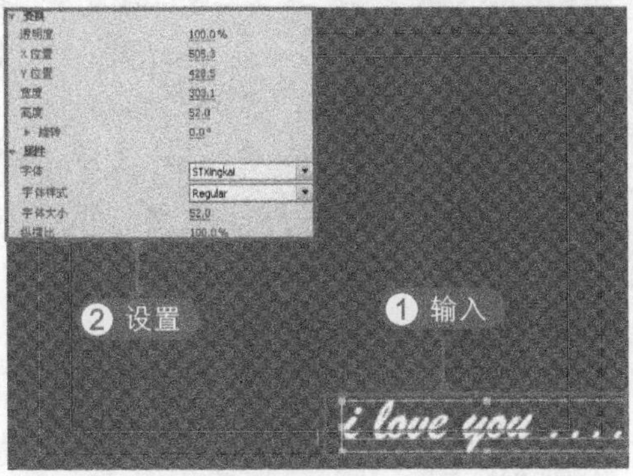

图10-39　输入并设置"文字03"字幕

09　勾选"填充"和"阴影"复选项,并对选项
下的相关参数进行设置,如图10-40所示。

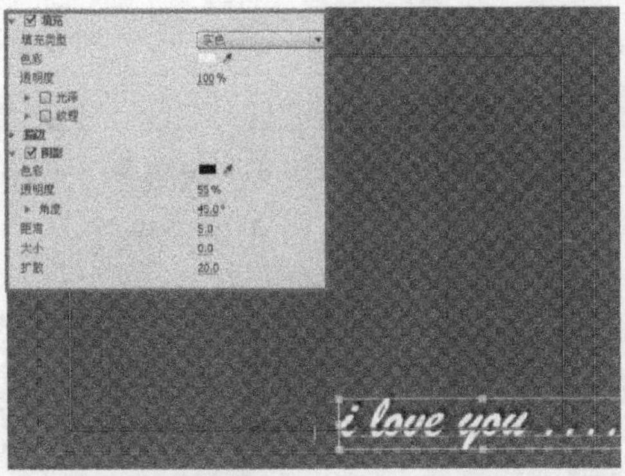

图10-40　设置"文字03"字幕属性

10　单击"基于当前字幕新建字幕"按钮T,
弹出"新建字幕"对话框,输入字幕"名
称"为"文字04",单击"确定"按钮关
闭对话框,如图10-41所示。

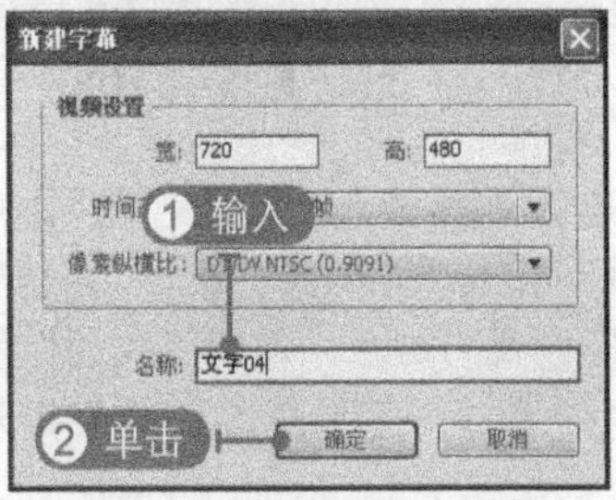

图10-41　新建"文字04"字幕

11　使用"文字工具"在编辑窗口中输入文
字"happy valentine day",并在"字幕
属性"面板中设置文字的相关属性,如
图10-42所示。

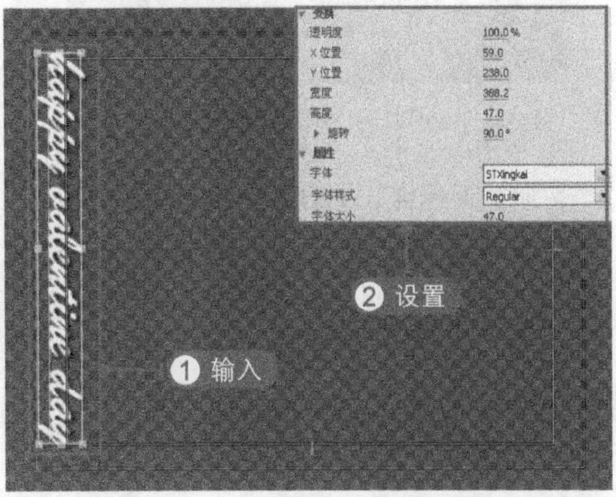

图10-42　输入并设置"文字04"字幕

12　单击"基于当前字幕新建字幕"按钮
T,弹出"新建字幕"对话框,输入
字幕"名称"为"文字05",单击"确
定"按钮关闭对话框,并删除"文字
04"字幕。

13　使用"文字工具"在编辑窗口中输入
"甜蜜爱恋",并在"字幕属性"面板
中对文字的基本属性进行相应的设置,
如图10-43所示。

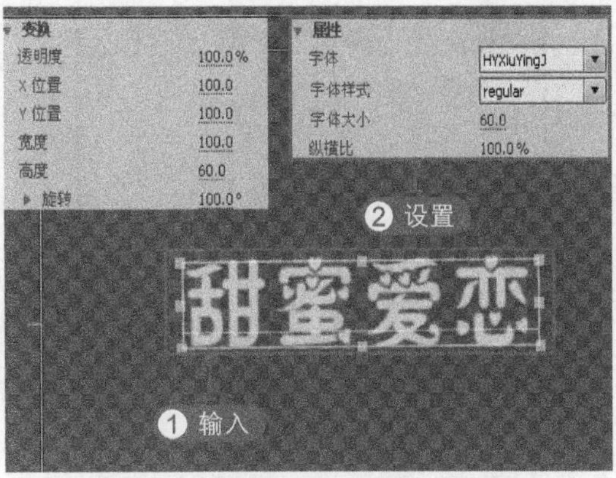

图10-43　输入并设置"文字05"字幕

14　在"字幕样式"面板中选择"方正云
彩"字幕样式,为"文字05"字幕添加
样式,如图10-44所示。

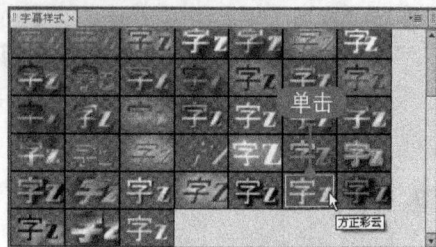

图10-44　添加字幕样式

15 添加字幕样式后的效果如图10-45所示。

16 字幕创建完成后，单击字幕窗口中的"关闭"按钮，即可关闭字幕窗口。

图10-45　字幕样式应用效果

10.3.4　创建图形

在本实例的创作过程中，会应用很多图形，这些图形可用于存放照片，也可装饰画面。下面将详细介绍如何合理地使用图形，具体操作步骤如下。

光盘同步文件

原始文件：	光盘\素材文件\第10章
结果文件：	光盘\结果文件\第10章\电子相册.prproj
同步视频文件：	光盘\视频文件\第10章\10-3-4.avi

01 按【Ctrl+T】快捷键弹出"新建字幕"对话框，输入"名称"为"图01"，单击"确定"按钮关闭对话框，如图10-46所示。

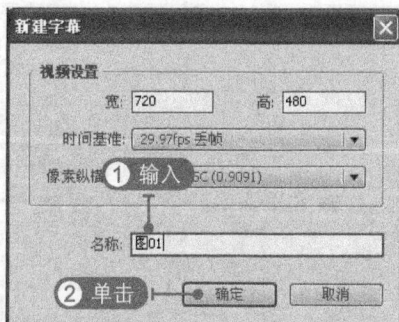

图10-46　新建"图01"

02 选择"字幕工具"面板中的"圆角矩形工具" ，在编辑窗口中绘制圆角矩形。在"字幕属性"面板中设置圆角矩形的"透明度"为100%，"X位置"为

246，"Y位置"为234，"宽度"为300，"高度"为210，如图10-47所示。

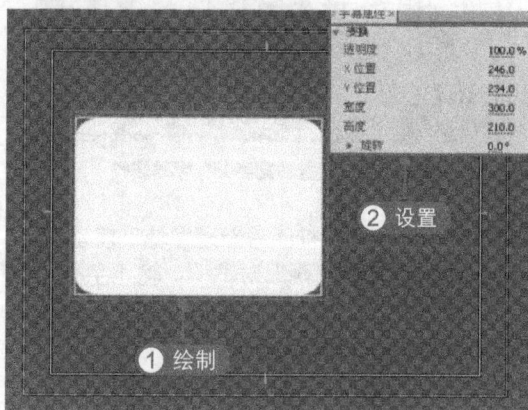

图10-47　设置"图01"字幕属性

03 设置在"属性"选项区中的"圆角大小"为10%，勾选"填充"复选项，将填充"色彩"设置为白色。勾选"纹理"复选项，单击"纹理"图案，如图10-48所示。